線形代数の半歩先

データサイエンス・機械学習に挑む前の30話

大久保 潤 著

講談社

Half a Step Beyond Linear Algebra
30 Stories Before Taking on Data Science and Machine Learning

Jun Ohkubo

KODANSHA

- 本書の内容に関して適用した結果生じたこと，また，適用できなかった結果について，著者および出版社はいっさいの責任を負えませんので，あらかじめご了承ください．
- 本書に記載されているウェブサイトなどは，予告なく変更されていることがあります．本書に記載されている情報は，2025 年 1 月時点のものです．
- 本書に記載されている会社名，製品名，サービス名などは，一般に各社の商標または登録商標です．なお，本書では，TM, Ⓡ, Ⓒマークを省略しています．

はじめに

自信をもって次の一歩を踏み出すための「半歩先」の見方を知る

　線形代数は，理工系の学生なら誰しもが学びます．授業中に「大切だよ」と言われ続ける科目の一つですね．けれど，実はこの概念がどのように使われるのかよくわからない，確かにいろいろなところで出会うけれどなんとなく使っている，専門書を手にとってみたけれど少しギャップを感じる……，学び始めの頃は先が見えず，不安も多いでしょう．このようなことを減らすために，線形代数的な「視点」を知ることが大切です．本書では，その視点を身につけて，応用に向かうための準備をします．自信をもって次の一歩を踏み出すための「半歩先」という位置付けです．

　想定する読者は以下の通りです．まずは，線形代数の先にどんな世界が広がっているのかを知りたい，すべての人．データサイエンスや機械学習を学び始めたい人．微分方程式や偏微分方程式を使って，ものごとの時間的な変化を記述する世界を扱いたい人．大規模な行列の扱いに困っている人……．図1に半歩先で触れる内容の大枠と，一歩先に広がる世界の一部を載せておきました．線形代数の先に広がる世界は広大で，そのすべてを網羅することはできませんが，この図と目次と索引を眺めてみて，気になるキーワードがある人には，一読の価値があるはずです．また，第1部では線形代数を眺め直しますので，線形代数を学び始めた人が，教科書と合わせて読むことも可能です．線形代数を学んでから時間が経っている人も，復習しながら新しい視点を知ることができます．

　「一歩先」に踏み出してから触れる概念や手法には，線形代数的な視点で眺めると，理解しやすくなったり，具体的に計算しやすくなったりするものがたくさんあります．先にそのイメージを作っておくことが，本書での狙いです．そのため，線形代数の基礎事項を網羅するのではなく，この考え方がこのように活かされていく，といった流れを感じてもらえるように解説していきます．本書では数学的な定理の形でまとめたりはしません

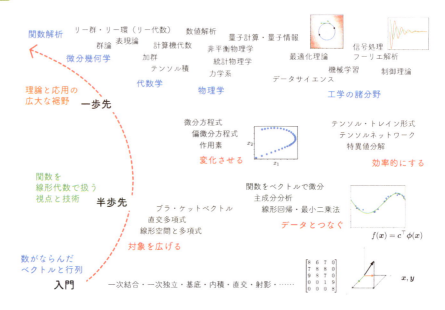

図1 半歩先と一歩先の世界

が，数式変形をかなり丁寧に見ていきます．なんとなく概念を知るだけだと，わかったつもりにはなりますが，なかなか「一歩先」の学びにはつながりづらいものです．話の流れに乗り，抽象的な定義や操作に自分なりの意味を添えて，実際に使える道具を手にすること．そうそう，こんな本がほしかったな，という人が想定読者です．

数式を眺める視点を，いろいろと

「半歩先」としてのポイントは「見方を変えること」です．最初は矢印として捉えていたベクトルは，その後の学びではたくさんの数字がならんだものになります．ベクトルに対する見方が少し変わるわけですね．行列は，ベクトルよりもさらにたくさんの数字がならんだものです．データを扱うときに役立ちそうな，ベクトルの親玉みたいな存在が行列である，という見方もできるでしょう．けれど，行列にはベクトルをうまく操作するための装置としての役割もあります．ベクトルを別のベクトルに変換するものとしての行列，そのような見方もできるわけです．その先に，関数を別の

関数に変換するものを考え，これが行列とつながり，さらに時間発展する系の記述ともつながる……と話は続きます．

関数を，線形代数的に捉える

微分積分学で扱うものは関数で，これは連続的なもの．一方で，線形代数で扱うのは数字のならんだものだから，離散的なもの．そんなイメージをもっている人もいると思います．

本書では，特にデータサイエンスや機械学習とのつながりを考えながら，微分積分学で扱う「関数」を線形代数の言葉で見直していきます．多項式も，信号や画像にかかわる波も，時間発展を記述するための微分方程式も，これらをとにかくベクトルと行列の言葉で書いていきます．ベクトルと行列であれば計算機で扱いやすく，抽象的な概念を具体的に扱えます．

巨大なデータに立ち向かうための道具を手に入れる

また，データサイエンスや機械学習の基本でもある最小二乗法，そしてその自然な展開として，時間発展にかかわるデータ解析の話にも触れていきます．さらにはテンソル・トレイン形式と呼ばれる，計算機にやさしい話題も添えて……．

詳しい話をもう少し専門的な書籍で学ぶ前に，どのようなアイデアと世界が広がっているのかを眺めておくことが「半歩先」の役割です．なかには半歩先よりも少し発展的な内容も含まれていますが，これらは線形代数的な世界の眺め方の延長上に，自然な形で登場します．話の流れを追っていくと，ベクトルと行列を縦横無尽に使うことの強みを実感できるはずです．

一度学んだ人に，これから学ぶ人に，半歩先から見える景色を

線形代数は便利な道具でもあり，世界を捉えるための思考方法でもあります．入力に対して出力を対応させるという少し抽象的な「コト」を，数値がならんだベクトルや行列という具体的な「モノ」で表現する，それを可能にするのが線形代数です．関数という「曲がってうねる形」を，具体的な数値のならびに書き下せること，さらには，一つの対象をさまざまに表現できること．線形代数が教えてくれるこれらは，現実世界の問題をどのように数学の言葉で記述して，どのように計算機で処理していくのかを

考えるうえで，とても役立ちます．

　線形代数の扱える範囲は広く，その意味するところはとても深いものです．先を焦らずに，踏み止まること．立ち止まって，振り返ること．そのあとで心機一転，先に進みたいものですね．なお，これから線形代数を学ぶ人が取り組む意欲を高めるために本書を読む場合には，並行してきちんとした教科書で定義を確認しながら，教科書に記載されているはずの問題にも取り組んでみてください．手を動かすことで，考えも深まりますし，身につきます．新しい何かを生み出すためには，深く沈み込むことが必要です．そのあと水面に顔を出してまわりを見渡すと，きっと景色が変わっています．

　本書では，まず第1部で線形代数の復習をしてから，第2部では線形代数で扱う対象を「関数」に広げます．そして第3部でデータと接続して，第4部では学んできたことを変化する世界の記述へと応用します．第5部は，これらのさらなる展開，さらに効率的な計算の話にも触れていきます．図1の見取り図に大枠を示しましたが，それぞれが独立している話ではなく，ここにはきれいな流れがあります．概念に慣れながら，新しいつながりと関係性を見つけることが大切です．話題の関連を楽しんでもらいつつ，皆さんが将来の新しい関係性を発見するための心の準備になることも期待しています．

　なお，本書の記載は，本文と，背景が色付きの部分にわかれています．色付きの部分には，計算の詳細や補足的な事項を記載してあります．本文を読めばポイントをつかめるようにはしてありますが，色付きの部分にも，知っておいてほしい内容がたくさん記載されています．また，数式の行間もできるだけ丁寧に埋めました．最初は色付きの部分に軽く目を通す程度でもかまいませんが，あとでまた計算を自分の手で追ってみてください．特に第5部は発展的な内容であるため，色付きの部分が多くなっています．計算の詳細も込み入っていて，難しく感じるかもしれません．第5部は，まずは本文に目を通して概要をつかみ，そのあとで詳細に挑戦してみるとよいでしょう．

　では，まずは線形代数の復習から始めていきましょう．

目　次

はじめに ………………………………………………………………… iii

第1部　ならべた数に法則を.　　［ベクトルと行列の基本］　　1

第1話　演算による豊かさ.　　［和・スカラ倍・線形空間・生成元］ ………… 3

1.1　「数の集まり」に「演算」を追加　3　/　1.2　一次結合がすべての基本　7

第2話　基底は一つではない.　　［一次独立・一次従属・基底］ …………… 11

2.1　無駄をはぶく　11　/　2.2　方法を決めれば表現は「一つ」　16

第3話　関係性はとても大切.　　［内積・ノルム・距離］ ………………… 19

3.1　内積で近さを測る　19　/　3.2　大きさ，距離，さらなる解釈　23

第4話　多様性の一つのかたち.　　［直交性］ ………………………… 29

4.1　どちらの基底が好み？　29　/　4.2　直交は，作れる　32

第5話　情報を操作して処理する.　　［行列・線形写像］ ……………… 37

5.1　行列の積を解釈する　37　/　5.2　ベクトルを別のベクトルに変換する　41

第6話　［幕間］ベクトルの影，測定の視点.　　［ベクトルの射影］ ……… 47

6.1　第1部のまとめと補足と書籍紹介　47　/　6.2　ベクトルの影を写す観測装置　52

第2部　ならべた数に解釈を.　　［関数の基底展開］　　55

第7話　「数式」が「点」になる.　　［多項式と線形空間］ ……………… 57

7.1　抽象的なものの集合を考える　57　/　7.2　多項式を要素とする空間　60

第8話　やっぱり基底は一つではない.　　［基底関数］ …………… 65

8.1　関数を多項式で表現する方法　65　/　8.2　エルミート多項式など基底はいろいろ　68

第9話　数式にも関係性を作る.　　［関数の内積］ ……………… 73

9.1　多項式での内積（素朴なもの）　73　/　9.2　多項式での内積（重み関数があるもの）　75

viii　目　次

第 10 話　交わらないことの便利さ. [関数の直交性] ………………… 79

10.1　この基底は直交するか？　79 ／ 10.2　直交性で計算が簡単に　82

第 11 話　関数を行列で操作する. [作用素] …………………………… 87

11.1　関数を別の関数に変換する　87 ／ 11.2　基底が変われば表現も変わる　91

第 12 話　[幕間] 波の分解と再構築. [フーリエ変換] ………………… 97

12.1　第 2 部のまとめと補足と書籍紹介　97 ／ 12.2　波を分解，再構築，利用　100

第 3 部　ならべた数に応用を. [データサイエンスと機械学習] 105

第 13 話　世界の一部をモデルに写しとる. [数理モデル] ………… 107

13.1　世界とデータとモデル　107 ／ 13.2　モデルは関数，関数は数式，数式は……　110

第 14 話　関数をベクトルで微分する. [偏微分の応用] …………… 113

14.1　定義は簡単でも油断大敵　113 ／ 14.2　関数における最適な場所　116

第 15 話　データに合う関数を探す. [線形回帰・最小二乗法] ……… 121

15.1　コスト関数の設定はアート　121 ／ 15.2　データを拡張して曲線に対応　129

第 16 話　学び過ぎはよくない？ [正則化・リッジ回帰・ラッソ回帰] … 133

16.1　手元のデータがすべてではない　133 ／ 16.2　学び過ぎを防ぎ，本質を抜き出す　137

第 17 話　行列の特別な分解. [主成分分析・特異値分解・低ランク近似] 145

17.1　データを区別しやすい軸　145 ／ 17.2　削っても，だいたい合っている　150

第 18 話　[幕間] 直交の技術. [主成分分析・固有ベクトル・未定乗数法・疑似逆行列] 153

18.1　第 3 部のまとめと補足と書籍紹介　153 ／ 18.2　直交性を駆使する　155

第 4 部　ならべた数と移りゆく世界. [行列と時間発展系] 167

第 19 話　移り変わりを数式で表現する. [微分方程式] …………… 169

19.1　時間発展方程式の解は関数　169 ／ 19.2　変数がたくさんなので行列の出番　172

第 20 話　行列を引数にとる関数？ [行列の指数関数] ………………… 175

20.1　テイラー展開で定義はできるものの……　175 ／ 20.2　冴えたやりかた　182

第 21 話　いくつかの時間発展を一度に解く. [連立微分方程式] … 187

21.1　固有値を使って解く方法　187 ／ 21.2　数値的に解く方法　193

第 22 話　関数の時間変化を考える.　[偏微分方程式] ･････････････････ 201

22.1　水面をたゆたう粒子の記述　201 ／ 22.2　時間発展が線形なので　206

第 23 話　偏微分方程式を解く.　[基底展開・固有関数・差分近似] ････ 209

23.1　基底を使ってうまく表現　209 ／ 23.2　空間を細かく分割　215

第 24 話　[幕間] 予測の光，理解の闇.　[確率微分方程式] ･･････････ 219

24.1　第 4 部のまとめと補足と書籍紹介　219 ／ 24.2　状態の変化，分布の変化　222

第 5 部　ならべた数のさらなる発展.　[非線形系における線形性] 227

第 25 話　時間発展データのために.　[随伴作用素] ･････････････････ 229

25.1　データから，少し先の未来を予測する　229 ／ 25.2　線形作用素，縦横無尽　232

第 26 話　観測方法を変える・その 1 .　[クープマン作用素・辞書関数] 237

26.1　関数変化の最小二乗法　237 ／ 26.2　行列演算を駆使する話　241

第 27 話　観測方法を変える・その 2 .　[クープマン・モード] ･･････ 245

27.1　固有関数はやはり便利　245 ／ 27.2　補足とまとめ，そして……　251

第 28 話　変数が増えると，爆発.　[クロネッカー積] ･････････････ 253

28.1　まずは素朴に圧縮を　253 ／ 28.2　まずは素朴に近似を　259

第 29 話　圧縮しながらベクトルを作る.　[テンソル・トレイン形式] 265

29.1　ベクトルを運ぶ行列の列？　265 ／ 29.2　データから直接圧縮を求める　269

第 30 話　[終幕] 世界を眺める視点の変革.　[双対性] ･････････････ 279

30.1　第 5 部のまとめと補足と書籍紹介　279 ／ 30.2　双対性の視点へ　281

おわりに ･･ 287

装丁：川添英昭

第 1 部
ならべた数に法則を.

[ベクトルと行列の基本]

第 **1** 話

演算による豊かさ.

[和・スカラ倍・線形空間・生成元]

1.1 「数の集まり」に「演算」を追加

集まるだけでは面白くないので

さっそく考え方の基本から始めましょう. 数学では, まずは図 1.1 のように要素が集まった**集合**を考えるのが基本です. でも, 集合だけだと面白みがありません. そこにたとえば足し算の**演算**を入れると, 要素間を行き来できるようになります. 実数の集合を考えたとき, $7.4 + 6.4 = 13.8$ のように, 二つの要素を足すことで別の要素に移れます. 豊かな感じがしますよね. また, **関係性**まで考えるとさらに応用の幅が広がります. 関係性の一つの例は「距離」です. この話は第 3 話で触れることにしましょう.

いきなり少し抽象的に感じたかもしれません. けれど, ベクトルや行列と同じような「集合・演算・関係性」をもつ対象なら, その類似性を使ってベクトルや行列で扱えます. 本書の狙いは, これを使って数式, つまり関数をベクトルや行列で巧みにさばくことです.

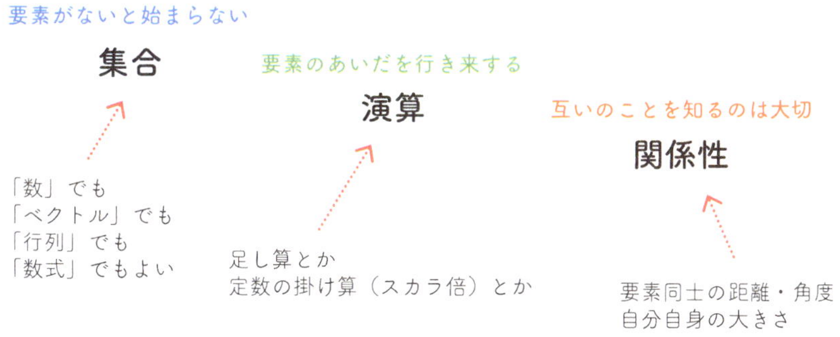

要素がないと始まらない

集合

要素のあいだを行き来する

演算

互いのことを知るのは大切

関係性

「数」でも
「ベクトル」でも
「行列」でも
「数式」でもよい

足し算とか
定数の掛け算（スカラ倍）とか

要素同士の距離・角度
自分自身の大きさ

図 1.1 構造は同じ, 中身はいろいろ

矢印から数をならべたものへ

では，ベクトルの簡単な復習から始めましょう．

最初に習うベクトルは図 1.2 の左に描いたような矢印ですね．矢印の次に，ベクトルをならべた数で表し，さらにはベクトルを記号で考えます．つまり，対象を徐々に抽象的に捉えていきます．データを扱う場合には数万を超す数を扱うこともあるので，当然，矢印では対応しきれませんね．

ただし，4 次元空間以上の高次元では矢印を想像できないものの，矢印のイメージが便利なこともあります．本書の目的は「関数を線形代数的に扱うこと」なので，ならべた数と記号で考えていくのが基本ですが，矢印で説明することもあります．

なお，数をならべるときに，縦と横の二通りの方法があります．図 1.2 では縦にならべました．これを**列ベクトル**と呼びます．単に「ベクトル」と書かれた場合には列ベクトルを意味することが多く，本書でもその流儀にしたがいます．これを横倒し，つまり**転置**したものが**行ベクトル**です．

$$\boldsymbol{a}^\top = \begin{bmatrix} 7 & 4 & 6 & 4 \end{bmatrix} \tag{1.1}$$

ベクトル記号 $\boldsymbol{a}$ の右肩に載っている $\top$ が転置を表す記号です．$\boldsymbol{a}^T$, ${}^t\boldsymbol{a}$ などほかの表記もあります．

また，丸括弧 $(\cdot)$ を使ってベクトルを書くこともあります．本書では角括弧 $[\cdot]$ を使います．

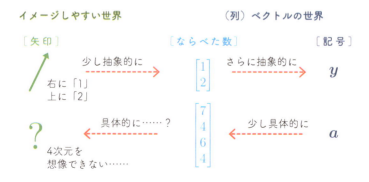

図 1.2　矢印のイメージでは扱えない世界へ

1.1 「数の集まり」に「演算」を追加　005

ベクトルの要素の記号

そもそもたくさんの数字をならべるのが大変なので，ベクトル記号の表記を使うわけです．まずはベクトル記号を使って，数式を考え，最後は計算機に任せます．具体的なデータが入る前の式変形が大切なので，今後の話では，実際に数字が入った具体的な数字ではなく，$a^\top = [a_1, a_2, \ldots]$ のように，要素を a_i などの記号で書くことが多くなります．ちなみに，この表記のように，見やすさのために行ベクトルの要素のあいだにカンマを入れることもあります．また，$[a_i]$ のように，角括弧のなかに要素 a_i を一つだけ書いてベクトルを表現することもあります．

なお，ベクトルの要素を表す場合に，$[a]_i$ と書く場合もあります．これは，括弧のなかにあるベクトル記号 a の i 番目の要素の意味です．

足し算が豊かさを与えてくれる

ベクトルとして，ならんだ数を抽象的に考えることにしました．でも，それだけだとベクトルがそこにあるだけで，身動きをとれません．そこで，互いを行き来できるように演算を入れましょう．ベクトルの**和**，つまりベクトル同士の足し算と，ベクトルの**スカラ倍**，つまり定数の掛け算です．

ベクトルの和の例を出しておきます．

$$
\begin{bmatrix} 7 \\ 4 \\ 6 \\ 4 \end{bmatrix} + \begin{bmatrix} 1 \\ 2 \\ 1 \\ 3 \end{bmatrix} = \begin{bmatrix} 8 \\ 6 \\ 7 \\ 7 \end{bmatrix} \tag{1.2}
$$

同じ位置にある要素同士の足し算なので簡単です．記号の表記では，ベクトル a と b の和として

$$
c = a + b \tag{1.3}
$$

のように c を作ると，その i 番目の要素は

$$
c_i = a_i + b_i \tag{1.4}
$$

です．当然のことですが，ベクトルのサイズが合わないと和は定義されません．

また，スカラ倍の例は

$$
-2 \times \begin{bmatrix} 7 \\ 4 \\ 6 \\ 4 \end{bmatrix} = \begin{bmatrix} -14 \\ -8 \\ -12 \\ -8 \end{bmatrix} \tag{1.5}
$$

です．記号では $\lambda \in \mathbb{R}$ として

$$
c = \lambda a \tag{1.6}
$$

と書いた場合に，その i 番目の要素は

$$
c_i = \lambda a_i \tag{1.7}
$$

となります．すべての要素を λ 倍するだけですね．なお，上の例では，負符号のついた数をスカラ倍に使いました．これと別のベクトルとの和をとれば，結果としてベクトルの差，つまり引き算になります．

　以上でベクトルに演算を導入して，別のベクトルと行き来できるようになりました．この演算を入れたものを**線形空間**と呼びます．

線形空間の定義

　スカラ係数として使う「数」は，実数だったり複素数だったりします．代数をもう一歩深く学ぶと「群・環・体」という用語が出てきます．「ぐん・かん・たい」と読みます．今は「半歩先」なので詳細は省略しますが，スカラ係数として用いる「数」の部分を「体」と呼びます．そして，「V は体 $\mathbb{K}$ 上の線形空間」などと言います．**ベクトル空間**と呼ぶこともありますが，本書では「線形空間」の用語を使います．$\mathbb{K}$ としては，実数 $\mathbb{R}$ や複素数 $\mathbb{C}$ などを使えます．この「体」を具体的に与えてしまって，「V は $\mathbb{R}$ 上の線形空間」のように書くこともあります．本書では，今後は基本的に体として実数 $\mathbb{R}$ を考えます．

　さて，たとえば和を計算したときに，結果として得られた要素が考えている集合からはみ出してしまっては困ります．演算で集合の要素を行き来でき，その演算の結果が想定外にならない安心できる場所，というのが線形空間です．実際には，線形空間 V は以下の性質を満たすものとして定義できます．なお，ここでは $c, c_1, c_2 \in \mathbb{K}$, $x, y, z \in V$ とします．

1. $cx \in V$ （スカラ倍しても V からはみ出ません）
2. $x + y \in V$ （足し算でもはみ出ません）
3. $(c_1 c_2)x = c_1(c_2 x)$ （スカラ倍は分離できます）
4. $1 \in \mathbb{K}$ に対して $1x = x$ （「1」というスカラ倍は要素を変えません）

5. $x+y=y+x$ （足し算の順番は交換できます）
6. $(x+y)+z=x+(y+z)$ （前半，後半，どちらを先に計算しても同じ）
7. $x+0=x$ となるベクトル 0 が存在する．　（零元があります）
8. $x+u=0$ となるベクトル u が存在する．このベクトル u を $-x$ と書く．すなわち $x-x=0$ （逆元，つまり負符号もあります）
9. $c_1(x+y)=c_1x+c_1y$ （足してからスカラ倍，スカラ倍してから足す，が同じ）
10. $c_1x+c_2x=(c_1+c_2)x$ （スカラ倍だけ先に計算も可能）

8番目，逆元のところが面白いですね．演算として足し算しか定義しませんでしたが，引き算も自然に導入されています．

1.2　一次結合がすべての基本

組み合わせるという視点

　演算によってベクトル同士を行き来できるようになると，あるベクトルをほかのベクトルを使って表現できます．

　想像しやすいので，まずは矢印の例から始めましょう．図 1.3 では，長いベクトルを短い上向きと右向きのベクトルの「スカラ倍と和」で表現しています．このようにスカラ倍と和のみを使った形を**一次結合**もしくは**線形結合**と呼びます．

　続いて，図には描けない次の三つのベクトルを考えてみましょう．

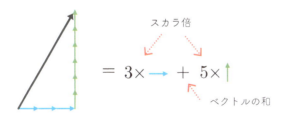

図 1.3　矢印の「一次結合」で別の矢印を表現する

008　第 1 話　演算による豊かさ.

$$c = \begin{bmatrix} 7 \\ 4 \\ 7 \\ 4 \end{bmatrix}, \qquad a = \begin{bmatrix} 1 \\ 0 \\ 1 \\ 0 \end{bmatrix}, \qquad b = \begin{bmatrix} 0 \\ 1 \\ 0 \\ 1 \end{bmatrix} \tag{1.8}$$

a と b を使えば, c を次のように書けます.

$$c = 7a + 4b \tag{1.9}$$

なお, 今は二つのベクトル a と b のみを使いましたが, もっとたくさんのベクトルを使って一次結合を作ってもかまいません.

一次結合の係数を求める方法

　ここで使った例では, a と b によって c を書き表すときの係数は簡単にわかりました. 一般には連立方程式を使って係数を求めます. 今回は,

$$c = \lambda_1 a + \lambda_2 b \tag{1.10}$$

から, c の各要素 c_i に対して以下が成り立ちます.

$$c_i = \lambda_1 a_i + \lambda_2 b_i \tag{1.11}$$

今は 4 次元ベクトルなので, 四つの方程式が得られます. ただ, 今回の例だと同じ式が繰り返されるだけで, 結局は二つの式が残ります. そこからすぐに一次結合の係数 λ_1 と λ_2 が求まります. ぜひ実際に試してみてください. なお, 連立方程式の解がない場合もあります. この場合を次に見てみましょう.

分解するという視点

　導入した演算によってできることが増えました. では, 次のベクトル

$$\begin{bmatrix} 7 \\ 4 \\ 6 \\ 3 \end{bmatrix}$$

を式 (1.8) の a と b の一次結合で書くことはできるでしょうか. ……少し考えてみると, 無理なことがわかります. 分解できる場合もあれば, でき

ない場合もあるようです．これは，先ほどの「組み合わせる」という視点
において，一次結合を作っても一部のベクトルしか再現できない，という
ことですね．では，どのような一次結合を考えるのが「よい」のでしょう
か．これは次回，第2話で．

空間を生成するという視点

一次結合にもう少し慣れるために，平面をベクトルの一次結合を使って
表現する例を見てみましょう．次の方程式を考えます．

$$2x + y + 2z = 0 \tag{1.12}$$

これは平面の方程式ですね．x, y, z の3変数に対して一つの制約式 (1.12)
があり，自由に動ける変数は二つなので，平面が描かれます．

3次元空間の点は，三つの数がならんだベクトルで表現できます．今は
変数 x, y, z を使っているので，次のベクトルで空間内の点を表すことにし
ましょう．

$$\boldsymbol{x} = \begin{bmatrix} x \\ y \\ z \end{bmatrix} \tag{1.13}$$

なお，左辺の $\boldsymbol{x}$ と右辺の x は別ものです．同じ記号でも，太字でベクトル
かどうかを判断できるので，このような使いまわしもよく見ます．

さて，式 (1.12) を変形すると

$$x = -\frac{y}{2} - z \tag{1.14}$$

となります．ここで実数 r, s を用意して，$y = r, z = s$ とおいてみましょ
う．わざわざ記号を変更するのは，y や z は平面上の点の意味，r と s は自
由に動ける変数の意味，と使い分けるためです．この記号の変更で

$$x = -\frac{r}{2} - s \tag{1.15}$$

が得られます．これを先ほどのベクトル表記の式 (1.13) に代入して，変形
していきます．すると

$$\boldsymbol{x} = \begin{bmatrix} -r/2 - s \\ r \\ s \end{bmatrix} = r \begin{bmatrix} -1/2 \\ 1 \\ 0 \end{bmatrix} + s \begin{bmatrix} -1 \\ 0 \\ 1 \end{bmatrix} \tag{1.16}$$

と書けるので,

$$\boldsymbol{a}_1 = \begin{bmatrix} -1/2 \\ 1 \\ 0 \end{bmatrix}, \qquad \boldsymbol{a}_2 = \begin{bmatrix} -1 \\ 0 \\ 1 \end{bmatrix} \tag{1.17}$$

とおくと,$\boldsymbol{x} = r\boldsymbol{a}_1 + s\boldsymbol{a}_2$ と表せます.r と s は実数から自由に選べるので,これでさまざまなベクトル $\boldsymbol{x}$ を表現できます.それらを集めると平面が形作られていきます.

　実はこの平面も線形空間になっています.先ほどの定義が満たされるかどうかを確認してみてください.このように一次結合で線形空間を作ることができ,その「もと」になるベクトルのことを**生成元**と言います.今の例だと $\boldsymbol{a}_1$ と $\boldsymbol{a}_2$ は,式 (1.12) で与えられる平面の生成元です.

平面の別の表し方

　さて,先ほどは $y = r, z = s$ とおきました.今度は $x = r, y = s$ とおいてみましょう.すると

$$\boldsymbol{x} = \begin{bmatrix} r \\ s \\ -r - s/2 \end{bmatrix} = r \begin{bmatrix} 1 \\ 0 \\ -1 \end{bmatrix} + s \begin{bmatrix} 0 \\ 1 \\ -1/2 \end{bmatrix} \tag{1.18}$$

となります.そこで

$$\boldsymbol{a}_1' = \begin{bmatrix} 1 \\ 0 \\ -1 \end{bmatrix}, \qquad \boldsymbol{a}_2' = \begin{bmatrix} 0 \\ 1 \\ -1/2 \end{bmatrix} \tag{1.19}$$

という記号を導入すると,$\boldsymbol{x} = r\boldsymbol{a}_1' + s\boldsymbol{a}_2'$ となります.一次結合のもとになっているベクトルが,先ほどは $\boldsymbol{a}_1$ と $\boldsymbol{a}_2$ だったのが,違うものになってしまいました.大丈夫なのでしょうか.

　実はどちらの方法でも,同じ平面が描かれます.これは第 2 話以降にまた扱う話ですが,ポイントは答えが一つではないこと,表現方法が一つではないことです.誰がやっても同じ答えが出るわけではないのは戸惑うかもしれませんが,実はとても便利です.数学を使って何をしたいのかは人それぞれで,そのやりたいことにあった表現を使えますからね.

第 2 話
基底は一つではない．

――――――――――――――［一次独立・一次従属・基底］――――――――

▍2.1　無駄をはぶく

よい矢印，余分な矢印はどれでしょうか？

　第 2 話では一次結合について深く触れていきます．まずは簡単な矢印の例から始めましょう．図 2.1 の左側の長い矢印 x を一次結合の形で書きたいのですが，そのための矢印として，a_1 から a_5 まで用意されています．どれを使えばよいでしょうか？

　素朴には $4a_1 + 2a_2$ でしょうか．もし a_1 と a_3 の二つを選ぶと，横方向に移動できないので x を表現できません．また，$6a_1 + 2a_2 - 2a_3$ としても大丈夫そうですが，さっきよりも表現が長くなってしまいました．

　表現を短くしようと思えば $2a_4$ が一番簡単です．けれど，たまたま x がこの向きだからであって，もし少し傾きが違っていたら a_4 の一つだけでは表現できなくなります．

　また，$2a_5 + 4a_2$ でも表現できます．ほかにもいろいろとあり得るので，試してみましょう．

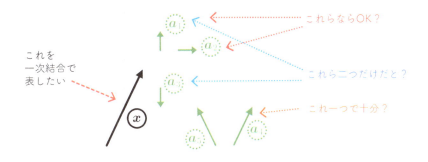

図 2.1　x を表現するために，どれを使うべきか？

第2話 基底は一つではない.

図を眺めているとわかってくると思いますが,

- 2次元系を考えているから二つあれば十分. 三つは冗長.
- a_1 と a_3 のように「平行」なものが二つだと不十分.

などは言えそうです.

無駄なものをはぶく, 必要最小限度で済ます, というのはさまざまな場面で大切です. 線形代数にも, それを表すための概念がきちんと用意されています.

したがうことは, お互いさまです

まず**一次従属**から始めましょう. これは**線形従属**とも呼ばれます.「従属」という言葉からわかるように, 何かが何かにしたがっているわけです. 図 2.2 を見ながら「したがう」ことについて考えていきましょう.

まず [1] のところを見てみます. a_1 と a_3 は互いをスカラ倍だけで表現できていますね. つまり自分自身をほかの矢印を使って表現できています. a_1 は a_3 にしたがっていますし, 逆も然りです. [2] では, a_4 は a_1 と a_2 の一次結合で表せていますので, この二つの矢印にしたがっています. 次に [3] を見ると a_5 は a_1 と a_2 でも, a_2 と a_3 でも表せます. a_5 がいろいろなものにしたがっている, と考えるかもしれませんが, [4] のように考えると, a_1 が a_2 と a_5 にしたがっているとも言えます.

[1]
$a_1 = -a_3$
$a_3 = -a_1$
互いに表現可能

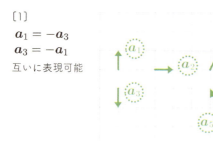

[2] $a_4 = 2a_1 + a_2$

[3] $a_5 = 2a_1 - a_2$
$ = -a_2 - 2a_3$

a_5 が a_1 と a_2 に従属?
a_5 が a_2 と a_3 に従属?
けれど……

[4] $a_1 = \dfrac{1}{2}a_2 + \dfrac{1}{2}a_5$

a_1 が a_2 と a_5 に従属?

図 2.2 どれがどれに従属しているか?……という問いは無意味

「表現」という表現について

本筋とは関係ありませんが、ここで「表現」という単語についての注釈です。数学において「表現論」という分野があります。線形代数も密接に関係している分野であり、本来は「表現」という用語をこの分野を指すために使うべきかもしれません。ただ、数学の分野を離れると「何かを何かで表す」ことを「表現」と書くことが多く、イメージをもちやすいため、本書では使い分けを厳密にせず、「表現」という用語を使ってしまいます。

従属は「組」に対する概念です

ここで大切なのは、何かしらの「組」を考えたときに「それらが従属の関係にある」かどうかを判断できることです。何かが何かにしたがっていれば、逆のことも言えます。図 2.2 の [3] と [4] のところです。[2] でも同様で、$a_2 = a_4 - 2a_1$ とも書けます。ほかをしたがえているように見えて、実は自分がしたがっていて……と意味深な印象ですが、数学としては単に方程式を変形するだけですね。

きちんと書いておきましょう。ベクトルの組を考え、どれか一つのベクトルがほかのベクトルの一次結合で表されるときに、それらのベクトルの組は**一次従属**である、と言います。図 2.2 では、$\{a_1, a_2, a_5\}$ は一次従属ですし、$\{a_2, a_3, a_5\}$ も一次従属です。ほかにもたくさんあります。

一次従属であれば余分なものが含まれています。そこで、次に一次従属ではないものを考えましょう。

従属していなければ独立、と考えるとわかりやすいですね

ここで**一次独立**の定義に触れておきます。線形空間 V に属する N 個のベクトル $a_1, \ldots, a_N$ および N 個の実数 $c_1, \ldots, c_N \in \mathbb{R}$ に対して

$$c_1 a_1 + c_2 a_2 + \cdots + c_N a_N = \mathbf{0} \tag{2.1}$$

が成立するのが $c_1 = c_2 = \cdots = c_N = 0$ の場合に限られるとき、ベクトル $a_1, \ldots, a_N$ は**一次独立**であると言います。

一次独立の定義が難しい、と感じたかもしれません。定義をじっくりと自分で噛み砕くことが大切ですが、「一次従属でなければ一次独立」と捉えておくと、ひとまずは理解しやすくなります。

第 2 話 基底は一つではない．

一次独立の場合，互いに表現できません．そのため，無駄がないとわかりますね．

> **一次独立の定義を噛み砕く**
> 一次独立の定義に出てきた式 (2.1)，つまり $c_1\boldsymbol{a}_1+c_2\boldsymbol{a}_2+\cdots+c_N\boldsymbol{a}_N = \boldsymbol{0}$ に対して，たとえば $c_1 \neq 0$ としましょう．これは一次独立の条件 $c_1 = c_2 = \cdots = c_N = 0$ を破っています．ゼロでの割り算は無理ですが，今は $c_1 \neq 0$ なので，式 (2.1) を
> $$\boldsymbol{a}_1 = -\frac{c_2}{c_1}\boldsymbol{a}_2 - \cdots - \frac{c_N}{c_1}\boldsymbol{a}_N \tag{2.2}$$
> と変形できます．すると $\boldsymbol{a}_1$ をほかのベクトルで表現できてしまっていますね．よって一次従属であることがわかります． c_1 以外がゼロでない場合も同様です．条件 $c_1 = c_2 = \cdots = c_N = 0$ を満たすときのみ，このような式変形ができません．これが一次独立の状況です．
> 数学の定義は洗練された形で書かれることが多いので，数式を変形したり，別の設定を考えたりすることが大切です．自分なりに噛み砕いて理解を進めてみましょう．

本書で一番大切なもの「基底」は，必要十分なものです

ここで，本書でもっとも大切な概念である**基底**の登場です．イメージをもってもらうために，まずは矢印で考えます．図 2.3 を見てみましょう．左側に 2 次元空間の例を四つ，右側に 3 次元空間の例を一つ描いています．太い矢印が描かれていますね．この太い矢印の一次結合を使って空間を過不足なく表現できるかどうかがポイントです．「必要十分であるもの」，それが基底です．

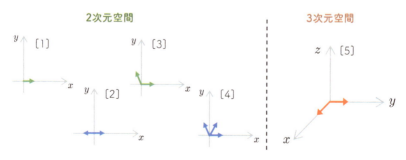

図 2.3 基底は必要十分なもの……さて，どれか？

まず [1] を見ると，一つしか矢印がないので，どう考えても 2 次元空間を表現できません．では二つの矢印があればよいのかというと，[2] では無理ですね．これらの矢印の組が一次従属の関係にあることにも注意しておきましょう．[3] の二つの矢印であれば，2 次元空間を表現できます．今回は一次独立ですね．これは 2 次元空間の基底になっています．[4] でも 2 次元空間を表現できるので生成元ではありますが，三つも不要なので，基底ではありません．

以上から，必要十分なもの，つまり 2 次元空間の基底であるのは [3] だけです．

同様に，3 次元空間の [5] の場合には，二つの矢印しかないので空間全体を表現できません．そのため，[5] の二つの矢印は 3 次元空間の基底ではありません．

でも，3 次元空間中に埋め込まれている x-y 平面を考えると，[5] の二つの矢印の一次結合で表現可能です．よって，[5] の二つの矢印は，3 次元空間のなかにある部分空間の基底になっています．

基底は，「注目している空間」を過不足なく，必要十分に表現できるものです．余分であれば削る必要があります．また，考えている基底で表現できる空間が，もっと大きな空間の部分空間になっていることもあります．そのあたりのイメージを整理しておきましょう．

一次独立かどうかが鍵

基底の定義を書いておきます．D 次元空間 $\mathbb{R}^D$ を考えたとき，その部分空間 $V \subset \mathbb{R}^D$ を作り出すベクトル $a_1, \ldots, a_{D'}$ を考えます．このとき，これらの生成元が一次独立ならば，$\{a_1, \ldots, a_{D'}\}$ を V の**基底**と言います．

一次従属だと，互いを互いで表現できてしまうので，余分なものがあるとわかります．基底であるかどうかの鍵は，一次独立性があるかどうかです．

なお，上の定義において $D' \le D$ であることに注意してください．部分空間として，たとえば 3 次元空間中の平面を考えると，$D' = 2$ および $D = 3$ です．3 次元空間中で考えていても，必ずしも 3 次元空間すべてを表現する必要はありません．この性質は，あとで関数を線形代数的に考える際にも大切になります．基底と呼ぶときには，どのような線形空間を考えているのかにも注意しましょう．

2.2 方法を決めれば表現は「一つ」

基底が違えば,座標は変わります

ここまで矢印で考えてきたので,もう少し抽象的な議論へと進みましょう. 図 2.4 のベクトル x を,いわゆる「座標」で表現する場合,どのように書くでしょうか. 直感的には「右に二つ,上に三つ」と簡単に捉えて,図中にも記載したように $[2,3]^\top$ と考えられます. ただし,これは基底として $\{a_1, a_2\}$ を考えていたからです. 図中の▲と△の部分をならべたものが座標ですね.

試しに $\{a_3, a_4\}$ を基底として考えると,図中にあるように $x = -5a_3 - 2a_4$ です(実際に矢印を負の方向に動かして確かめてみてください). このとき,「座標」としては,一次結合の係数をならべて $[-5, -2]^\top$ と書きます. 今度は■と□の部分ですね. つまり,「座標」というのは使っている基底の情報とセットでないと意味をなさないものです.

特定の表現方法,つまり基底を決めてこそ,数をならべたベクトルを作ることができます. これを利用すれば,基底を変えることで目的の計算に便利なベクトルを作ることもできます. 「便利」とはどういうことかは,次回以降の話にとっておきましょう.

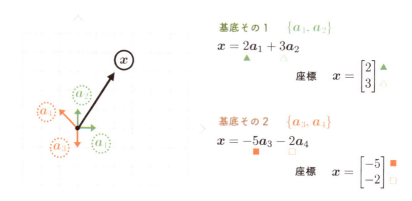

図 2.4　一次結合の係数をならべたものが「座標」

表現方法はいろいろでも，本質は，いつも「一つ」

ここで重要なのは，基底の選び方はたくさんあること，しかし，基底を決めてしまえば表現方法は一つに定まることです．つまり，基底が決まれば「座標」は一意に決まります．実際に，図 2.4 のどちらかの基底を選んで，ほかの一次結合の方法で x を表現できるかどうかを試してみてください．無理ですよね？

繰り返しになりますが，大切なことなのでもう一度．さまざまな表現方法があっても，本質は「一つ」だけです．表現したい矢印やベクトルは，一つですよね．基底の選び方は表現方法の違いであり，基底を一つに決めれば，表現の仕方は一意に決まります．

そもそもどうやって無駄なものを知るの？

基底は無駄をはぶいたものなのですが，そのためには一次独立かどうかを調べる必要があります．線形代数の教科書的には，**行基本変形**などが出てくるところです．行列については第 5 話で触れますが，行基本変形については扱わないので，必要に応じて各自で確認しておいてください．なお，この無駄なものをはぶく点については，第 4 話にも関連する話題が出てきます．

無駄なものは削らないといけないの？

「無駄なものにも何かしらの意味があるのでは？」と言いたくなる人もいると思いますので，追記をしておきます．無駄という用語の印象がよくないですね……要は，一次従属なものがある，つまり冗長なわけです．そして，冗長だからこそ可能な処理というものもあります．基底は英語で「basis」ですが，冗長な，という形容詞をつけて「redundant basis」，つまり「冗長な基底」と呼ばれるものもあります．基底は一次独立と定義したばかりですが，その定義をいったん脇に……ですね．

なお，あえて冗長な基底を使うことで見えてくるものもあります．本書の目的である関数を線形代数で扱う方法を見たあと，第 12 話の補足で少しだけ触れることにしましょう．

矢印で解釈できないものも同じです

矢印の解釈から離れた例を紹介して第 2 話を終わりにしましょう．4 次元空間において，次の三つのベクトルを考えます．

$$\boldsymbol{a}_1 = \begin{bmatrix} 1 \\ -1 \\ 0 \\ 0 \end{bmatrix}, \quad \boldsymbol{a}_2 = \begin{bmatrix} 0 \\ 1 \\ 1 \\ -1 \end{bmatrix}, \quad \boldsymbol{a}_3 = \begin{bmatrix} 2 \\ -3 \\ -1 \\ 1 \end{bmatrix} \tag{2.3}$$

三つあるので，4 次元空間中に埋め込まれた 3 次元空間を表現できるでしょうか？ 実は少し考えると $\boldsymbol{a}_3 = 2\boldsymbol{a}_1 - \boldsymbol{a}_2$ であることがわかります．つまりこれらは一次従属です．よって当初想定していた「3 次元空間」の基底ではないことがわかります．これら三つを使っても，4 次元空間中の 2 次元空間しか表現できないということですね．

さて，3 次元空間は無理でしたが，$\boldsymbol{a}_1$ と $\boldsymbol{a}_2$ を生成元とする 2 次元空間を考えることができます．もちろん，一次従属関係はベクトルの組に対する概念ですから，$\boldsymbol{a}_1$ と $\boldsymbol{a}_3$ を使っても同じ 2 次元空間が生成されます．

絵に描けないので少しわかりづらいかもしれませんが，これまでと同様に，基底と座標を考えてみましょう．

$$\boldsymbol{x} = \begin{bmatrix} 2 \\ 2 \\ 4 \\ -4 \end{bmatrix} \tag{2.4}$$

を座標で表現してみます．基底として $\{\boldsymbol{a}_1, \boldsymbol{a}_2\}$ を用いた場合，$\boldsymbol{x} = 2\boldsymbol{a}_1 + 4\boldsymbol{a}_2$ なので座標は $[2, 4]^\top$ です．一方，基底として $\{\boldsymbol{a}_2, \boldsymbol{a}_3\}$ と用いた場合には，$\boldsymbol{x} = 5\boldsymbol{a}_2 + \boldsymbol{a}_3$ なので座標は $[5, 1]^\top$ です．

基底で表現できる範囲内で……と近似する精神も大切です

「基底はいろいろとあるのはわかった……で，結局，どの基底を使えばよいの？」と思うかもしれません．このあと，少しずつそれらの話へと進んでいきましょう．

また，目的の線形空間を必要十分に表現できる基底を探せるのが理想ですが，実際問題として，少ない数の基底を使って近似できる範囲で考えてしまうこともよくあります．特にデータサイエンスや機械学習系では，近似の精神は大切になってきます．この話は第 3 部で扱います．

第 **3** 話

関係性はとても大切.

――――――――――――――――――― ［内積・ノルム・距離］ ―――

▊3.1 内積で近さを測る

ベクトル同士の関係性を知る方法

　第1話で，集合，そして演算の話をしました．第3話では関係性として，
内積を導入しましょう．

　簡単に復習しておきます．集合だけだと身動きできませんが，演算によっ
て互いを行き来できるようになりました．ただし，二つのベクトルを取り
出したときに，それらが似ているかどうかを議論するためには道具が少し
必要です．それがベクトルの**内積**です．内積の捉え方にはいくつかあり，
実はとても深い意味合いがあります．今後，徐々にそれらにも触れていき
ますが，今回は最初の「半歩」です．

　まずは矢印で考えた場合の復習から始めましょう．記号の上に矢印を書
いてベクトルを表すことにして，二つの矢印 $\vec{x}$，$\vec{y}$ を用意します．内積
を以下の順番で習った人も多いのではないでしょうか．

  1. $\vec{x}$ と $\vec{y}$ のなす角度を θ とする．
  2. ベクトル $\vec{x}$ の大きさを $|\vec{x}|$，ベクトル $\vec{y}$ の大きさを $|\vec{y}|$ とする．
  3. $\vec{x}$ と $\vec{y}$ の内積を $\vec{x} \cdot \vec{y} = |\vec{x}||\vec{y}|\cos\theta$ とする．

　矢印で記述できる場合にはこれでも大丈夫ですが，想像できないような
4次元以上の高次元では，角度 θ から出発するわけにはいきません．その
ため，順番を逆にして定義していきましょう．

内積はスカラ値を与える関数

　ひとまず内積を「二つのベクトルを引数にとり，スカラ値を返す関数」と
して捉えてみます．ただし，どんな関数でもよいわけではなく，いくつか
の性質を満たす必要があります．今後は矢印に限らない場合を考えていく

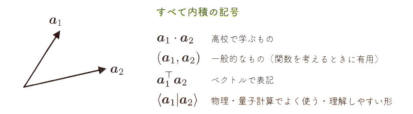

図 **3.1** 内積のどの表記を使うべきか？

のですが，矢印のイメージをもっておくことも大切です．図 3.1 の二つのベクトル a_1 と a_2 を考えます．平面に描いていますが，実際には D 次元空間内の矢印だとしましょう．このとき，それぞれのベクトルを成分に分けて以下のように書くことにします．

$$a_1 = \begin{bmatrix} a_{1,1} \\ a_{1,2} \\ \vdots \\ a_{1,D} \end{bmatrix}, \qquad a_2 = \begin{bmatrix} a_{2,1} \\ a_{2,2} \\ \vdots \\ a_{2,D} \end{bmatrix} \tag{3.1}$$

添字が増えていますが，一つ目の添字はどちらのベクトルかを指定するものです．二つ目の添字が空間の次元を示します．徐々に複雑な書き方に慣れていきましょう．

これら二つのベクトルの内積を以下のように定義します．

$$a_1 \cdot a_2 = \sum_{d=1}^{D} a_{1,d} a_{2,d} \tag{3.2}$$

ベクトルの要素ごとに掛け算をして足し合わせる，というだけですね．

内積の「書き方」は，一つではありません

図 3.1 には四通りの内積の表記を書いています．表記は違いますが，計算方法はどれも同じであり，式 (3.2) の右辺で与えられます．

一番上の $a_1 \cdot a_2$ の記法に慣れ親しんでいる人も多いと思いますが，本書

3.1 内積で近さを測る　021

では，今後はこの記法は使いません．

二つ目の (a_1, a_2) では括弧が閉じていて，二つのベクトルを用いていることがわかりやすいですね．これは数学でよく使います．

三つ目の $a_1^\top a_2$ は，すでに行列について学んだ人にはわかりやすい表記です．ただ，本書では先にこの記法を導入しておき，この具体的な計算を式 (3.2) で与えておきます．つまり，縦向きにならんだベクトルを横向きに転置した $a_1^\top$ を左側に書き，右側のベクトル a_2 とならべて書いたときに，「要素ごとの積の総和」を意味することにしましょう．

四つ目の $\langle a_1 | a_2 \rangle$ の記法は物理学，特に量子コンピュータなどにも関係する量子力学の分野でよく用いられるものです．内積として，本書ではこの表記を使うことも多いので，このあと少し詳しく説明します．

なお，このなかで一番よい表記があるわけではありません．意味合いに応じて使い分けると議論しやすくなります．

内積の「定義」ですら，一つではありません

さて，先ほど式 (3.2) で内積を定義しましたが，実は内積と呼ばれる量はこれだけに限りません．もっといろいろなものが内積として存在します．

たとえば物理学の一般相対性理論では曲がった空間を考えます．すると，ベクトル同士の関係性が，空間の曲がり方によって変わります．内積は関係性を議論するための道具なので，曲がった空間には曲がった空間なりの関係性，つまり内積が定義されます．本書では簡単な例にしか触れませんが，内積は一つではないことを意識しておくことは，さまざまな場面で大切になります．

形式的な定義を与えたとき，その具体的な可能性はいろいろとあり得る点が数学のよいところです．答えや手段が一つに決まらないのは不安かもしれませんが，逆に言えば，たくさんの可能性のなかから目的にあったものを選び取れるわけです．

内積の形式的な定義

ここでは $\mathbb{R}$ 上の線形空間 V を考えましょう．このとき，二つのベクトルを引数にとり，実数を返す関数 $(\cdot, \cdot) : V \times V \to \mathbb{R}$ として，次の性質を満たすものを**内積**と呼びます．なお，ここでは $u, v, w \in V, c \in \mathbb{R}$ とします．

1. $(\boldsymbol{u}, \boldsymbol{v}) = (\boldsymbol{v}, \boldsymbol{u})$
2. $(c\boldsymbol{u}, \boldsymbol{v}) = (\boldsymbol{u}, c\boldsymbol{v}) = c(\boldsymbol{u}, \boldsymbol{v})$
3. $(\boldsymbol{u} + \boldsymbol{v}, \boldsymbol{w}) = (\boldsymbol{u}, \boldsymbol{w}) + (\boldsymbol{v}, \boldsymbol{w}), \quad (\boldsymbol{u}, \boldsymbol{v} + \boldsymbol{w}) = (\boldsymbol{u}, \boldsymbol{v}) + (\boldsymbol{u}, \boldsymbol{w})$
4. $(\boldsymbol{u}, \boldsymbol{u}) \geq 0, \quad (\boldsymbol{u}, \boldsymbol{u}) = 0 \Leftrightarrow \boldsymbol{u} = \boldsymbol{0}$

2番目と3番目の性質は**双線形性**と呼ばれるものです．4番目は，自分自身との内積は負の値にはならないことを意味しています．

なお，線形代数という言葉にも使われている**線形性**についても触れておきましょう．関数 $f : V \to \mathbb{R}$ が線形であるとは，以下の二つの性質を満たす場合を言います．ここでは $\boldsymbol{u}, \boldsymbol{v} \in V, c \in \mathbb{R}$ とします．

i. $f(c\boldsymbol{u}) = cf(\boldsymbol{u})$
ii. $f(\boldsymbol{u} + \boldsymbol{v}) = f(\boldsymbol{u}) + f(\boldsymbol{v})$

つまり，スカラ倍や和などの演算をしてから f に入れるのと，先に f に入れてから演算をするのは同じ，ということです．関数を使うタイミングと演算をするタイミングを入れ替えられるので，計算がとても楽になります．先ほどの双線形性は，引数が二つの場合なので「双」がつくわけですね．

以上のものは形式的な定義なので，最初はわかりづらいかもしれません．ただし，これらを満たせばすべて内積なので，今後，内積を使った議論が出てきた場合には，自分好みの内積を定義して当てはめることができます．これはあとで関数について議論するときに，とても強力な道具になります．

なお，量子力学などでは複素数の線形空間に対する内積を使う必要があります．内積の定義に複素共役を適切に組み込んであげればよいのですが，その内積の定義の方法ですら二通りあります．半歩ではなく一歩踏み出したときに，ぜひ調べてみてください．

ブラケット記号は「閉じた」形なので，スカラだとすぐにわかります

本書ではベクトル $\boldsymbol{a}_1$ と $\boldsymbol{a}_2$ の内積として，表記 $\langle \boldsymbol{a}_1 | \boldsymbol{a}_2 \rangle$ をしばしば使います．この表記について補足しておきます．

まず，縦方向に数がならんだ列ベクトルに対応する記号として $|\boldsymbol{a}_1\rangle$ を導入します．これを**ケットベクトル**と呼びます．本書では単に**ケット**と呼ぶときもあります．たとえば以下のようなものです．

$$|\boldsymbol{a}_1\rangle = \begin{bmatrix} 0 \\ 1 \\ 7 \end{bmatrix}, \qquad |\boldsymbol{a}_2\rangle = \begin{bmatrix} 1 \\ 0 \\ 4 \end{bmatrix} \tag{3.3}$$

そしてこれを横倒しに転置したものが**ブラベクトル**です．

$$\langle \boldsymbol{a}_1| = \begin{bmatrix} 0 & 1 & 7 \end{bmatrix}, \qquad \langle \boldsymbol{a}_2| = \begin{bmatrix} 1 & 0 & 4 \end{bmatrix} \qquad (3.4)$$

本書では単に**ブラ**と呼ぶときもあります.

　英語で括弧のことをブラケット (bracket) と言います.左側に来る $\langle \boldsymbol{a}_1|$ などがブラ (bra),右側に来る $|\boldsymbol{a}_2\rangle$ がケット (ket),つなぎとしてアルファベットの c を追加してあげれば,「bracket」の完成ですね.

　語源はさておき,この表記だと括弧が閉じるので,ブラベクトルとケットベクトルがセットになることもわかりやすいですね.内積はスカラ,つまり単なる数を与えるので,$\langle \boldsymbol{a}_1|\boldsymbol{a}_2\rangle$ が出てきたらスカラとして扱えます.

　ブラケット表記は,量子計算などで標準的に用いられます.さらに,今は具体的なベクトルを考えましたが,記法を変えたのでもう少し抽象的なものとして捉えることができます.少し先取りしておくと,「無限個の数字がならんだベクトル」を扱うときに,この表記が便利です.

ブラケット表記での内積の計算に慣れるために

　ブラケット表記で内積を計算しておきましょう.式 (3.3) の例は単なるベクトルですので,内積は「要素ごとの積の総和」で簡単に計算できます.

$$\langle \boldsymbol{a}_1|\boldsymbol{a}_2\rangle = 0 \times 1 + 1 \times 0 + 7 \times 4 = 28 \qquad (3.5)$$

　念のため,順番を逆にして計算しておきましょう.

$$\langle \boldsymbol{a}_2|\boldsymbol{a}_1\rangle = 1 \times 0 + 0 \times 1 + 4 \times 7 = 28 \qquad (3.6)$$

同じ結果が出てきました.内積の性質として挙げた 1 番目は対称性を意味しており,順番を変えても結果が変わりません.ここで考えている「要素ごとの積の総和」による内積,つまり式 (3.2) は,きちんとこの性質を満たしていますね.ほかの内積の性質を満たすことも確認できます.ぜひ試してみてください.

3.2　大きさ,距離,さらなる解釈

自分自身の大きさを,自分自身との内積で計算します

　ほかのベクトルとの関係性を見る前に,自分自身との関係性を見てみましょう.つまりベクトルの大きさです.

　ベクトルの大きさは,要素ごとの二乗を計算し,和をとって,その平方

根（ルート）をとったものです．D 次元ベクトル $\boldsymbol{a}_1$ の場合には

$$\|\boldsymbol{a}_1\| = \sqrt{a_{1,1}^2 + a_{1,2}^2 + \cdots + a_{1,D}^2} = \sqrt{\sum_{d=1}^{D} a_{1,d}^2} \tag{3.7}$$

と書けます．ここで，$\|\boldsymbol{a}_1\|$ の記号は**ノルム**と呼ばれます．わざわざ新しい言葉を導入したのは，今後を見すえて概念を広く捉えるためです．また，式 (3.7) の形のノルムを特に $\|\boldsymbol{a}_1\|_2$ と書くこともあります．要素ごとの二乗を考えているので右下添字として 2 をつけた，と捉えておいてください．

ちなみに，式 (3.7) を次のように書き換えられます．

$$\|\boldsymbol{a}_1\| = \sqrt{\langle \boldsymbol{a}_1 | \boldsymbol{a}_1 \rangle} \tag{3.8}$$

内積を使って，ノルムを定義できるわけですね．

ノルムの定義も，一つではない

　ここでは内積を使ってノルムを計算しました．内積は一つではなくいろいろとある……ということは，ノルムもやはり一つではありません．さらに，内積を使って定義する必要すらありません．以下の三つの性質を満たすものはすべてノルムです．

1. $\|\boldsymbol{u}\| \geq 0$ であり，また $\|\boldsymbol{u}\| = 0 \Leftrightarrow \boldsymbol{u} = \boldsymbol{0}$
   （「大きさがゼロ」のベクトルは，ゼロベクトル）
2. $c \in \mathbb{R}$ に対して $\|c\boldsymbol{u}\| = |c|\|\boldsymbol{u}\|$ （ここで，$|c|$ は通常の絶対値）
3. $\|\boldsymbol{u} + \boldsymbol{v}\| \leq \|\boldsymbol{u}\| + \|\boldsymbol{v}\|$

互いがどれだけ離れているかを，ノルムで測ります

　ようやくベクトルの関係性の話です．ここで導入する関係性は**距離**です．距離としては，離れているものほど大きな値を，近いほど小さな値を返すような関数を考えればよいわけですね．また，負の距離というのは不自然なので，ゼロ以上の値を返してほしいものです．

　イメージをもつために矢印で考えると，図 3.2 のベクトル $\boldsymbol{c}$ の大きさが，まさに距離としての性質を備えています．そこで，わざわざベクトル $\boldsymbol{c}$ を導入せずに，二つのベクトル $\boldsymbol{a}_1$ と $\boldsymbol{a}_2$ を使って，次のノルムを考えましょう．

$$d(\boldsymbol{a}_1, \boldsymbol{a}_2) = \|\boldsymbol{a}_1 - \boldsymbol{a}_2\| \tag{3.9}$$

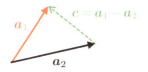

図 3.2　距離は，ベクトル同士をつなぐベクトルのノルム

このノルムで定義された関数 $d(\cdot,\cdot): V \times V \to \mathbb{R}$ が，二つのベクトルの距離を与えます．もし自分自身との距離を考えると，距離がゼロになることもわかります．ノルムの性質から負の値を返さないこともわかりますね．

> **距離もやはり……**
>
> 以下の性質を満たすような集合 V 上の関数 $d: V \times V \to \mathbb{R}$ はすべて距離です．なお，$\boldsymbol{u}, \boldsymbol{v}, \boldsymbol{w} \in V$ とします．
>
> 1. $d(\boldsymbol{u}, \boldsymbol{v}) \geq 0$．また，$\boldsymbol{u} = \boldsymbol{v}$ ならば $d(\boldsymbol{u}, \boldsymbol{v}) = 0$
>   （距離はゼロ以上．また，同じベクトルであれば距離はゼロ）
> 2. $d(\boldsymbol{u}, \boldsymbol{v}) = d(\boldsymbol{v}, \boldsymbol{u})$（対称性があり，どちらから測っても距離は同じ）
> 3. $d(\boldsymbol{u}, \boldsymbol{v}) + d(\boldsymbol{v}, \boldsymbol{w}) \geq d(\boldsymbol{u}, \boldsymbol{w})$
>   （三角不等式．三角形の 2 辺の長さを足すと，もう 1 辺の長さと等しい，もしくは大きくなる）
>
> **内積，ノルム，距離はすべて必要？**
>
> ここでは内積を考え，その内積でノルムを定義し，そのノルムで距離を定義しました．「内積 → ノルム → 距離」の流れは自然なのですが，必ずしもこの流れにしたがう必要はありません．いきなりノルムを定義することもできます．
>
> また，距離の概念を一般化した**位相空間**の議論もあります．本書では集合のあとで演算を導入しましたが，演算はさておき，集合に対していくつかの性質を満たす開集合を定義することで，位相を導入できます．この位相は距離の概念と関係します．さらに，もっとも近いもの，つまり「同じ」ものも，こちらで決められます．何をしたいのかに応じて，一見違うものを同一視してしまう．これが数学のすごさですね．もちろん，何でもありというわけではありませんし，役立つものを自分で探すとなると大変です．これまでのたくさんの研究で，性質のよいものや役立つものが見つかっています．まずはそれらを学んで，あれこれと入れ替えてみて，目的にあったものを探すのがよいでしょう．もし過去に見つかっていない概念を見つけられれば，誰も到達していない何かを成し遂げられるかもしれませんね．

026　第 3 話　関係性はとても大切.

内積をもう半歩，深く解釈するためにいろいろな見方をしてみます

　　内積の紹介としてはこれで十分かもしれません．けれど，もう半歩だけ先に進むために，ここで内積の見方を変えておきましょう．

　　今回はわかりやすさのために，「互いの関係性」という形で内積を紹介しました．図 3.3 の見方その 1 は，二つのベクトルを引数にとって，その関係性を返す関数です．二つのベクトルは同等で，どちらが特別ということはありませんね．

　　見方その 2 では，少し形が変わりました．右側の a_2 は数が縦方向にならんだ列ベクトルです．本書では列ベクトルを基本としますので，基本的なベクトル a_2 と，もう一つ別のベクトル a_1 を使った，という見方ができます．とは言え，どちらもベクトルですので，大きくは変わりません．なお，ベクトルの内積はあとで触れる行列の掛け算と関係します．そのため，内積というよりは単に「要素ごとの積の総和」という計算方法として捉えやすい見方ですね．計算機にとって，とても便利な見方です．

　　さて，問題は見方その 3 のブラケット表記です．ブラとケットを単なるベクトルと捉えれば，単に「見方その 2 を違う書き方にしたもの」ですね．ただ，ブラケット表記を使うと，具体的にならんだ数のイメージから離れることができます．さらに，ブラとケットの役割を変えた解釈もしやすく

見方その 1　　内積は……二つの「ベクトル」を引数にとる関数？

$$(a_1, a_2) \quad \longleftarrow \cdots\cdots \quad \text{結果がスカラ値（まさに関数）}$$

見方その 2　　内積は……「ベクトルの転置」と「ベクトル」の掛け算？

$$a_1^\top a_2 \quad \longleftarrow \cdots\cdots \quad \text{あとで触れる行列の掛け算と関係}$$

見方その 3　　内積は……状態を「測定」するもの？

$$\langle a_1 | a_2 \rangle$$

こちらは測定するための装置　　　　　　　　　　これが状態

図 3.3　内積に対する見方を変える

なります．本書においてはこの表記方法を随所で使っていきます．徐々にこの表記方法の解釈がわかってくると思いますが，ポイントを先にまとめておきます．

ケットが基本となる「状態」で，ブラは「観測装置」

先ほども書きましたが，本書では列ベクトルを基本とします．多くの応用においても，やはり列ベクトルが基本です．そのため，ケットが基本的なものです．あとで多項式などの数式や，さらには時間発展をする系の状態を考えたりしますが，数式や状態をこのケットとして与えます．これが考えるべき対象，ということですね．

では，ブラとは何でしょうか？

そもそも無限の数がならんだベクトルや，多項式などのもう少し抽象的な概念は計算機では扱いづらいものです．一方，スカラ値は便利そうですよね．そのために，抽象的なものを入れたら具体的な値を返してくれるもの，つまり「関数」を考えていくことになります．

少し視点を変えて，現実的な実験を考えましょう．目の前にある実験対象はとても複雑で，そのすべてを詳細に調べることは難しそうです．そこで，何かしらの観測装置を使って，出てきた数値を調べるわけですね．最終的に値を返すもの……やはり「関数」です．

さて，ケットという「状態」に対して，結果としてスカラ値を返すような「関数」を考えたいのですが，そのための「観測装置」がブラです．実際，ブラをケットに作用させると内積になります．内積はスカラ値を与えるものでしたよね．スカラ値なら扱いが簡単です．

なお，見方その3がもっともよい，ということではありません．場合によっては別の見方が便利なこともあります．ただ，線形代数の半歩先として見方その3に慣れておくと，今後，いろいろな分野において同じような見方ができることに気がつくでしょう．その背後には**双対性**という数理的な仕掛けがあり，その数学を学ぶきっかけにもなります．

最初は慣れない考え方かもしれませんが，最終的には「この捉え方は自然！」と感じられるところを目指していきましょう．

双対性という考え方

この**双対性**の考え方の入り口に立つことも，本書の目的の一つです．このあといくつかの具体的な題材を扱いながら，徐々に慣れていきます．なお双対性という用語はいろいろな分野で出てきます．物理学ではよく用いられますし，最適化問題やデータ解析などでも利用されます．同じ双対性という用語を使っていても，対象が違うと別のものに見えるかもしれません．ただ，多くの双対性については，その背後にある考え方は共通しています．

応用上はそこまで抽象的に考える必要はないかもしれません．ただ，ものごとを少し深く捉えると，共通している部分が見えてくるのは面白いものです．またあとで見るように，少なくとも本書で扱う応用に関しては，ここで導入した「状態」と「観測装置」という考え方はとても便利なものです．

内積・ノルム・距離と，いくつかの空間の定義

「半歩先」の本書では数学的に厳密な議論にまでは踏み込みませんが，今回導入した内積・ノルム・距離の概念は空間を考えるうえで大切なものです．簡単にだけ触れておきましょう．

専門書などを読んでいると**完備**という用語をよく見かけます．ざっくりと言ってしまえば，空間上の要素の「列」を考えて，その列の極限を考えても空間内に収まってくれることです．はみ出たりしないので，とても性質のよいものです．

ノルムが定義されている完備な線形空間として**バナッハ空間**，内積が定義されている完備な線形空間として**ヒルベルト空間**などの用語を見かけることもよくあります．何やら難しそうと感じるかもしれません．ただ，これらは偉大な先人が研究によって見つけてくれた，便利かつ深い概念です．考える空間を限定することで数学的に厳密な議論が可能になり，より強い主張のある結果が得られます．ちなみに，どちらの空間も数学者の名前に由来します．また，先述したように，必ずしも内積を使ってノルムを定義する必要はありません．内積を入れられれば自然にノルムと距離を定義できますが，いきなりノルムを考える場合もあります．内積を入れても入れなくてもよい，という意味で，バナッハ空間は適用範囲の広い議論ができます．このあたりは**関数解析**にかかわる話題です．第4部の最後，第24話で関連する書籍を紹介します．

第 4 話
多様性の一つのかたち.

[直交性]

4.1 どちらの基底が好み？

ベストかどうかはわかりませんが，多くの場合によい形があります

　これまで見てきたように，「基底は一つではない」，さらには「内積やノルム，距離も一つではない」と，何でもありの感じでした．そのなかで便利なものを選んで議論することが大切です．

　それでは図 4.1 において，二つの基底のうちどちらが「よい」ものでしょうか．さっと頭のなかで考えてみてください．

　直感的に，[2] と考えた人が多いのではないかと思います．実際，多くの場合にはその通りです．第 4 話のテーマは，その直感を裏づけることです．

　なお，たとえば傾きが 1，つまりベクトル x 方向の直線上の点しか考えないのであれば，[1] の基底を使ったほうが便利です．a_2 だけあれば表現できてしまいますからね．こういった意味で，何が「よい」のかは条件によることも，頭の片隅においておきましょう．

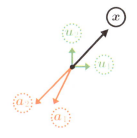

Q. 基底としてどちらが「よい」か？

　　[1]　$\{a_1, a_2\}$

　　[2]　$\{u_1, u_2\}$

図 4.1　扱う対象によって「よい」の定義も変わるが……

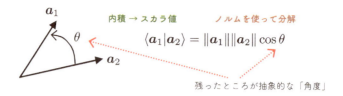

図 4.2　内積から角度を定義する

描けない角度を，内積を使って定義してしまいます

まずは第 3 話に引き続き同じテーマを扱います．内積で互いの関係性を知る，という話です．第 3 話では互いの距離を内積から定義しました．今回の第 4 話では互いが作る角度を考えます．

矢印ならば簡単にイメージできます．そもそも二つの矢印のなす角度を用いて内積を定義することもできたのでした．図 4.2 のように，角度 θ を使って内積を定義できます．ただし，4 次元以上になると矢印による解釈を使えないので，順番を変えて内積から……という話でしたね．そのため，素朴には内積，および第 3 話で導入したベクトルのノルムを使って，逆に角度を定義してあげます．つまり，

$$\cos\theta = \frac{\langle a_1|a_2\rangle}{\|a_1\|\|a_2\|} \tag{4.1}$$

で角度 θ を定義します．

高次元空間でも，$90°$ は直交を意味する

矢印を思い描けない高次元空間でも，角度が $90°$ などだと二つのベクトルは**直交**すると言います．「など」と書いたのは $-90°$ でも直交ですし，ほかにもたくさん直交する角度があるからです．そのため，式 (4.1) で定義される左辺がゼロになるときに直交と考えるのがよさそうです．つまり，二つのベクトル $|a_i\rangle$ と $|a_j\rangle$ に対して，

$$\langle a_i|a_j\rangle = 0 \quad \text{もしくは} \quad \langle a_j|a_i\rangle = 0 \tag{4.2}$$

のとき，これらのベクトルは直交の関係にあります．ここで，内積の性質

4.1 どちらの基底が好み？ 031

から i と j の左右を入れ替えても値は変わらないことを使いました.

直交していると，計算がすごく簡単になります

基底とは，考えたい空間を生成する「必要十分なもの」，つまり一次独立なベクトルの組でした．直交している必要はありません．ただし，直交していれば互いに一次結合の形で表現できないので，確実に基底になっています．わかりやすいですね．

では，なぜ直感的に直交する基底のほうが「よい」と感じるのでしょうか．その理由を考えていきましょう．表記に慣れるために，以下ではブラケット表記を使ってみます．なお，第3話の最後のほうで少し抽象的な解釈の話をしましたが，今は素朴にブラ $\langle\cdot|$ を行ベクトル，ケット $|\cdot\rangle$ を列ベクトルと考えます.

基底として「直交してはいないが，一次独立」の $\{|\boldsymbol{a}_1\rangle, |\boldsymbol{a}_2\rangle\}$ を用いるとします．そして，この基底を用いてベクトル $|\boldsymbol{x}\rangle$ を

$$|\boldsymbol{x}\rangle = c_1|\boldsymbol{a}_1\rangle + c_2|\boldsymbol{a}_2\rangle \tag{4.3}$$

と表現しておきます．「基底はいろいろとありますが，基底を決めれば表現は一つ」でしたね．つまり c_1 と c_2 は一意に決まります．これらを求めるために，左から $\langle\boldsymbol{a}_1|$ と $\langle\boldsymbol{a}_2|$ を掛け算しましょう.

$$\langle\boldsymbol{a}_1|\boldsymbol{x}\rangle = c_1\langle\boldsymbol{a}_1|\boldsymbol{a}_1\rangle + c_2\langle\boldsymbol{a}_1|\boldsymbol{a}_2\rangle \tag{4.4}$$

$$\langle\boldsymbol{a}_2|\boldsymbol{x}\rangle = c_1\langle\boldsymbol{a}_2|\boldsymbol{a}_1\rangle + c_2\langle\boldsymbol{a}_2|\boldsymbol{a}_2\rangle \tag{4.5}$$

ブラケット記号が閉じている $\langle\boldsymbol{a}_1|\boldsymbol{a}_2\rangle$ や $\langle\boldsymbol{a}_1|\boldsymbol{x}\rangle$ などの形の部分はスカラであり，具体的なベクトルが与えられれば簡単に計算できますね．内積を計算すればよいだけです．すると，式が二つ，未知変数も二つなので，連立方程式を解けば c_1 と c_2 が求まります．今は基底の数が二つだけなので，基底から作られる線形空間の次元は2，つまり平面です．もし基底の数が D 個なら，D 次元空間が作られ，式の数も D 個，未知変数も D 個になります．よって，D 元連立一次方程式を解くことになります.

次に基底として「直交している」 $\{|\boldsymbol{u}_1\rangle, |\boldsymbol{u}_2\rangle\}$ を用います．では，$|\boldsymbol{x}\rangle$ を基底で表現する一次結合を考えてみましょう.

032 第 4 話 多様性の一つのかたち.

$$|\boldsymbol{x}\rangle = c_1|\boldsymbol{u_1}\rangle + c_2|\boldsymbol{u_2}\rangle \tag{4.6}$$

なお，先ほどと同じ c_1 と c_2 を使っていますが，基底が違うので，別のものだと捉えてください．さて，左から $\langle\boldsymbol{u_1}|$ と $\langle\boldsymbol{u_2}|$ を掛け算すると，直交しているので $\langle\boldsymbol{u_1}|\boldsymbol{u_2}\rangle = 0$ などが成立して，

$$\langle\boldsymbol{u_1}|\boldsymbol{x}\rangle = c_1\langle\boldsymbol{u_1}|\boldsymbol{u_1}\rangle + c_2 \underbrace{\langle\boldsymbol{u_1}|\boldsymbol{u_2}\rangle}_{\text{直交なのでゼロ}} \tag{4.7}$$

$$\langle\boldsymbol{u_2}|\boldsymbol{x}\rangle = c_1 \underbrace{\langle\boldsymbol{u_2}|\boldsymbol{u_1}\rangle}_{\text{直交なのでゼロ}} + c_2\langle\boldsymbol{u_2}|\boldsymbol{u_2}\rangle \tag{4.8}$$

となり，以下の式が得られます．

$$c_1 = \frac{\langle\boldsymbol{u_1}|\boldsymbol{x}\rangle}{\langle\boldsymbol{u_1}|\boldsymbol{u_1}\rangle}, \quad c_2 = \frac{\langle\boldsymbol{u_2}|\boldsymbol{x}\rangle}{\langle\boldsymbol{u_2}|\boldsymbol{u_2}\rangle} \tag{4.9}$$

内積を簡単に計算できるのは先ほどと同様ですが，今回は連立方程式を解く必要がありません．計算が簡単になりました．高次元だと連立方程式を解くのも少し大変になるので，助かりますね．この意味で，直交する基底，すなわち**直交基底**は便利で「よい」と言えます．

4.2 直交は，作れる

直交するように係数を選んでいくと，直交基底を作れます

　シュミットの直交化法と呼ばれる方法により，直交基底を作ることもできます．ここでは今後の展開を見すえて，ちょっと試行錯誤してみましょう．
　例として，次の三つのベクトルを生成元とする線形空間を考えます．

$$|\boldsymbol{a_1}\rangle = \begin{bmatrix} 1 \\ 1 \\ 0 \end{bmatrix}, \quad |\boldsymbol{a_2}\rangle = \begin{bmatrix} 1 \\ 0 \\ 1 \end{bmatrix}, \quad |\boldsymbol{a_3}\rangle = \begin{bmatrix} 1 \\ 2 \\ -1 \end{bmatrix} \tag{4.10}$$

これまでと同じ $\boldsymbol{a_1}$ などの記号を使っていますが，考えている空間の次元も違いますし，別のものです．3次元空間なので矢印で描くこともできますが，慣れるために記号のまま進めます．なお，三つのベクトルの組を「基底」と呼ばなかったことの理由は，このあとの計算でわかります．

まず一つ，ベクトル $|a_1\rangle$ を選びます．次に $|a_1\rangle$ に直交する基底を作りたいのですが，何でもよいわけではありません．生成元から作られる空間を考えたいので，ここでは $|a_2\rangle$ を材料に使いましょう．$c \in \mathbb{R}$ として

$$|\tilde{u}_2\rangle = |a_2\rangle + c|a_1\rangle \tag{4.11}$$

を作ります．この $|\tilde{u}_2\rangle$ を $|a_1\rangle$ と直交させたいわけです．そのため，左から $\langle a_1|$ を掛け算しましょう．

$$\langle a_1|\tilde{u}_2\rangle = \langle a_1|a_2\rangle + c\langle a_1|a_1\rangle \tag{4.12}$$

この左辺をゼロにしたいわけですね．よって

$$c = -\frac{\langle a_1|a_2\rangle}{\langle a_1|a_1\rangle} \tag{4.13}$$

と選べばよいことがわかります．

ノルムを揃えておくと便利

さて，式 (4.13) の右辺の分母，$\langle a_1|a_1\rangle$ の部分はベクトル a_1 の内積です．この平方根がノルム，つまりベクトルの大きさですね．ここを初めから 1 にしておくと分母が消えてくれて，計算が簡単になりそうです．つまり，もし最初から $|a_1\rangle$ のノルムが 1 であれば，次のようになります．

$$c = -\frac{\langle a_1|a_2\rangle}{\langle a_1|a_1\rangle} = -\langle a_1|a_2\rangle$$

ベクトルのノルムを 1 に揃えておくことを**正規化**と呼びます．$|a_1\rangle$ を正規化したベクトルを $|u_1\rangle$ としましょう．そして，式 (4.13) の $\langle a_1|$ の変わりに $\langle u_1|$ を使って c を求めておきます．すると，式 (4.11) の代わりに

$$|\tilde{u}_2\rangle = |a_2\rangle - \left(\langle u_1|a_2\rangle\right)|u_1\rangle \tag{4.14}$$

を考えればよいことになります．この式だけで，考えたい空間上において u_1 に直交するベクトルを作ることができました．

さらにこの作業を続けるときに，求まった $|\tilde{u}_2\rangle$ をまた正規化して，$|u_2\rangle$ を作っておきます．次に作るベクトル $|\tilde{u}_3\rangle$ は，$|u_1\rangle$ と $|u_2\rangle$ の両方に直交

034 第 4 話 多様性の一つのかたち.

する必要があります. 考え方は上の計算と同じで, 係数を追加して, その係数を求める方程式を立てるという流れです.

念のため次のステップまで進んでおきましょう. まずは

$$|\widetilde{\boldsymbol{u}}_3\rangle = |\boldsymbol{a}_3\rangle + c_1|\boldsymbol{u}_1\rangle + c_2|\boldsymbol{u}_2\rangle \tag{4.15}$$

とします. これに左から $\langle\widetilde{\boldsymbol{u}}_1|$ と $\langle\widetilde{\boldsymbol{u}}_2|$ を掛け算した場合のそれぞれにおいて, 左辺がゼロになればよいわけですね. 式が二つ出てきて, 未知変数も c_1 と c_2 の二つあるので, 解けます. ただ, 実際にはそもそも $|\boldsymbol{u}_2\rangle$ は $|\boldsymbol{u}_1\rangle$ と直交するので, もっと簡単に計算を進められます.

シュミットの直交化法のまとめ

簡単にまとめておきます. 今, 考えたい空間の生成元を $|\boldsymbol{a}_d\rangle$, $d = 1, \ldots, D$ とします.

1. $|\boldsymbol{a}_1\rangle$ を正規化して最初の基底を作る.

$$|\boldsymbol{u}_1\rangle = \frac{1}{\sqrt{\langle\boldsymbol{a}_1|\boldsymbol{a}_1\rangle}}|\boldsymbol{a}_1\rangle \tag{4.16}$$

2. まずは $d = 1$ として, 以下の「3.」「4.」を繰り返す.
3. $d + 1$ 番目の基底の候補を, 以下のようにして作る.

$$|\widetilde{\boldsymbol{u}}_{d+1}\rangle = |\boldsymbol{a}_{d+1}\rangle - \sum_{d'=1}^{d} \left(\langle\boldsymbol{u}_{d'}|\boldsymbol{a}_{d+1}\rangle\right)|\boldsymbol{u}_{d'}\rangle \tag{4.17}$$

4. 基底の候補 $|\widetilde{\boldsymbol{u}}_{d+1}\rangle$ を正規化して $|\boldsymbol{u}_{d+1}\rangle$ を作る. これを $d + 1$ 個目の基底とする. そして d を一つ増やして, 次の基底の計算へと進む.

このように, 互いに直交しつつノルムが 1 となっている基底のことを**正規直交基底**と呼びます. なお, この正規直交基底を作るための手順は, あとで関数を考えるときにも使います.

直交化の具体的な計算を見ておく

先ほどの式 (4.10) の例で計算を進めてみましょう. $\langle\boldsymbol{a}_1|\boldsymbol{a}_1\rangle = 2$ なので, 正規化すると

$$|\boldsymbol{u}_1\rangle = \begin{bmatrix} 1/\sqrt{2} \\ 1/\sqrt{2} \\ 0 \end{bmatrix} \tag{4.18}$$

が得られます. 次のステップは式 (4.17) より

$$|\widetilde{\boldsymbol{u}}_2\rangle = |\boldsymbol{a}_2\rangle - \left(\langle\boldsymbol{u}_1|\boldsymbol{a}_2\rangle\right)|\boldsymbol{u}_1\rangle$$

$$= \begin{bmatrix} 1/2 \\ -1/2 \\ 1 \end{bmatrix} \tag{4.19}$$

です．すでに式 (4.14) で与えられていた式を具体的に計算しただけですね．実際に直交していることも，内積をとってみれば次のように確認できます．

$$\langle\boldsymbol{u}_1|\widetilde{\boldsymbol{u}}_2\rangle = \frac{1}{\sqrt{2}} \times \frac{1}{2} + \frac{1}{\sqrt{2}} \times \left(-\frac{1}{2}\right) + 0 \times 1 = 0 \tag{4.20}$$

次のステップのために正規化しておきましょう．$\langle\widetilde{\boldsymbol{u}}_2|\widetilde{\boldsymbol{u}}_2\rangle = 3/2$ なので，次のようになります．

$$|\boldsymbol{u}_2\rangle = \begin{bmatrix} 1/\sqrt{6} \\ -1/\sqrt{6} \\ 2/\sqrt{6} \end{bmatrix} \tag{4.21}$$

この続きは次のページで行います．

成分を抜いたら残らないこともある

実は式 (4.10) で与えられる例は一次従属です．そのため「基底」とは呼べません．あとで見るように，二つを選んで組を作ると基底となります．3次元空間中に二つのベクトルなので，作られる線形空間は平面です．

与えられたベクトルの組，つまり生成元が，どのような空間を作るのか，基底なのか，それとも余分なものが含まれるのか……次回の第5話で扱う行列の概念はこの判断と密接に関係します．ただ，このあとの計算で見るように，シュミットの直交化法で実際に正規直交基底を構成することでも，余分なものを削ることができます．判断をするためだけに使うには，少しぜいたくな道具かもしれません．でも，求めておいた正規直交基底をそのあとの操作に利用できるかもしれませんね．

具体的な計算で余分なものが消える

式 (4.10) をじっと眺めて考えると，$|\boldsymbol{a}_3\rangle = 2|\boldsymbol{a}_1\rangle - |\boldsymbol{a}_2\rangle$ だとわかります．そのため $\{|\boldsymbol{a}_1\rangle, |\boldsymbol{a}_2\rangle, |\boldsymbol{a}_3\rangle\}$ の組は一次従属です．ただ，じっと眺めて考えるのもなかなか大変です．

第 4 話　多様性の一つのかたち.

では，一次従属の場合にシュミットの直交化法を続けるとどうなるかを試してみましょう．手順にしたがうと，今度は式 (4.17) の右辺の和の部分から，二つの項が出てきますね．よって，次に得られるはずのベクトル $|\widetilde{\boldsymbol{u}}_3\rangle$ を以下のように計算できます．

$$
\begin{aligned}
|\widetilde{\boldsymbol{u}}_3\rangle &= |\boldsymbol{a}_3\rangle - \Big(\langle\boldsymbol{u}_1|\boldsymbol{a}_3\rangle\Big)|\boldsymbol{u}_1\rangle - \Big(\langle\boldsymbol{u}_2|\boldsymbol{a}_3\rangle\Big)|\boldsymbol{u}_2\rangle \\
&= \begin{bmatrix} 1 \\ 2 \\ -1 \end{bmatrix} - \frac{3}{\sqrt{2}}\begin{bmatrix} 1/\sqrt{2} \\ 1/\sqrt{2} \\ 0 \end{bmatrix} + \frac{3}{\sqrt{6}}\begin{bmatrix} 1/\sqrt{6} \\ -1/\sqrt{6} \\ 2/\sqrt{6} \end{bmatrix} \\
&= \begin{bmatrix} 0 \\ 0 \\ 0 \end{bmatrix}
\end{aligned}
\tag{4.22}
$$

最後に得られたのはゼロベクトルです．つまり，これまでに得られたものを抜くと何も残らない，ということですね．この時点までで，三つの生成元から作られる線形空間は二次元，つまり平面であり，基底は二つであることがわかります．その基底として，ここで作った $|\boldsymbol{u}_1\rangle$ と $|\boldsymbol{u}_2\rangle$ を使えます．

なお，消えてしまった $|\boldsymbol{a}_3\rangle$ が不要ということではありません．今回は $|\boldsymbol{a}_1\rangle$ から出発しましたが，ほかのベクトルから始めることもできます．そうすると別の基底が求まります．そこでは $|\boldsymbol{a}_3\rangle$ が，$|\boldsymbol{a}_1\rangle$ か $|\boldsymbol{a}_2\rangle$ のどちらかの代わりに活躍します．ただし，どんな基底を使っても，結果として作られる平面は同一のものです．表現方法はいろいろでも，「本質は一つ」ですね．

記号での計算と，図のイメージとをつなぐ

今回は記号での計算を使って直交化法について見てきました．本書のメインは関数を扱うことであり，矢印のイメージをもちづらくなります．その練習として，記号に慣れておくことが大切です．

ただし，実際には矢印をイメージして，幾何学的に考えると解釈しやすくなったりもします．また，これが「状態と観測装置」という考え方の一つの具体例にもなります．この話題については，第 6 話で見ることにしましょう．

第 5 話
情報を操作して処理する．

──────────────［行列・線形写像］──────

■ 5.1 行列の積を解釈する

まずは基本的な定義を，形式的に把握しておきましょう

　ベクトルは数が一方向にならんだものでしたが，行列は数が平面的にならんだものです．行列に対してベクトルと同じようにスカラ倍や和の演算を定義して，行列同士を行き来できるようになります．さらに行列には掛け算，つまり積を定義できます．積は行列のサイズを変え得るため，スカラ倍や和とは異なるものです．基本的な事項は教科書で確認してもらうとして，ここでは積について，いくつか異なる見方をしてみます．

　$L \times M$ 行列 A と $M \times N$ 行列 B の積を考えましょう．これらの積により，$L \times N$ 行列 C が作られます．図 5.1 に積の基本を記載しました．作られる行列 C の ℓ 行目かつ n 列目の要素は，左側の行列 A の ℓ 行目の「行」すべての要素と，右側の行列 B の n 列目の「列」すべての要素の掛け算，そしてその総和で作られます．じっくりと図を眺めてみてください．

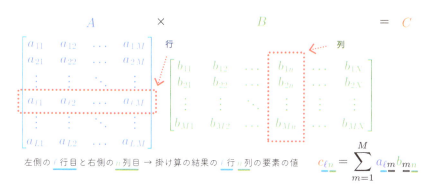

図 5.1　行列の積の見方その 1：よくある定義

なお,左側の「列」のサイズと右側の「行」のサイズが一致していないと,積が定義されないこともわかります.今の例では左側の行列 A のサイズが $L \times M$,右側の B が $M \times N$ なので,サイズ M が一致していますね.また,できあがる行列の行のサイズは左側の行のサイズと一致し,列のサイズは右側の列のサイズと一致します.今の例では $L \times N$ になります.

途中の経路をすべて考えることで,積を与えることもできます

さて,別の見方です.行列積 $C = AB$ に対して,左辺の行列 C の ℓ 行 n 列成分を,図 5.2 に描いたような「行列 A の ℓ(行目)を左端,行列 B の n(列目)を右端とする経路を足し合わせたもの」と解釈します.実際に,一つ目の経路を $a_{\ell 1} b_{1n}$,二つ目の経路を $a_{\ell 2} b_{2n}$ などとしていくと,これらの足し算が $c_{\ell n}$ を与えることがわかります.なお,どの経路を使っても ℓ と n とを結ぶことができるので,途中の経由点 m としては 1 から M までを,つまりすべての経路を考えます.$c_{\ell n}$ を ℓ と n とを結ぶ経路と考えることで,記号的な行列積の定義を「途中の経路の総和」のようなイメージで捉えられるのは面白いですね.

なお,確率的な現象を扱う場合には,行列の要素に「確率」の意味合いが出てくるため,この経路にさらに深い意味合いをもたせることができます.今は確率を考えているわけではないので,経路としても解釈可能とだけ,頭に入れておきましょう.

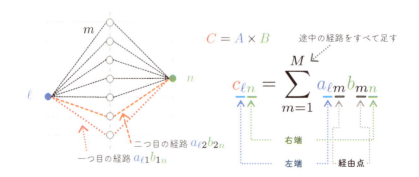

図 5.2 行列の積の見方その 2:途中の経路をすべて考える

5.1 行列の積を解釈する 039

観測装置を経由して捉えることもできます

もう一つ，図 5.3 のようにブラケット記号を使って行列積を捉えてみます．ここでは例として 2×2 行列 A と 2×1 行列 $|\boldsymbol{x}\rangle$ の行列積を考えます．$|\boldsymbol{x}\rangle$ は列ベクトルですが，2×1 行列としても捉えられますね．なお，行列積の結果としては 2×1 行列，つまり列ベクトルが出てくるはずです．

まず図中 [1] のように，A を「二つの行ベクトル $\langle\boldsymbol{a}_1|$ と $\langle\boldsymbol{a}_2|$ がならんだもの」と解釈します．すると「（要素が行ベクトルである）列ベクトル」を考えられます．ここで一次結合のときの話を思い出すと，列ベクトルはある基底を用いた場合の係数をならべたものでした．つまり，その基底に関する座標です．今は素朴に**標準基底**と呼ばれるもの，すなわち

$$|\boldsymbol{e}_1\rangle = \begin{bmatrix} 1 \\ 0 \end{bmatrix}, \quad |\boldsymbol{e}_2\rangle = \begin{bmatrix} 0 \\ 1 \end{bmatrix} \tag{5.1}$$

を基底とします．標準基底 $|\boldsymbol{e}_i\rangle$ は i 番目の要素だけ 1，それ以外は 0 の列ベクトルです．これで [2] の一次結合の形が出ます．なお，内積として解釈されるのを避けるため，$\langle\boldsymbol{a}_1|$ を $|\boldsymbol{e}_1\rangle$ の右側に書きました．$\langle\boldsymbol{a}_2|$ についても同様です．[2] の形で書いた行列 A と $|\boldsymbol{x}\rangle$ の積を計算すると，[3] のようになります．なお，途中で $\langle\boldsymbol{a}_1|\boldsymbol{x}\rangle$ がスカラ，つまり単なる値なので $|\boldsymbol{e}_1\rangle$ の前に出せることなども使いました．この結果は，前の二つの見方で計算した結果と一致します．ぜひ，実際に計算して，確認してみてください．

ここで，内積 $\langle\boldsymbol{a}_1|\boldsymbol{x}\rangle$ に注目しましょう．内積の解釈の一つに，素朴に転

[1]
$$A = \begin{bmatrix} a_{11} & a_{12} \\ a_{21} & a_{22} \end{bmatrix} = \begin{bmatrix} \langle\boldsymbol{a}_1| \\ \langle\boldsymbol{a}_2| \end{bmatrix} \quad \text{「形式的に」行ベクトルを要素とする「ベクトル」と解釈}$$

ベクトルの成分＝座標 → 1次結合と解釈

[2]
$$A = \begin{bmatrix} \langle\boldsymbol{a}_1| \\ \langle\boldsymbol{a}_2| \end{bmatrix} = \begin{bmatrix} \langle\boldsymbol{a}_1| \\ 0 \end{bmatrix} + \begin{bmatrix} 0 \\ \langle\boldsymbol{a}_2| \end{bmatrix} = |\boldsymbol{e}_1\rangle\langle\boldsymbol{a}_1| + |\boldsymbol{e}_2\rangle\langle\boldsymbol{a}_2|$$

1行目の「成分」　2行目の「成分」

[3]
$$A|\boldsymbol{x}\rangle = \Big(|\boldsymbol{e}_1\rangle\langle\boldsymbol{a}_1| + |\boldsymbol{e}_2\rangle\langle\boldsymbol{a}_2| \Big)|\boldsymbol{x}\rangle = \big(\langle\boldsymbol{a}_1|\boldsymbol{x}\rangle\big)|\boldsymbol{e}_1\rangle + \big(\langle\boldsymbol{a}_2|\boldsymbol{x}\rangle\big)|\boldsymbol{e}_2\rangle = \begin{bmatrix} \langle\boldsymbol{a}_1|\boldsymbol{x}\rangle \\ \langle\boldsymbol{a}_2|\boldsymbol{x}\rangle \end{bmatrix}$$

$$= \begin{bmatrix} a_{11}x_1 + a_{12}x_2 \\ a_{21}x_1 + a_{22}x_2 \end{bmatrix} \quad \text{「観測装置」を作用させて成分とする}$$

図 5.3　行列の積の見方その 3：観測装置の視点

040 第5話 情報を操作して処理する.

置した行ベクトルと列ベクトルの掛け算というものがありました. ただ, 少し抽象的な書き方をしているので, 状態 $|\boldsymbol{x}\rangle$ を観測装置 $\langle\boldsymbol{a}_1|$ で観測する, という解釈もできるのでしたね. つまり, 一つの状態 $|\boldsymbol{x}\rangle$ を二つの観測装置 $\langle\boldsymbol{a}_1|$ と $\langle\boldsymbol{a}_2|$ で観測して, それぞれの結果を使ってまた一次結合をとったベクトルに写す, と解釈できます.

ベクトルは, 注目している対象の情報を含んでいます. そして, 行列は「ベクトルをほかのベクトルに変換すること」, つまり「情報を処理すること」に対応します. この「積の見方その3」も処理ですね. 「処理」にはいろいろとあります. そのいくつかだけ, このあと見ていきます.

行列の割り算はありませんし, 逆行列は割り算ではありません

一つだけ, 線形代数の序盤で習うことに触れておきます. 通常の実数の計算には「割り算」があります. 何かを掛け算したものの, 元に戻したいときには割り算を使えますね. でも, 行列には割り算が定義されていません. 逆行列はありますが, これは割り算ではなく, 掛け算をすると単位行列を与える特別な関係にある行列です.

第1話で触れたように, 集合に演算を追加して豊かな世界を作れますが, 実数で慣れている演算をすべて入れられるわけではないことも意識しておきましょう. なお, 行列は割り算が入らなくても十分に豊かな世界です.

逆行列と, 逆行列が存在する条件

念のため, 簡単に逆行列に触れておきます. $D \times D$ 行列 A に対して,

$$AX = XA = I \tag{5.2}$$

を満たす行列が「存在する場合」を考えます. ここで I は単位行列で, 対角成分はすべて 1, それ以外は 0 です. なお, 単位行列の各要素を

$$[I]_{ij} = \delta_{ij} = \begin{cases} 1 & (i = j \text{ のとき}) \\ 0 & (\text{それ以外のとき}) \end{cases} \tag{5.3}$$

と書くこともあります. ここで使われている**クロネッカーのデルタ**の記号 δ_{ij} も「一歩先」で大切です.

さて, 式 (5.2) が満たされる場合に, X を A の**逆行列**と呼び, A^{-1} と書きます. なお, A^{-1} の逆行列は $(A^{-1})^{-1} = A$ です. また, AX と XA の両方の掛け

算が成立するためには，A の行と列のサイズが同じ，つまり**正方行列**である必要があります．

　ここで，正方行列だからといって逆行列が必ずしも存在するわけではない，ということにも注意しましょう．行列が逆行列をもつとき，**正則**であると言います．行列が正則であるための条件として，たとえば行列の各列（各行でも可）をベクトルとみなしたとき，それらが一次独立である，というものがあります．この条件を言い換えた別の条件もいくつかあります．教科書などで確認してみてください．

行列の転置についての補足

　念のため，転置の定義を書いておきます．行列 $A = [a_{ij}]$ に対して，その転置行列は $A^\top = [a_{ji}]$ です．成分の順番が変わっていますね．列と行をばたんと入れ替えるイメージです．$N \times 1$ 行列，つまり列ベクトルの転置が，$1 \times N$ 行列，つまり行ベクトルになることは第 1 話で触れましたね．

5.2　ベクトルを別のベクトルに変換する

抽象的な操作でも，線形であれば必ず行列で表現できます

　画像を回転する，拡大縮小する……世の中にはさまざまな操作があります．言葉で書くと少し抽象的ですが，多くの操作は行列で表現できます．「多くの」の意味を厳密にいうと，**線形性**をもつ操作であれば，ということです．ベクトルを別のベクトルに写す関数で線形性をもつものを**線形写像**と呼びます．線形な操作は必ず行列で表現できる……数学って，すごいですね．

　何かしら対象とする操作があり，それを具体的に「数がならんだ」行列として表現することにより，計算機を使った処理が可能になります．それが線形代数の強みです．次に，行列での操作の例をいくつか見ていきましょう．

行列は線形写像を与える．逆もまた然り

　$A \in \mathbb{R}^{M \times N}$ および $\boldsymbol{x} \in \mathbb{R}^N$ を考えて，関数 $f(\boldsymbol{x})$ を $f(\boldsymbol{x}) = A\boldsymbol{x}$ と定義しましょう．この関数が 22 ページで触れた線形性を満たすことは，行列のスカラ倍と和の性質から簡単に示せます．逆に，線形性を満たす関数であれば行列で表現できることの証明もそれほど難しくはありませんし，多くの線形代数の教科書に記載されています．ぜひ各自で調べてみてください．

操作の順番を変えると結果が変わるのは,行列積の性質です

ここでは教科書的な例として,次のような回転の操作と軸対称の操作を考えます.

[1] 90° 反時計回りに回転 → x 軸について対称的な点に写す
[2] x 軸について対称的な点に写す → 90° だけ反時計回りに回転

[1] と [2] の操作を実際にやってみると図 5.4 のようになりますね.明らかに,最後に得られる点の座標が異なります.操作の順番を変えると結果が変わるのは,よくあることです.

行列は,操作を与えます.その行列を使った計算でも,この順番の違いが生み出されることを確認できます.行列の積の順番を変えて結果が変わることを**非可換性**と言います.実数の掛け算では非可換性は出てきませんが,非可換性を扱える行列ならば,世の中の自然な操作を表現できそう……という気がしますよね?

非可換性を具体的な行列計算で眺める

ここでの例は多くの教科書に掲載されていますので,結果の部分だけ書いておきます.2次元平面において,角度 θ だけ回転させる行列を R_θ,x 軸について対称的な点に写す操作の行列を A とすると

$$R_\theta = \begin{bmatrix} \cos\theta & -\sin\theta \\ \sin\theta & \cos\theta \end{bmatrix}, \quad A = \begin{bmatrix} 1 & 0 \\ 0 & -1 \end{bmatrix} \tag{5.4}$$

と書けます.なお,本書では基底の取り方は大切なので明記しておくと,ここでの議論は標準基底を使ったものです.

図 **5.4** 操作の順番を変えると結果が変わることを自然に表現

今，ベクトル $|\boldsymbol{x}\rangle$ について [1] の順番で操作してみましょう．最初に回転させることは $R_\theta|\boldsymbol{x}\rangle$ に対応します．そのあとで軸対称をとるので，最終的に得られる点は $A(R_\theta|\boldsymbol{x}\rangle) = AR_\theta|\boldsymbol{x}\rangle$ です．つまり [1] の操作は AR_θ で与えられます．同様に，[2] の操作は $R_\theta A$ ですね．実際に行列積をとると

$$AR_\theta = \begin{bmatrix} \cos\theta & -\sin\theta \\ -\sin\theta & -\cos\theta \end{bmatrix}, \quad R_\theta A = \begin{bmatrix} \cos\theta & \sin\theta \\ \sin\theta & -\cos\theta \end{bmatrix} \tag{5.5}$$

なので，操作そのものが異なることがわかります．これらの行列をベクトルに掛け算すると，二つの操作後のベクトルが得られます．当然，結果として得られるベクトルは異なりますよね．これが非可換性の影響です．

線形写像と線形変換と逆行列

ここでの例は 2 次元平面，つまり 2 次元の線形空間の点を，同じ空間内の別の空間に写していました．同じ空間内での操作，つまり線形写像のことを特に**線形変換**と呼ぶことがあります．「変換」は，同じ空間内で行き来する，というイメージですね．ということは，「変換」ではない場合には，線形写像は空間のサイズが変わってもかまわないわけです．実際， 41 ページの下に記載した線形写像の説明の補足で， $A \in \mathbb{R}^{M \times N}$ および $\boldsymbol{x} \in \mathbb{R}^N$ に対して線形写像 $f(\boldsymbol{x}) = A\boldsymbol{x}$ を考えました．写す前の空間と写した後の空間の次元が違いますね．線形写像を行列で表現したときの行と列のサイズに，写した後と写す前の空間の次元が反映されるわけです．

さて，そもそも逆行列をもつためには正方行列，つまり行と列が同じサイズである必要がありました．「写して，戻す」で元に戻るためには同じ空間である必要があります．たとえば今より小さい次元の空間に写してしまうと，すべての点を一対一対応させるわけにいきません．いくつかの点を，次元の小さな空間の同じ点に対応させる必要があるので，逆向きの操作で戻すときにどの点に戻すべきなのか，困ってしまいます．このことからも，正方行列でないと逆行列をもち得ないことがわかりますね．もちろん，正方行列だからといって必ずしも逆行列をもつわけではないことも，お忘れなく．

考える基底が変われば，操作の表現も変わります

これまでも何回か触れていますが，抽象的なものを具体的に表現するための道具が行列です．そもそも，基底を変えればベクトルの表現，つまり座標が変わります．本質は一つでも，基底の取り方によっていろいろな表現方法がある……しかし基底を決めればその表現方法は一つに決まる，でしたね．そして当然のことですが，ベクトルを表現するための基底が変われば，操作を与える具体的な行列も変わります．計算の都合のために「よい基底」を選ぶこと，そして，操作のための「よい行列」を選ぶことはと

ても大切です.

基底で表現が変わることの例を図 5.5 で見ておきましょう. $|x\rangle$ を表現するために, [1] と [2] の二つの基底を考えています. 基底が変われば一次結合の係数, つまり座標が変わります. さて, 与えられたベクトル $|x\rangle$ について $|u_1\rangle$ 方向にどれだけ伸びているか, つまり横方向にどれだけの成分をもっているのかを抽出して, $|u_1\rangle$ の方向のベクトルに写す操作を考えましょう. 結果だけ書くと, 基底 [1] および基底 [2] の場合の操作をそれぞれ $A_{[1]}, A_{[2]}$ として,

$$A_{[1]} = \begin{bmatrix} 1 & 0 \\ 0 & 0 \end{bmatrix}, \quad A_{[2]} = \begin{bmatrix} -1 & -1 \\ 0 & 0 \end{bmatrix} \tag{5.6}$$

となります. この行列を $|x\rangle$ を表す座標に作用させると, 1 行目の成分に $|u_1\rangle$ 方向にどれだけ進むかが入り, 2 行目はゼロとなります. 実際に作用させて確認してみてください. もちろん, 作用させるベクトルはそれぞれ異なることに注意してくださいね. $A_{[2]}$ は図中の [2] の座標に作用させる必要があります. すると, どちらも同じ結果 $[3, 0]^\top$ を与えます.

座標が変われば, 抽象的な操作を表す行列も変わること, これを覚えておきましょう. なお, 抽象的な操作を具体的な基底を使って表現した行列のことを**表現行列**と呼びます.

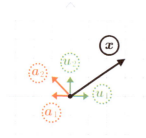

[1] 基底として $\{u_1, u_2\}$
$|x\rangle = 3|u_1\rangle + 2|u_2\rangle$ 座標は $\begin{bmatrix} 3 \\ 2 \end{bmatrix}$

[2] 基底として $\{a_1, a_2\}$
$|x\rangle = -5|a_1\rangle + 2|a_2\rangle$ 座標は $\begin{bmatrix} -5 \\ 2 \end{bmatrix}$

Q. u_1 方向の成分を抜き出す「変換」行列は?

図 5.5 基底が変われば, 「変換」の「表現」も変わる

基底変換の一般的な話

表現行列が基底の変換でどのように変わるのか，数式で見ておきましょう．ここでは見やすさのため，ブラケット表記を使わずに書きます．

D 次元ベクトル x の座標が標準基底で与えられているとします．これを基底 $a_1, \ldots, a_D$ で表現し直した座標を x' とすれば，

$$
\begin{aligned}
x &= x'_1 a_1 + \cdots + x'_D a_D \\
&= \begin{bmatrix} a_1 & \cdots & a_D \end{bmatrix} \begin{bmatrix} x'_1 \\ \vdots \\ x'_D \end{bmatrix} \\
&= Px'
\end{aligned}
\tag{5.7}
$$

の関係があります．ここで，形式的に「（要素が列ベクトルの）行ベクトル」を導入しました．P で書いた部分です．実際には行列 P は

$$
P = \begin{bmatrix} a_1 & \cdots & a_D \end{bmatrix} = \begin{bmatrix} a_{11} & a_{21} & \cdots & a_{D1} \\ a_{12} & a_{22} & \cdots & a_{D2} \\ \vdots & \vdots & \ddots & \vdots \\ a_{1D} & a_{2D} & \cdots & a_{DD} \end{bmatrix}
\tag{5.8}
$$

であり，新しい基底としたい列ベクトルを横方向にならべたものです．ただ，形式的に $\{a_d\}$ の要素がならんだ行ベクトルと捉えると，一次結合を内積のように捉えられますね．

基底は一次独立なので，行列 P は逆行列 P^{-1} をもちます．よって，標準基底の座標 x が与えられたときに，基底 $a_1, \ldots, a_D$ での座標，つまり一次結合の係数 $x'_1, \ldots, x'_D$ のベクトルは，式 (5.7) の両辺の左から P^{-1} を掛け算すると

$$
x' = P^{-1}x
\tag{5.9}
$$

で与えられることがわかります．

さて，先ほどの図 5.5 の例では，写した後の座標は u_1 と u_2，つまり標準基底でした．ここでは一般的な場合を考えて，別の基底 $u'_1, \ldots, u'_{D'}$ を考えましょう．なお，写した後は次元が変わってもかまわないので，D ではなく D' としておきましょう．そしてこれらの基底の列ベクトルをならべたものを行列 Q とします．これは $D' \times D'$ 行列です．P と同じ理由でやはり逆行列 Q^{-1} が存在して，写した後の標準基底での座標 y から，基底 $u'_1, \ldots, u'_{D'}$ で表現した場合の一次結合の係数への変換は，式 (5.9) と同じように

$$
y' = Q^{-1}y
\tag{5.10}
$$

で与えられます.

さて,線形写像が行列 A で与えられているとします.

$$y = Ax \tag{5.11}$$

次元が変わってもよいので,A は $D' \times D$ 行列です.するとこれまで議論していた基底の変換の式 (5.9) と式 (5.10) を使って

$$y' \overset{(5.10)}{=} Q^{-1}y \overset{(5.11)}{=} Q^{-1}Ax \overset{(*)}{=} Q^{-1}APP^{-1}x \overset{(5.9)}{=} \left(Q^{-1}AP\right)x' \tag{5.12}$$

が得られます.なお,$(*)$ では $PP^{-1} = I$ を挿入しました.このことから,$\left(Q^{-1}AP\right)$ が基底変換後の表現行列だとわかりますね.

実際に図 5.5 の例で計算してみましょう.写した後の座標は標準基底のままなので $Q = I$ です.写す前の基底変換から

$$P = \begin{bmatrix} a_1 & a_2 \end{bmatrix} = \begin{bmatrix} -1 & -1 \\ 0 & 1 \end{bmatrix} \tag{5.13}$$

なので,図 5.5 [1] の基底での線形写像 $A_{[1]}$ は [2] の基底では次のように変わり,式 (5.6) の議論と一致します.

$$A_{[2]} = I^{-1}A_{[1]}P = \begin{bmatrix} 1 & 0 \\ 0 & 1 \end{bmatrix}\begin{bmatrix} 1 & 0 \\ 0 & 0 \end{bmatrix}\begin{bmatrix} -1 & -1 \\ 0 & 1 \end{bmatrix} = \begin{bmatrix} -1 & -1 \\ 0 & 0 \end{bmatrix} \tag{5.14}$$

操作で次元が変わってもかまいません

最後に,次元が変わる場合の例にも触れておきます.図 5.5 の例で,もし u_1 方向の 1 次元の情報だけ取り出す場合には,表現行列としては 1×2 行列になるはずです.実際,

$$A'_{[1]} = \begin{bmatrix} 1 & 0 \end{bmatrix} \tag{5.15}$$

とすればよいわけですね.

念のために,基底変換の場合の計算もしておきましょう.図 5.5 の例で,2 次元から 1 次元へ写す場合,Q は 1 なので省略,P は先ほどと同じなので,結局

$$A'_{[2]} = A'_{[1]}P = \begin{bmatrix} 1 & 0 \end{bmatrix}\begin{bmatrix} -1 & -1 \\ 0 & 1 \end{bmatrix} = \begin{bmatrix} -1 & -1 \end{bmatrix} \tag{5.16}$$

です.

第 **6** 話

[幕間] ベクトルの影，測定の視点.

――――――――――――――――― [ベクトルの射影] ―――

6.1　第1部のまとめと補足と書籍紹介

　第1部では，線形代数を学んだ人向けの復習も兼ねながら，いろいろな視点で基本事項を見直しました．数学的な対象は一つでも，応用先に応じた捉え方を自分なりに考えてみることは，とても大切です．第1部で扱った視点は，本書で関数を扱うとき，随所に顔を出します．「ここは，この視点ではどうだろう？」と，自分なりに考えながら読み進めてみてください．記載されている視点とは別の，もっと便利なものが見つかるかもしれません．

　線形代数の基本事項で，まだ触れられていない部分も多く残っています．以下，長くなりますが補足をしておきます．

しっかりと基礎を

　まずは大学初年次向けの線形代数の教科書で，基本をしっかりと確認しましょう．計算問題だけではなく，定理の証明まで書いてあるしっかりとしたものに取り組んでみてください．そのうえで，

　『線形代数汎論』伊理正夫 (朝倉書店, 2009)

のような，応用を見すえたさまざまな事項がまとめられた書籍を一冊，手元においておくと便利です．

スカラ値を与える行列式

　線形代数で重要な概念として出てくる**行列式**は，データサイエンスや機械学習でも随所に現れます．確率の話に出てくる，多変数の場合の正規分布の確率密度関数にも使われています．微分積分と関係するところでは，多変数を扱う場合に出てくるヤコビアンがまさに行列式ですね．データサイエンスでも変数変換をたくさん使いますが，そこに自然とヤコビアンが顔を出します．ほかにも，平行四辺形などの面積に対する「向き付き」の計算，行列式がゼロでなければ正則であり逆行列をもつ性質なども，よく見かけますね．本書では扱いませんが，関数を補間するラグラ

ンジュ補間の方法において，ヴァンデルモンド行列と呼ばれるものが出てきます．その議論のときに，よく行列式が使われます．ヴァンデルモンド行列は，物理学における「解けるモデル」の議論にも現れます．

「半歩先」の次としては，ラグランジュ補間は実用的でよいかもしれません．たとえば

『理工学のための数値計算法［第 3 版］』水島二郎，柳瀬眞一郎，石原卓
(数理工学社, 2019)

には，ラグランジュ補間も含めて，さまざまな数値計算手法がわかりやすく記載されています．線形代数が数値計算でたくさん使われていることを実感できるでしょう．もう少し進んだ数値計算に関する書籍としては次もおすすめです．

『数値解析入門』齊藤宣一 (東京大学出版会, 2012)

物理学において，「解けるモデル」に関する面白い議論もあるのですが，これは「一歩先」のさらに先かもしれません……．手の届きやすいものとして，

『箱玉系の数理』時弘哲治 (朝倉書店, 2010)

は，少し背伸びかもしれませんが，解けるモデルと行列のあれこれを楽しめます．

行列式は，行列を引数にとってスカラ値を与える関数とみなせます．行列にはたくさんの数がならんでいるので，全体を把握するのは難しいですよね．そのため，「何かしら意味のある」スカラ値を与えてくれる関数は重宝します．行列式もそのような関数の一つです．

数値計算に気を遣える人になりたい

数値計算の話が出てきたので，ここで有名な話題にも触れておきましょう．連立一次方程式を解く方法は，線形代数の序盤で習います．掃き出し法やガウスの消去法と呼ばれる演算方法ですね．これは計算機が連立一次方程式を解くときの基本でもあります．式変形の手順が決まっているので，計算機のアルゴリズムに適しているわけですね．

さて，有名な話題というのは，逆行列を使った計算式が出てきた場合に，連立一次方程式の形にして解くとよい場合が多い，ということです．数式変形をしていき，行列 A の逆行列とベクトル $\boldsymbol{b}$ の掛け算 $A^{-1}\boldsymbol{b}$ を最終的に数値計算する必要が出てきたとしましょう．そこで，まず A^{-1} を数値計算して，次に $\boldsymbol{b}$ と掛け算して……とする代わりに，

$$Ax = \boldsymbol{b} \tag{6.1}$$

の連立一次方程式を解くことを考えます．すると，結果として $A^{-1}\boldsymbol{b}$ が得られます．これは連立方程式の解 $\boldsymbol{x}$ が

$$\boldsymbol{x} = A^{-1}\boldsymbol{b} \tag{6.2}$$

で与えられるからですね．逆行列を求めるときの計算量は大きく，さらにそのあとにベクトル b との積を計算する手間も出てきます．それならば代わりに連立一次方程式を解くほうがよい，ということですね．数値計算のライブラリにもよりますが，逆行列のみを求めたい場合にも，連立一次方程式を解く形に帰着させたほうが速度と精度の面でも一般的に有利です．

なお，数値誤差など，数値計算の細かな部分が気になる人には

『数値計算の常識』伊理正夫，藤野和建 (共立出版, 1985)

がおすすめです．少し古い書籍ですが，基本は今も変わりませんし，こんなことにも注意が必要なのか，と驚かされます．数値計算ライブラリを自作するような人は，ぜひ参照してみてください．

行列の基本演算で間違いやすいところ

式変形の話が出てきたので，初心者が間違いやすい行列の基本演算についても簡単に見ておきましょう．行列の積の逆行列は，それぞれに逆行列があれば

$$(AB)^{-1} = B^{-1}A^{-1} \tag{6.3}$$

と変形できます．順番が変わりますね．似たようなものとして，行列の積の転置行列があります．これは

$$(AB)^{\top} = B^{\top}A^{\top} \tag{6.4}$$

で，やはり順番が変わります．すると逆行列と転置行列が似ているように思うかもしれませんが，これらはもちろん別ものです．たとえば転置行列では

$$(A + B)^{\top} = A^{\top} + B^{\top} \tag{6.5}$$

が成り立ちますが，逆行列では

$$(A + B)^{-1} \neq A^{-1} + B^{-1} \tag{6.6}$$

であり，和については分解できません．

行列とベクトルで書かれた式をそのままプログラムに落とし込むと，かなり無駄な計算をしていることもあります．計算時間が減れば省エネにも貢献できます．計算機にやさしい式変形をできる人間になりたいですね．そのためにも，行列の記号を使った計算に慣れておきましょう．

行列の見かけに騙されないように

行列式と同じように，行列に対してスカラ値を返す有用なものとして，**階数・ランク**と呼ばれる量があります．これらは本書でも大きな役割を果たします．そのため第 16 話で触れますが，ひとまずは「対象としている行列がどれだけ本質的な情報

を含んでいるのか」を表す量だと考えておきましょう．計算方法は行列の基本変形です．各種プログラミング言語のライブラリにも階数を求める関数が実装されています．

考えている線形写像と特別な関係にあるベクトル

固有値・固有ベクトルも，本書では重要な役割を果たします．第 3 部の情報を圧縮するところ，あとは第 4 部の時間発展する系を考えるところです．これらは考えている線形写像に対して特別な性質を満たす値とベクトルなのですが，定義についてはあとで触れます．一つだけ重要な性質を書いておきましょう．「互いに異なる固有値に属する固有ベクトルは一次独立である」というものがあります．つまり固有ベクトルの議論をしているのであれば，一次独立なので基底として利用できます．便利ですね．この性質について，第 20 話で少しだけ補定します．

行列の要素が複素数になることもある

本書で扱う行列は要素が実数のもの，つまり実行列だけですが，要素として複素数をもつ行列，すなわち複素行列もあります．これは量子計算では重要です．また，実行列でも，固有値や固有ベクトルに複素数が出てくる場合もあります．これについては第 4 部で触れます．

本書で導入した内積は実数に対するものなので，複素数に対する内積はまた別に定義する必要があります．内積の定義を満たすものはいろいろとあること，さらに，複素数の場合には内積の定義そのものも二種類あることには，すでに触れましたね．分野によって定義が異なるので注意しましょう．複素数の内積の定義は線形代数の教科書に載っているはずなので，そちらを参照してください．

特別な名前がつけられた，特別な行列たち

特別な性質をもつ行列には，名前がついているものもあります．いくつかだけ紹介しておきましょう．

[1]　（直交行列）$A^\top = A^{-1}$　　[2]　（対称行列）$A^\top = A$

[3]　（ユニタリ行列）$A^* = A^{-1}$　　[4]　（エルミート行列）$A^* = A$

ここで * は共役転置，つまり転置行列をとってから要素の複素共役を考えたものです．[3] と [4] では複素行列を考えています．先ほど，逆行列の計算は大変と書きました．でも，直交行列やユニタリ行列であることがわかっていれば，逆行列の計算がものすごく簡単になります．転置をとるだけでよいわけですね．

なお，対称行列やエルミート行列の場合には「互いに異なる固有値に属する固有ベクトルは直交する」ことを証明できます．通常は一次独立までしか言えませんが，直交性まで保証されるわけです．これも議論のときにとても役立ちます．この点についても第 20 話で少し触れます．

特別な行列に変換できる場合もある

対角成分だけ値をもち，それ以外の要素がゼロの正方行列を**対角行列**と呼びます．ある正方行列が与えられたときに対角行列に変換する方法が**対角化**です．ただし，

すべての正方行列を対角化できるわけではありません．固有値の重複度，および固有ベクトルを生成元とする線形空間の次元と関係するのですが，これらについても線形代数の教科書に載っていますので，各自で確認してみてください．本書でも第4部で対角化を使います．

　なお，対称行列は直交行列を使って必ず対角化可能です．複素数の場合には，エルミート行列はユニタリ行列で必ず対角化できます．これらも，とても役立つ性質です．

「一歩先」では学びたい「ゾウとカク」

　これらの概念は，線形代数の教科書のなかには触れていないものがあるかもしれません．まず，**像**とは，線形写像を考えた場合の「写したあとの空間」のことです．これは本書でも意識せずによく出てきます．

　核は，「写す前の空間」のなかで，線形写像で写したあとに「ゼロ」を与えるような「一部分」のことです．これは少しややこしく，最初は難しく感じるかもしれません．学び始めの時点では，核の定義に触れてから「固有ベクトルを求める場合に使います」などと簡単に触れて，話を終わらせる場合もあります．実際には線形代数の「一歩先」として**商空間**を扱うと，核の強みが出てきます．商空間とは，この要素とこの要素が「このような意味合いで同じ」という概念を導入することで，空間をざっくりと議論できるものです．なお，「同じ」の関係性を同値関係と言います．「これらは同じ」という少し抽象的な考え方を，数学的な操作として自然に導入できるわけですね．この議論のときに，線形写像を考えて，写したあとにゼロになるのであれば，写す前でも同じものとして扱ってしまえば……と考えるのは自然です．そこに核が出てきます．代数学の教科書であれば記載があるはずなので，興味のある人は，ぜひ学んでみてください．

発音し続けると慣れてくる？「グン・カン・タイ」

　群・環・体も代数の議論をすると序盤に出てきます．本書でも，体は線形空間の定義のときに出てきましたね．

　線形空間のスカラ倍として使うのは体です．群，環，体の順番に，導入される演算が徐々に増えていきます．「ということは，群より体のほうが偉い？」と思うかもしれませんが，そういうことではありません．限られた演算のみを考えることが役立つことも多いのです．

　たとえば群は，物理や化学において，分子の形や動きの対称性を議論するときに使います．「これらの性質を満たすものは何種類か？」という問いかけに対して，数学的議論から「〜種類ある」と答えられるわけです．これ以上の種類はない，ということもわかります．限界がわかる，というのはとても大切です．限界がわからないと，原理的に存在しないものを追い求め続けることになってしまいますから……．

そのほかの，あれこれ

　行列式も階数も，行列に対してスカラ値を与えるものです．もう一つ，スカラ値を与える重要なものが**トレース・跡**です．これは正方行列の対角成分だけ足し合わ

せたものですが，これを少し一般化することもできます．たとえば結び目理論という，ひもの結び目について議論する数学の分野に，一般化した概念が出てきます．結び目理論は，上述した群に最初に触れるためのよい題材です．また，結び目理論そのものは物理学における「場の理論」にもつながります．次の書籍

『結び目と量子群』村上順 (朝倉書店, 2000)

は，これらの話題へのよい導入です．また，先ほど群のところで触れた対称性の話題については

『物性物理/物性化学のための群論入門』小野寺嘉孝 (裳華房, 1996)

が最初の一歩としてわかりやすいものです．この議論においても，トレースの概念が，表現の**指標**という形で重要な役割を果たします．

そのほかに，先ほど出てきた対角化の議論の発展として**ジョルダン標準形**と呼ばれるものもあります．対角化は必ずしも可能ではありませんが，ジョルダン標準形なら求まります．「一歩先」としては重要なものであり，線形代数の教科書の多くに記載されているので，ぜひ触れてみてください．

6.2 ベクトルの影を写す観測装置

ノルムが1のベクトルとの内積で，その方向の影の長さがわかります

幕間の話題として，内積の別の重要な見方に触れておきましょう．ベクトルの**射影**の話です．これは図 6.1 を見ると簡単です．ノルムが 1，つまり正規化されているベクトルを用いると，別のベクトルがその正規化され

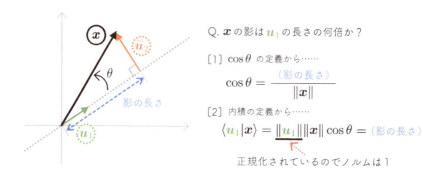

図 **6.1** ノルムが 1 のベクトルとの内積は影の長さを与える

ているベクトルの方向に「どれだけの長さをもつか」がわかります．あたかも，上から光を当て，正規化されているベクトルの作る「地面」に落ちた影の長さを見る感じですね．

内積の定義において，一方のノルムを 1 として解釈したうえで，高校で習う cos 関数の定義を思い出せば，図 6.1 の議論を理解できます．図 6.1 の [1] が cos 関数の定義ですね．直角三角形の斜辺の長さと，ほかの辺の長さの比で sin 関数と cos 関数が定義されていました．一方，[2] のように，内積の計算にも cos 関数が出てきます．これらを組み合わせると，内積の値から「(影の長さ)」の部分を求められます．

なお，4 次元以上の思い浮かべられない場合においても，角度 θ を形式的に導入しました．そのため，思い浮かべることができない高次元空間においても射影の概念は使えますし，とても便利です．

シュミットの直交化法を，観測装置という視点で捉えられます

射影の概念を使うと，図 6.2 のようなベクトルの表現もできます．図のように互いに直交しているベクトル $|u_1\rangle, |u_2\rangle, |\tilde{u}_3\rangle$ を考えます．ただし，$|u_1\rangle$ と $|u_2\rangle$ はノルムが 1，つまり正規化されているのに対して，$|\tilde{u}_3\rangle$ だけは正規化されていません．さて，ベクトルの合成を考えると，ベクトル $|a_3\rangle$ を次のように表現できます．

$$|a_3\rangle = \big(\langle u_1|a_3\rangle\big)|u_1\rangle + \big(\langle u_2|a_3\rangle\big)|u_2\rangle + |\tilde{u}_3\rangle \tag{6.7}$$

注目すべきは，$\langle u_1|a_3\rangle$ のように内積をとっているところです．これでベ

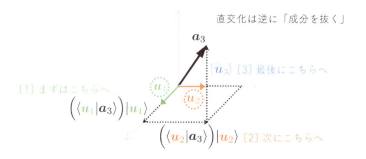

図 6.2 射影と直交を組み合わせてベクトルを表現する

クトル $|a_3\rangle$ の影をベクトル $|u_1\rangle$ の方向へと落とした場合の長さがわかります. u_1 方向の長さを観測しているのが $\langle u_1|$ の部分です. 前に触れた観測装置としての視点ですね. この観測装置 $\langle u_1|$ を使って影の長さを知り, 方向を表すベクトル $|u_1\rangle$ を伸ばして足し合わせていく……という手順で, 最終的なベクトル $|a_3\rangle$ が表現されます.

さて, 今はベクトルを合成していき, $|a_3\rangle$ を作りました. 少し式を変形してみましょう.

$$|\widetilde{u}_3\rangle = |a_3\rangle - \Big(\langle u_1|a_3\rangle\Big)|u_1\rangle - \Big(\langle u_2|a_3\rangle\Big)|u_2\rangle \tag{6.8}$$

このようにすると, ベクトル $|\widetilde{u}_3\rangle$ を求める方法へと視点が切り替わりますね. ベクトル $|a_3\rangle$ を表現するときに, 二つのベクトル $|u_1\rangle, |u_2\rangle$ に直交するような成分が $|\widetilde{u}_3\rangle$ です. これを求めるためには, $|a_3\rangle$ から

1. ベクトル $|u_1\rangle$ 方向の成分 (すなわち $(\langle u_1|a_3\rangle)|u_1\rangle$)
2. ベクトル $|u_2\rangle$ 方向の成分 (すなわち $(\langle u_2|a_3\rangle)|u_2\rangle$)

を抜けばよいわけですね. それぞれの成分を抜き出すときに, 観測装置 $\langle u_1|$ と $\langle u_2|$ を使うことで, それぞれの方向の成分の大きさがわかります.

なお, 式 (6.8) は, まさにシュミットの直交化法の操作に対応していますね. 射影でその方向の「成分の大きさ」を知り, それをベクトルの係数として使うことで「その成分に対応するベクトル」を知ることができます. 射影と観測装置の考え方を使えば, 直交化の式の意味がわかりやすくなりますし, 正規化が便利な理由もわかります. 正規化しているからこそ, 内積だけで影の長さを求められるわけですね.

本質的には同じ数式でも, 数式変形をして利用するのは人間です. さまざまな解釈を知っておくと, 利用しやすくなります. 新しく出会った概念, もしくは慣れ親しんだ概念について, もう少し新しい視点で解釈できないか, あれこれと式変形をしたり, 具体例を考えたりしてみてください.

第 2 部

ならべた数に解釈を.

[関数の基底展開]

第 **7** 話

「数式」が「点」になる.

――――――――――――――――――――――――[多項式と線形空間]――――

▎7.1　抽象的なものの集合を考える

係数だけを取り出せば，関数をベクトルとして捉えられます

　第 1 部で，矢印でのイメージもしながら，頭のなかに描けないようなたくさんの数がならんだベクトル，つまり高次元空間でのベクトルを扱ってきました．ここからは本書の主題，数式や関数を線形代数の言葉で扱う方法に慣れていきましょう．多項式などの数式や関数は微分積分学での話で，線形代数とは無関係と感じるかもしれません．けれど，ちょっとした「読み替え」によって，数式や関数をベクトルで表現できます．この見方は，データサイエンスや機械学習を考えるときにとても大切です．そのほかに，波で表現される信号処理などにおいても，この見方は自然に出てきます．特にコードを書いて計算機に情報処理をさせる場合には，問題を線形代数の言葉で書き直すとかなり役立ちます．計算機は，ならんだ数を処理することが得意ですからね．

　数式や関数を線形代数の言葉で記述する基本は，慣れてしまえばとても簡単です．以下の三つの関数を例として使いましょう．

$$f_1(x) = 2 + 3x \tag{7.1}$$

$$f_2(x) = -1 + x \tag{7.2}$$

$$f_3(x) = 1 + 2x + 4x^2 \tag{7.3}$$

どれも一つの変数 x だけで記述される，1 変数関数ですね．$f_3(x)$ だけ三つの項で構成されています．さて，これらを線形代数の言葉で表現できるでしょうか？

　これらの関数は，どれも x の多項式です．その最大の次数を見てみると，$f_1(x)$ の最大次数は 1，$f_2(x)$ も 1，$f_3(x)$ は 2 です．もし最大次数が N であれば，これに定数項を加えた $N+1$ 個の項が出てきます．もちろん，いく

つか抜けている項があるかもしれませんが，それは係数がゼロであると捉えておきましょう．$N+1$ 個の項があり，それらにそれぞれ係数がある……数がならんでいますね．そのため，係数をならべてベクトルを作ればよさそうです．

まずは図 7.1 のように，矢印のイメージを描いてみます．図のなかに記載されている数式の係数と座標の対応を見比べてみてください．対応関係がすぐにわかりますね．$f_1(x)$ と $f_2(x)$ は最大次数が $N=1$ なので，定数項と合わせて 2 次元平面に描画できます．つまり，2 次元平面上の点が数式の一つに対応するわけです．平面座標が $[c_0, c_1]^\top$ であれば，

$$f(x) = c_0 + c_1 x \tag{7.4}$$

という関数を意味します．なお，1 次の項の係数を c_1 にしたので，定数項を c_0 としました．$f_3(x)$ の場合は最大次数が $N=2$ なので，定数項を加えて 3 次元空間内の矢印で対応を作れます．この場合は，空間座標を $[c_0, c_1, c_2]^\top$ とすれば

$$f(x) = c_0 + c_1 x + c_2 x^2 \tag{7.5}$$

を意味します．

もちろん，$f_1(x)$ などを 3 次元空間内の矢印として捉えることもできます．その場合には

$$f_1(x) = \underbrace{2}_{\text{定数項}} + \underbrace{3 \times x}_{\text{1 次の項}} + \underbrace{0 \times x^2}_{\text{2 次の項}} \tag{7.6}$$

図 7.1 数式を「座標」に読み替える

と考えて，その係数部分だけを抜き出して

$$|f_1\rangle = \begin{bmatrix} 2 \\ 3 \\ 0 \end{bmatrix} \tag{7.7}$$

のようにすれば大丈夫です．ここで，関数をベクトルとして考えるために $|f_1\rangle$ という表記をしました．ケット表記を使うと，抽象的なものを表現していることを意識しやすくなりますよね？

抽象的な集合でも，演算を入れて空間を作れます

　もちろん，どんな抽象的なものでも線形代数で記述できるわけではありません．ただ，抽象的なものが集まった集合に，スカラ倍と和の演算を適切に入れられれば線形空間を作れます．さらに，その抽象的なものに対する操作，つまり写像が線形性を満たせば，その操作を行列で表現できます．図 7.2 のように，数式に対する何らかの演算を考えましょう（なお，この演算は何でしょうか？ 解答は次のページで）．この演算の代わりに，まず数式をベクトルで表現し，そのベクトルに対して行列を作用させ，結果として得られるベクトルを数式として再解釈すれば，同じ結果が得られます．

　数式や，数式に対する演算といった少し抽象的なものと，ベクトルや行列との対応関係をしっかりと押さえておけば，抽象的なものを線形代数の言葉で扱えるようになります．ベクトルや行列への置き換えは余計な手間

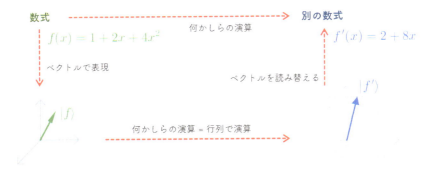

図 7.2　数式に対する演算は，対応するベクトルへの行列の掛け算に対応

に見えるかもしれませんが，ベクトルと行列は計算機で扱いやすいので，こちらのほうが便利です．この考え方に慣れると，数式や関数よりも幅広いものを線形代数的に扱えるようにもなります．

ちなみに，図 7.2 の操作は「微分」でした．

7.2 多項式を要素とする空間

絵に描けない場合でも，分解して，係数をならべればベクトルを作れます

多項式についてもう少し詳しく見ていきましょう．先ほどの例では矢印を描けましたが，一般には 4 次元以上になるので無理ですね．そこで，素朴に数がならんだベクトルとして考えることになります．

議論しやすくするために，ここでは最大次数が N の多項式を考えましょう．係数が実数の多項式で，最大次数が N のものは何個あるでしょうか？実は無限個あります．無限個と聞くと扱うのが大変そうですが，定数項も加えて $N+1$ 個の数がならんだベクトルを考えれば，一つのベクトルが一つの多項式に対応するだけなので，これまでの話と変わりません．図 7.3 のように段階的に考えてみましょう．まず多項式を次数ごとに分けて考えます．たとえば x と x^2 は「二乗の関係」にあります．そのため関係していると言えそうなのですが，これらを別のものとして考えてしまうわけです．これがよい考えかどうかは次回の第 8 話で考えます．このようにすると，x の方向の「成分」や x^2 の方向の「成分」として，各項の係数を使

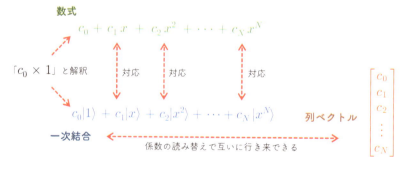

図 7.3 多項式の次数ごとに，係数だけを抜き取り，ベクトルを作る

えますね. わかりやすくするために, x の方向を $|x\rangle$ のように抽象的に書いておきましょう. これで係数だけ抜き取りやすくなりました. 結果として, 係数をならべたベクトルが得られます.

この手順を逆向きにすれば, ベクトルが与えられたときに, 対応する多項式を作ることもできます. これで多項式とベクトルとを自由に行き来できるようになりました.

係数を変えれば, 複素数にも対応可能

本書では係数が実数の場合しか扱いませんが, 係数が複素数でも同様に議論できます. 第1話で触れたように, 係数として使える「数」のことを体 (たい) と呼びましたね. 体 $\mathbb{K}$ を係数とする N 次以下の多項式の集合を $\mathbb{K}[x]_N$ と書いたりします. 最大次数が特に定まっていない場合には $\mathbb{K}[x]$ と書きます. 今は実数で最大次数が N なので, $\mathbb{R}[x]_N$ です.

最大次数がなくてもよい?

ちょっと考えると, 最大次数がない多項式の場合, つまり無限個の項がならぶ場合, 作られるベクトルも無限次元になってしまいます. よいのでしょうか?

数学において「無限」の扱いには, とても注意が必要です. ただ, 性質のよい空間, たとえば以前にも触れたヒルベルト空間などの場合には, 性質のよいものしか扱わない, と宣言しているので, それほど気にせずに議論を進められます. 「半歩先」の本書では, 性質のよいものを扱っているという前提を考えておき, 無限のことは気にせずに議論を進めます. 気になる人は, ベクトルと行列の言葉を使うのは計算機に載せるためであり, 計算機ではどうせ無限を扱うことはできないから, 適当に打ち切って近似しているのだ, と考えておきましょう. これらの扱いは一歩先の段階で学んでみてください.

演算を入れると, やはり互いに行き来できます

線形代数の基本をきちんと押さえていた人は, 先ほどの議論で「数をならべただけでベクトルと考えてよいの?」と感じたかもしれません. その疑問はもっともです. ベクトルとして扱うためには, 考えている空間が線形空間になっている必要があります. つまり, スカラ倍と和が定義されること, それらの演算について空間が閉じていることが必要ですね.

最大次数 N の多項式 $f(x) = c_0 + c_1 x + \cdots + c_N x^N$ を考えましょう. この多項式に対するスカラ倍とは, 実数 λ に対して

$$\lambda f(x) = \lambda c_0 + \lambda c_1 x + \cdots + \lambda c_N x^N \tag{7.8}$$

のことです．また，多項式に対する和は，二つの多項式

$$f_1(x) = c_{1,0} + c_{1,1}x + \cdots + c_{1,N}x^N \tag{7.9}$$

$$f_2(x) = c_{2,0} + c_{2,1}x + \cdots + c_{2,N}x^N \tag{7.10}$$

に対して

$$f_1(x) + f_2(x) = (c_{1,0} + c_{2,0}) + (c_{1,1} + c_{2,1})x + \cdots + (c_{1,N} + c_{2,N})x^N \tag{7.11}$$

で与えられます．スカラ倍の場合も和の場合も，結果として作られる多項式が「最大次数 N の多項式」なので，きちんと空間が閉じています．もし $c_{1,N} + c_{2,N} = 0$ だと最大次数が下がってしまいますが，その場合には係数がゼロであると考えておきましょう．

線形空間であることについて，念のための確認

　線形空間の定義は，第 1 話で見ましたね．ここで最大次数が N である多項式の集合を $V = \mathbb{R}[x]_N$ と書きましょう．さて，スカラ倍をしたときに λc_n が係数として出てきますが，これはもちろん実数です．よって，式 (7.8) もまた実数係数の多項式であり，最大次数も変わっていませんから $\lambda f(x) \in V$ とわかります．和についても同様で，$c_{1,n} + c_{2,n} \in \mathbb{R}$ ですから，$f_1(x) + f_2(x) \in V$ です．

　線形空間が満たすべき性質も簡単に確認できます．逆元は係数の負符号をとったものですね．たとえば

$$f(x) = c_0 + c_1 x + \cdots + c_N x^N$$

の逆元は

$$g(x) = -c_0 - c_1 x - \cdots - c_N x^N$$

です．ほかの性質についても確認してみてください．このようにして，多項式が作る集合にスカラ倍と和の演算を入れることで，線形空間を作れます．ちなみに，最大次数が N の場合，定数項があるので，空間の次元は $N+1$ です．空間の次元は基底の数なのですが……基底の話は第 8 話で見ることにしましょう．

数がならんでいなくても，定義を満たせば線形空間

　「ベクトル空間」という用語からは「数がならんだもの」を頭に思い浮かべてしまいがちなので，本書では「線形空間」の用語を使っています．実際，線形空間の定義を見直すと，どこにも数がならんだものとは書かれていないので，多項式でも大丈夫です．定義を少し抽象的にしておき，それらの性質から導かれる結論を考えることで，さまざまな対象を線形代数の言葉で扱えます．

7.2 多項式を要素とする空間

多変数の場合には，特に注意が必要です

ここまでは1変数を考えましたが，多変数も扱えます．図7.4のような列ベクトルを考えましょう．これを2変数の多項式に対応させます．実は，図を見るとわかるように，対応関係は簡単には決まりません．最初に定数項，次に1次の項，その次に2次の項とならんでいるのですが，一方では

$$x_1^2, \quad x_2^2, \quad x_1 x_2$$

の順番でならべ，もう一方では

$$x_1^2, \quad x_1 x_2, \quad x_2^2$$

の順番にしています．すると，列ベクトルのうち，c_4とc_5に対応する係数が変わってしまいます．

実はこの問題は1変数の場合にもあります．たとえば

$$f(x) = c_0 x^N + c_1 x^{N-1} + \cdots + c_{N-1} x + c_N \tag{7.12}$$

としてもかまわないですよね．この定義を使って，これまでと同様に列ベクトルを

$$\begin{bmatrix} c_0 \\ c_1 \\ \vdots \\ c_N \end{bmatrix}$$

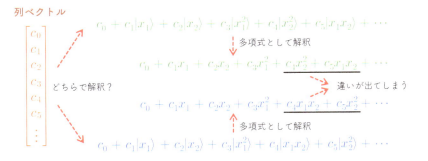

図 7.4 ならんだ数と多項式との対応関係を決めておくことが大切

第 7 話　「数式」が「点」になる.

で作ると，当然，要素がこれまでとは逆順にならびます．もちろん，普通は
このようには考えず，多くの人は次数の小さいほうから順番にならべるで
しょう．そのため 1 変数の場合には特段の問題はないのですが，多変数の
場合には人によって多項式の整理方法が違います．実はこれはベクトルで
の「基底の取り方はいろいろ」という話と関係しています．次回以降，そ
の話を見ていきましょう．

　何が正しいか，ということはなく，実際には用途によってならべ方を変
えます．このようにならべる，ということを明示しておくことが大切です
し，他人の議論を追うときには，その人が使っている定義をきちんと読み
解くようにしましょう．

多項式以外の関数もベクトルで表現可能

　今回はイメージしやすくするために多項式を例に説明を進めました．ほかの形の
関数でも，同様に線形空間を考えることができます．たとえば sin 関数や cos 関数
ですね．実数係数 $a_n \in \mathbb{R}$ および $b_n \in \mathbb{R}$ を用いて，

$$f(x) = \frac{a_0}{2} + a_1 \cos x + b_1 \sin x + a_2 \cos 2x + b_2 \sin 2x + \cdots \tag{7.13}$$

のように関数 $f(x)$ を表現することがあります．この場合，ベクトルとして解釈する
ために

$$f(x) = \frac{a_0}{2} |1\rangle + a_1 |\cos x\rangle + b_1 |\sin x\rangle + a_2 |\cos 2x\rangle + b_2 |\sin 2x\rangle + \cdots \tag{7.14}$$

とすると，係数をならべたベクトルを作れますね．もちろん，数のならべ方としては
a_n からならべたり，a_n と b_n を交互にならべたり，などいろいろとあり得ます．
それぞれの目的にあった扱いやすいものを使いましょう．

第 **8** 話

やっぱり基底は一つではない.

――――――――――――――――――――――――――――― ［基底関数］ ―――――

▌8.1 関数を多項式で表現する方法

やっぱり無駄をはぶくのは大切です

数式を，数がならんだベクトルとみなせることはわかりました．さて，通常のベクトルで次に考えたのは，無駄のない表現方法，つまり基底でしたね．ここでは多項式を考えて，無駄があるかどうかを考えてみましょう．

例として

$$f(x) = 7 + 4x + 6x^2 \tag{8.1}$$

という多項式を考えます．最大次数は $N = 2$ なので，定数項を入れて 3 次元のベクトルで表現可能です．これを抽象的に捉えるために，ケット表記を使いましょう．つまり

$$1 \leftrightarrow |1\rangle$$
$$x \leftrightarrow |x\rangle$$
$$x^2 \leftrightarrow |x^2\rangle$$

と対応させます．すると

（生成元 **[1]**）　　$\{|1\rangle, |x\rangle, |x^2\rangle\}$

を生成元として，これらの一次結合で $f(x)$ を表現できます．すなわち

$$f(x) = 7|1\rangle + 4|x\rangle + 6|x^2\rangle \tag{8.2}$$

ですね．

けれど，多項式 $f(x)$ を表現する方法はこれだけではありません．いく

066　第 8 話　やっぱり基底は一つではない.

つかのケット表記を使ったものを図 8.1 に示します. たとえば

（生成元 [2]）　　$\left\{|1\rangle, |3+x\rangle, |3+x\rangle, |3+x+x^2\rangle, |x^2\rangle\right\}$

を生成元とした場合に,

$$-5|1\rangle + 4|3+x\rangle - 2|3+x\rangle + 2|3+x+x^2\rangle + 4|x^2\rangle$$
$$= -5(1) + 4(3+x) - 2(3+x) + 2(3+x+x^2) + 4(x^2)$$
$$= 7 + 4x + 6x^2 \tag{8.3}$$

と解釈すれば, きちんと $f(x)$ を表現できています. 図 8.1 の一番下では

（生成元 [3]）　　$\left\{|1\rangle, |3+x\rangle, |3+x+x^2\rangle\right\}$

を生成元としました.

　さて, これらの表現に「無駄」はあるのでしょうか?

　まず, [2] において 2 番目と 3 番目が $|3+x\rangle$ で重複しています. これは見るからに無駄ですね. 実はほかにも無駄があります. $|3+x\rangle$ と $|x^2\rangle$ の二つがあれば, $|3+x+x^2\rangle$ を表現できてしまいますよね. つまり

$$|3+x\rangle + |x^2\rangle \leftrightarrow (3+x) + (x^2) = 3+x+x^2 \leftrightarrow |3+x+x^2\rangle$$

です.

　では, [3] を生成元とした場合はどうでしょうか. $|3+x+x^2\rangle$ のなか

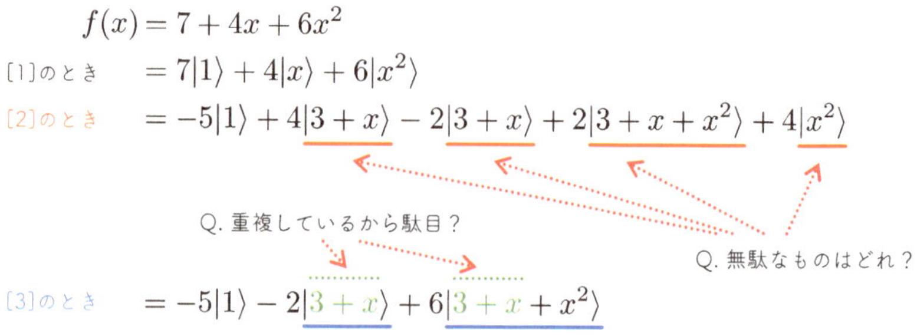

$$f(x) = 7 + 4x + 6x^2$$

[1]のとき　　$= 7|1\rangle + 4|x\rangle + 6|x^2\rangle$

[2]のとき　　$= -5|1\rangle + 4\underline{|3+x\rangle} - 2\underline{|3+x\rangle} + 2\underline{|3+x+x^2\rangle} + 4\underline{|x^2\rangle}$

Q. 重複しているから駄目?

Q. 無駄なものはどれ?

[3]のとき　　$= -5|1\rangle - 2\underline{|3+x\rangle} + 6\underline{|3+x+x^2\rangle}$

図 8.1　無駄のない表現とは?

に $|3+x\rangle$ が隠れているので無駄では？と思うかもしれません．しかし，た
とえば $|1\rangle$ と $|3+x\rangle$ をどのように組み合わせても $|3+x+x^2\rangle$ を作れま
せん．よって，これは無駄ではありません．

　第 2 話で扱った通常のベクトルの場合と同様に，関数の場合にも表現か
ら無駄をはぶくことができます．その鍵となる概念が一次独立でしたね．
次にこの概念を少し整理しておきましょう．

互いに表現できなければ，数式でも一次独立です

　数式が一次独立というのも，前に扱ったベクトルの一次独立と同じこと
です．簡単のために一次従属を考えましょう．一次従属とは，ベクトルの
組を考えたときに，どれか一つのベクトルがほかのベクトルの一次結合で
表されること，でしたね．先ほど扱った多項式の例の [2] は一次従属です．
そして，ベクトルの組が一次従属ではないときに一次独立と言いました．
つまり，[3] で与えられる生成元の組は一次独立です．

　素朴には生成元のそれぞれに次数の異なるものが入っていれば，一次独
立です．つまり

$$\{|1\rangle, |x\rangle, |x^2\rangle, \ldots, |x^N\rangle\} \tag{8.4}$$

は一次独立です．また，元が単項式ではない場合でも，

$$\{|1\rangle, |1+x\rangle, |1+x+x^2\rangle, \ldots, |1+x+\cdots+x^N\rangle\} \tag{8.5}$$

のように，ほかには存在しない次数が一つでも入っていれば，ほかのベク
トルの一次結合では表現できないので，一次独立とわかります．

空間の次元とは，基底の数のことです

　数式の場合，一次従属性を見るのが少し難しい，無駄があるかどうかわ
かりづらい，と感じるかもしれません．そこで少し便利な概念が空間の**次
元**です．空間の次元は基底の数で定義されます．図 8.1 の例では最大次数
が 2 なので，基底を作る関数の個数は定数項も含めて 3 個のはずです．[2]
には 5 個の関数があるので，無駄があるとわかります．一方，[3] は 3 個
の関数で作られているので，基底の可能性があります．そして一次独立で
あることを確認できるので，これは最大次数が 2 の多項式が作る線形空間

$\mathbb{R}[x]_2$ の基底になっているとわかります.

少し整理しましょう. N 次の多項式で作られる空間 $\mathbb{R}[x]_N$ は,定数項を加えて $N+1$ 次元であることがわかっています. よって,もし生成元の個数が $N+1$ よりも多ければ確実に無駄があります. 逆に個数が $N+1$ よりも少なければ,空間全体を表現できていないことになります. もし生成元の個数が $N+1$ 個であれば,あとは一次独立性を確認できれば,基底であることがわかります.

なお,関数を表現するために,便利で性質がよくわかっている基底があります. 実際にはそれらを使うのがよいでしょう.

8.2 エルミート多項式など基底はいろいろ

多項式でも,さまざまな表現方法があります

N 次の多項式で作られる空間 $\mathbb{R}[x]_N$ の素朴な基底として,まずは単項式の形 $\{|x^n\rangle|\, n = 0, 1, \ldots, N\}$ を考えられますね. さて,第 2 話で,基底はいろいろとあること,基底を決めれば表現は一つに定まることを見てきました. 多項式の場合も,基底として単項式以外を使えます. すでにいくつかを見ましたが,有名なものを見ておきましょう.

最初の例は**エルミート多項式**です. これは $n = 0, 1, 2, \ldots$ に対して定義され,$H_n(x)$ と書かれます. いくつかの項を具体的に書くと

$$H_0(x) = 1$$
$$H_1(x) = 2x$$
$$H_2(x) = 4x^2 - 2$$
$$H_3(x) = 8x^3 - 12x$$
$$H_4(x) = 16x^4 - 48x^2 + 12$$

です. 図 8.2 にいくつかを描画しました. なお,定義域は実数全体,つまり $x \in \mathbb{R}$ です.

エルミート多項式 $H_n(x)$ は最大次数が n であり,それぞれ異なる最大次数をもつため一次独立です. よって,これらを基底として,無駄のない表現が可能です. 実際に,最大次数 N の多項式 $f(x) \in \mathbb{R}[x]_N$ が与えられた

8.2 エルミート多項式など基底はいろいろ

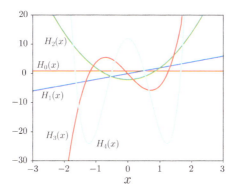

図 8.2　エルミート多項式のいくつか

とき，

$$f(x) = c_0 H_0(x) + c_1 H_1(x) + \cdots + c_N H_N(x) \tag{8.6}$$

と表現できます．単項式 $\{x^n \mid n = 0, 1, \ldots, N\}$ を基底として使った場合とは係数は異なりますが，エルミート多項式を基底として使うと決めてしまえば，与えられた多項式 $f(x)$ に対して，一次結合の係数 $\{c_n\}$ は一意に決まります．基底はいろいろ，でも基底を決めれば「表現は一つ」ですね．

さて，エルミート多項式の形はどこから出てきたのでしょうか？そこには，きちんとした理由があります．ただ，それは内積の話をふまえないとわからないので，第 9 話以降で見ることにしましょう．

物理学者と確率論者の定義

ここで紹介したエルミート多項式 $H_n(x)$ とは別の「エルミート多項式」もあります．区別するために，別のものを $\{He_n \mid n = 0, 1, \ldots\}$ と表記します．最初の数個は以下のような形をしています．

$$He_0(x) = 1$$
$$He_1(x) = x$$
$$He_2(x) = x^2 - 1$$
$$He_3(x) = x^3 - 3x$$
$$He_4(x) = x^4 - 6x^2 + 3$$

第 8 話　やっぱり基底は一つではない.

$H_n(x)$ とは微妙に係数が異なっていますね.

$H_n(x)$ は「physicist's Hermite polynomials」と呼ばれるものです. 物理学者が使うもの, ということですね. 一方, $He_n(x)$ のほうは「probabilist's Hermite polynomials」です. 「確率論者の」とでも訳すべきでしょうか. 「normalized Hermite polynomials」と呼ばれることもあります. $He_n(x)$ を使うのにも理由はありますが, それについては第 9 話の最後で触れます.

多項式を生み出す数式

物理学者のエルミート多項式, および確率論者のエルミート多項式について, $n = 4$ までしか記載しませんでした. 実は任意の n の場合を生み出す式があります. 物理学者のものだけを載せておくと, それは

$$H_n(x) = (-1)^n e^{x^2} \frac{d^n}{dx^n} e^{-x^2} \tag{8.7}$$

です. また, 次の**三項間漸化式**が成立することも知られています.

$$H_{n+1}(x) = 2x H_n(x) - 2n H_{n-1}(x) \tag{8.8}$$

つまり, 二つの引き続いたエルミート多項式 $H_{n-1}(x)$ と $H_n(x)$ がわかっていれば, 次の $H_{n+1}(x)$ を求めることができます. これで, 再帰的な計算によって高次のエルミート多項式を計算できます.

なお, 多くのプログラミング言語には, ライブラリなどにエルミート多項式が用意されています. 必要に応じてこれらも有効活用しましょう.

扱うべき区間を考えて, 適切なものを選びましょう

ほかにも有名な多項式があります. その一つが**ルジャンドル多項式**です. こちらは, よく $\{P_n(x) \mid n = 0, 1, 2, \dots\}$ と表記されます. 最初の数個を見ておきましょう.

$$P_0(x) = 1$$
$$P_1(x) = x$$
$$P_2(x) = \frac{1}{2}\left(3x^2 - 1\right)$$
$$P_3(x) = \frac{1}{2}\left(5x^3 - 3x\right)$$
$$P_4(x) = \frac{1}{8}\left(35x^4 - 30x^2 + 3\right)$$

これらを描画したのが図 8.3 です.

8.2 エルミート多項式など基底はいろいろ

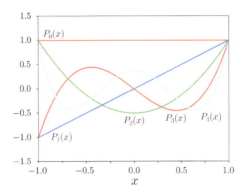

図 **8.3** ルジャンドル多項式のいくつか

図 8.3 の横軸を見ると，$-1 \leq x \leq 1$ の区間でのみ描画されています．これは描画の都合ではなく，定義域がこの区間だからです．実は，ルジャンドル多項式は $x \in [-1, 1]$ で定義された関数の基底として使われます．先ほどのエルミート多項式の定義域は実数全体でした．考える区間によって適切な基底が変わるのも面白いところですね．もちろん「なぜこれらの基底が出てくるのか」，「どのような意味合いで適切なのか」についてはまだ説明できていません．第 9 話以降で，この点も考えていきましょう．

もう一つ，定義域の違いで出てくるものを紹介

定義域が実数全体の場合がエルミート多項式，$[-1, 1]$ の場合がルジャンドル多項式でした．なお，ルジャンドル多項式 $P_n(x)$ において，x を $x' = \alpha x$ のように変数変換すれば，有限区間 $[-\alpha, \alpha]$ でもルジャンドル多項式を使えることがわかります．さらに原点を β だけずらせば，$[-\alpha + \beta, \alpha + \beta]$ のような区間にも対応できますね．

さて，もう一つ $[0, \infty)$ の場合を扱えれば，両方が無限，有限区間，そして片方が無限という場合を網羅できます．そして，実際に $[0, \infty)$ の区間に適したものが**ラゲール多項式**です．具体的な関数の形までは書きませんが，そのようなものがあると知っていれば，必要になったときに調べられますね．

テイラー展開で無限次元を考える

微分積分学で**テイラー展開**について学びます．詳細は各自で確認してもらうことにしますが，定義域で無限回微分可能な関数 $f(x)$ が与えられたとき，

$$f(x) = \sum_{n=0}^{\infty} \frac{1}{n!} \left. \frac{d^n}{dx^n} f(x) \right|_{x=a} (x-a)^n \tag{8.9}$$

072 第 8 話　やっぱり基底は一つではない.

を点 a まわりのテイラー級数と呼ぶのでした. この級数の形で関数を表現すること
がテイラー展開ですね. もし $f(x)$ が最大次数 N の多項式の場合には, 微分係数が
途中でゼロになってしまうので,

$$f(x) = \sum_{n=0}^{N} \frac{1}{n!} \left. \frac{d^n}{dx^n} f(x) \right|_{x=a} (x-a)^n \tag{8.10}$$

です. すると, これは基底として $\{(x-a)^n \,|\, n = 0, 1, 2, \ldots, N\}$ を使った一次結合
の形になっています. その係数

$$\frac{1}{n!} \left. \frac{d^n}{dx^n} f(x) \right|_{x=a}$$

をならべたものが, ベクトルに対応します.

　もし式 (8.9) の級数が収束し, 関数 $f(x)$ と一致する場合, つまりテイラー展開可
能である場合には, 無限個の場合でも係数がきちんと決まります. 無限次元の扱い
には少し注意が必要と述べましたが, この場合には級数の係数と対応づけられるの
で, 無限個の数がならんだベクトルもきちんと意味のあるものになりますね.

第 **9** 話

数式にも関係性を作る.

──────────────────────────── [関数の内積] ──────

▌9.1 多項式での内積（素朴なもの）

数式に対する内積は，少なくともスカラ値を返すはずですよね？

　数式を線形代数的に扱えるようになってきました．基底も導入できたので，あとは「集合＋演算＋関係性」の最後の部分に入りましょう．関係性として，ここでは内積を考えます．内積の入れ方を図 9.1 のように検討してみましょう．まず [1] のように真ん中にドットを書いてみます……が，これは意味がなさそうですね．具体的にどうすればよいのかまったくわかりません．数式に対して掛け算を考えることはできますが，それでは変数 x は消えません．内積は，少なくともスカラ値を与えるはずです．

　[2] のようにするとどうでしょうか．せっかく基底展開によって数がならんだベクトルを作れるようになったので，そのベクトルの内積で「数式に対する内積」を定義する方法です．一見するとよさそうですが，基底として使っている $|x\rangle$ や $|x^2\rangle$ の影響を考えなくてよいのだろうか，と不安になります．そのため，この考え方は保留としておきましょう．

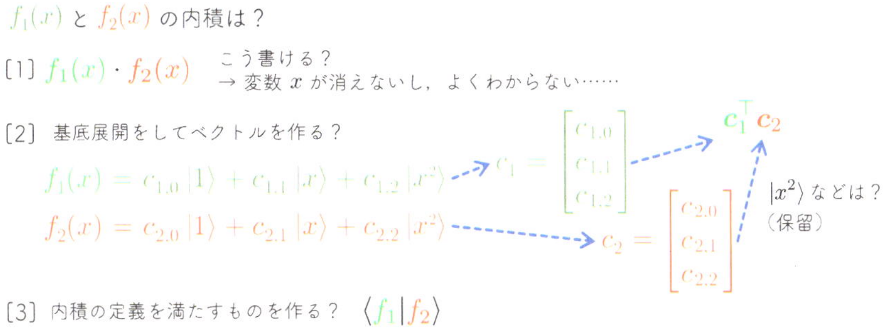

$f_1(x)$ と $f_2(x)$ の内積は？

[1] $f_1(x) \cdot f_2(x)$ 　こう書ける？
　　　　　　　　　　　　→ 変数 x が消えないし，よくわからない……

[2] 基底展開をしてベクトルを作る？

$$f_1(x) = c_{1,0}\,|1\rangle + c_{1,1}\,|x\rangle + c_{1,2}\,|x^2\rangle \dashrightarrow c_1 = \begin{bmatrix} c_{1,0} \\ c_{1,1} \\ c_{1,2} \end{bmatrix}$$

$$f_2(x) = c_{2,0}\,|1\rangle + c_{2,1}\,|x\rangle + c_{2,2}\,|x^2\rangle \dashrightarrow c_2 = \begin{bmatrix} c_{2,0} \\ c_{2,1} \\ c_{2,2} \end{bmatrix}$$

$c_1^\top c_2$ 　　$|x^2\rangle$ などは？
　　　　　　　（保留）

[3] 内積の定義を満たすものを作る？ $\langle f_1 | f_2 \rangle$

図 9.1 内積の入れ方を検討してみる……

074 第9話 数式にも関係性を作る.

困ったときは原理原則に戻るということで，内積の定義に戻ってみます．そもそも内積は「二つのベクトルを引数にとり，スカラ値を返す関数」でした．つまり，数式を二つ引数にとり，スカラ値を返すようなものを探す必要があります．もちろん内積はスカラ値を返せば何でもよいわけではなく，いくつかの性質を満たす必要もありました．そのため，探したものがこれらの性質を満たすかどうかの確認も必要です．

さて，たとえば多項式 $f_1(x)$ および $f_2(x)$ に対して，変数 x が消えてくれないとスカラ値を返してくれません．つまりこの変数 x を消す操作を考える必要があります．変数 x を消す操作として，ここでは積分を考えてみましょう．変数 x に対する定積分であれば，最終的に変数 x が消えてくれます．

内積を積分で定義しましょう

まずは計算を簡単にするために，定義域が有限の場合を考えましょう．$\mathbb{R}[x]_2$，つまり最大次数が 2 の多項式が作る線形空間で，定義域を $[-1, 1]$ とします．基底としては

$$\{|1\rangle, |x\rangle, |x^2\rangle\} \tag{9.1}$$

を使いましょう．

このとき，二つの多項式 $f_1(x)$ と $f_2(x)$ に対して以下の積分を考えます．

$$\langle f_1 | f_2 \rangle = \int_{-1}^{1} f_1(x) f_2(x) dx \tag{9.2}$$

この積分によって変数 x は消えてくれますね．そして，実際にこの積分が内積の定義を満たすことを確認できます．素朴に作っても意外とうまくいくものですね，と言いたいのですが，そういうわけでもない，という話に続きます．

内積の定義を満たすことの確認

ブラケット表記を用いて内積の定義を再掲しておきましょう．考えている関数に対応する線形空間を V として，$f_1, f_2, f_3 \in V, c \in \mathbb{R}$ とします．

1. $\langle f_1|f_2\rangle = \langle f_2|f_1\rangle$
2. $\langle cf_1|f_2\rangle = \langle f_1|cf_2\rangle = c\langle f_1|f_2\rangle$
3. $\langle f_1 + f_2|f_3\rangle = \langle f_1|f_3\rangle + \langle f_2|f_3\rangle,\ \langle f_1|f_2 + f_3\rangle = \langle f_1|f_2\rangle + \langle f_1|f_3\rangle$
4. $\langle f_1|f_1\rangle \geq 0,\ \langle f_1|f_1\rangle = 0 \Leftrightarrow f_1(x) = 0$

式 (9.2) の定義がこれらを満たすことは簡単に確認できます．たとえば 1 番目については

$$\langle f_1|f_2\rangle = \int_{-1}^{1} f_1(x)f_2(x)dx = \int_{-1}^{1} f_2(x)f_1(x)dx = \langle f_2|f_1\rangle \tag{9.3}$$

です．2 番目と 3 番目も簡単ですね．4 番目は

$$\langle f_1|f_1\rangle = \int_{-1}^{1} \big(f_1(x)\big)^2 dx \tag{9.4}$$

により，被積分関数が二乗の形であるため，負になり得ないことからわかります．この積分がゼロになるのは，$f_1(x) = 0$ の場合のみですね．

9.2　多項式での内積（重み関数があるもの）

無限の区間で発散するので，素朴な定義は不十分です

　素朴な定義でうまくいってくれた，と言いたいところですが，実は有限区間だから簡単でした．定義域が実数全体の場合にはどうなるでしょうか．素朴に考えると，たとえば 1 と x^2 の内積は

$$\langle 1|x^2\rangle \overset{(?)}{=} \int_{-\infty}^{\infty} 1 \times x^2 dx \tag{9.5}$$

と書けそうですが，右辺は無限大に発散してしまいます．また，内積からノルムを定義できるはずですが，どのような関数 $f(x)$ を使っても

$$\langle f|f\rangle \overset{(?)}{=} \int_{-\infty}^{\infty} \big(f(x)\big)^2 dx \tag{9.6}$$

であり，右辺が発散しそうです．要素のノルムが無限大となるものがたくさんあるのでは，意味をなしませんね．

076 第9話 数式にも関係性を作る.

内積に重み関数を導入すると，積分を収束させられます

　発散の問題を避けるために，内積の定義に工夫をしましょう．積分が収束すればよいので，強引にそのような積分を定義してしまいます．つまり，収束を保証するような適切な関数 $\rho(x)$ を追加して，

$$\langle f_1 | f_2 \rangle = \int_{-\infty}^{\infty} f_1(x) f_2(x) \rho(x) dx \tag{9.7}$$

で内積を定義します．このように導入した関数 $\rho(x)$ を**重み関数**と呼びます．
　具体例を見ておきましょう．ひとまず

$$\rho(x) = e^{-x^2} \tag{9.8}$$

とします．この重み関数を使えば，たとえば以下のようになります．

$$\langle 1 | 1 \rangle = \int_{-\infty}^{\infty} 1^2 e^{-x^2} dx = \sqrt{\pi} \tag{9.9}$$

$$\langle x | x \rangle = \int_{-\infty}^{\infty} x \times x \times e^{-x^2} dx = \frac{1}{2}\sqrt{\pi} \tag{9.10}$$

$$\langle x^2 | x^2 \rangle = \int_{-\infty}^{\infty} x^2 \times x^2 \times e^{-x^2} dx = \frac{3}{4}\sqrt{\pi} \tag{9.11}$$

$$\langle x^3 | x^3 \rangle = \int_{-\infty}^{\infty} x^3 \times x^3 \times e^{-x^2} dx = \frac{15}{8}\sqrt{\pi} \tag{9.12}$$

この内積からノルムを作れば，多項式ごとの違いがきちんと現れますね．
　なお，式 (9.8) で導入した重み関数は，エルミート多項式と相性がよいことがわかっています．素朴に

$$\{|1\rangle, |x\rangle, |x^2\rangle, |x^3\rangle, \dots\}$$

を基底として考えた場合には，内積は上に書いたようになりますが，その値は

$$\sqrt{\pi}, \ \frac{1}{2}\sqrt{\pi}, \ \frac{3}{4}\sqrt{\pi}, \ \frac{15}{8}\sqrt{\pi}, \dots$$

とならんでいます．ちなみに次は $(105/16)\sqrt{\pi}$ です．何かしら法則性がありそうな気がしますね……．なお，エルミート多項式を使った場合には

$$\langle H_n | H_n \rangle = \int_{-\infty}^{\infty} \big(H_n(x)\big)^2 e^{-x^2} dx = 2^n n! \sqrt{\pi} \tag{9.13}$$

9.2 多項式での内積（重み関数があるもの） 077

となることが知られています．そのため，実際に積分を計算する必要もなく，この式のルート（平方根）をとればノルムを計算できます．

　単純にノルムの計算結果が知られている，というだけではなく，エルミート多項式にはもっと重要な性質があります．予想がつくかもしれませんが，この話題は第 10 話に残しておきましょう．

重み関数があっても，内積の性質を満たすことの確認

　念のために少し確認をしておきましょう．2 ページ前に掲載した内積の 1 番目，2 番目の性質は大丈夫ですね．3 番目も簡単に確認できます．たとえば

$$
\begin{aligned}
\langle f_1 + f_2 | f_3 \rangle &= \int_{-\infty}^{\infty} \big(f_1(x) + f_2(x) \big) f_3(x) \rho(x) dx \\
&= \int_{-\infty}^{\infty} f_1(x) f_3(x) \rho(x) dx + \int_{-\infty}^{\infty} f_2(x) f_3(x) \rho(x) dx \\
&= \langle f_1 | f_3 \rangle + \langle f_2 | f_3 \rangle
\end{aligned}
\tag{9.14}
$$

です．

重み関数としては，ひとまず知られているものを使う

　内積の 4 番目の性質に関して，一言添えておきましょう．もし重み関数 $\rho(x)$ が負の値をとる領域があると，

$$
\langle f_1 | f_1 \rangle = \int_{-\infty}^{\infty} f_1(x) f_1(x) \rho(x) dx
\tag{9.15}
$$

の計算において，$f_1(x) = 0$ ではなくても，この積分の値がゼロになってしまう可能性があります．たとえば

$$
\rho(x) = x e^{-x^2}
\tag{9.16}
$$

を使ってしまうと，

$$
\langle x | x \rangle = \int_{-\infty}^{\infty} x \times x \times x e^{-x^2} dx = 0
\tag{9.17}
$$

です．これだと内積の 4 番目の性質を満たしません．一方で，式 (9.8) の重み関数であれば大丈夫です．

　重み関数は積分を収束させるために導入されました．そのうえで，内積の性質を満たさないと内積にはなり得ないことにも注意が必要です．では実際にどのような重み関数を使えばよいのかについては，ひとまず性質がよく知られているものを使う，としておきましょう．エルミート多項式と，それに対応する式 (9.8) の重み関数などが有名です．

第 9 話　数式にも関係性を作る.

なお，重み関数を導入したからといって，どんな関数でも扱えるわけではありません．数学的な議論のためには適切な関数を集めたもの，つまり関数空間を考える必要があります．断りのない場合には「適切な関数」を使うことが仮定されていると捉えておきましょう．気になる人は第 4 部の最後，第 24 話で紹介する関数解析の書籍などを読んでみてください．

確率論者の場合

ここで扱ったエルミート多項式 $\{H_n(x)\}$ の定義は物理学者のものでしたね．確率論者の定義の場合 $\{He_n(x)\}$ には，次の重み関数が用いられます．

$$\rho(x) = e^{-x^2/2} \tag{9.18}$$

このように定義しても，内積の定義を満たすことを確認できます．この場合，内積は

$$\langle He_n | He_n \rangle = \int_{-\infty}^{\infty} \left(He_n(x)\right)^2 e^{-x^2/2} dx = n!\sqrt{2\pi} \tag{9.19}$$

となることが知られています．ここで少し式を整理すると

$$\int_{-\infty}^{\infty} \left(He_n(x)\right)^2 \underbrace{\frac{1}{\sqrt{2\pi}} e^{-x^2/2}}_{\text{標準正規分布の形}} dx = n! \tag{9.20}$$

となります．左辺の積分に出てきたのは，確率論で有名な標準正規分布の形です．確率論との関係から「確率論者の」エルミート多項式と名付けられているわけですね．

第10話
交わらないことの便利さ.

——————————————— [関数の直交性] ———————————————

▌10.1　この基底は直交するか？

角度もありますが……直交するものを使いましょう

　内積を考えることで大きさ，つまりノルムを定義できますが，そもそも，二つのベクトル同士の関係性を見るためのものが内積でした．内積の値を計算できるようになったので，cos 関数を使って角度を議論できます．そして，角度が直交する特別なものを考えられるようになります．

　例として，単項式を基底関数とした場合，つまり

$$\{1, x, x^2, x^3, \dots\}$$

を基底とする場合に，重み関数

$$\rho(x) = e^{-x^2} \tag{10.1}$$

を使って内積を定義しましょう．すると，重み関数が偶関数なので，

$$\langle x | x^2 \rangle = \int_{-\infty}^{\infty} x \times x^2 \times e^{-x^2} dx = 0 \tag{10.2}$$

となり，これらは直交していることになります．しかし，

$$\langle x | x^3 \rangle = \int_{-\infty}^{\infty} x \times x^3 \times e^{-x^2} dx = \frac{3}{4}\sqrt{\pi} \tag{10.3}$$

なので，基底が互いに直交するわけではありません．これは不便ですね．

　そこでエルミート多項式を基底として使いましょう．どこからエルミート多項式が出てきたのか，これまで回答を控えていましたが，この直交性から，というのがその答えです．実際，エルミート多項式の内積は

$$\langle H_n | H_m \rangle = \int_{-\infty}^{\infty} H_n(x) H_m(x) e^{-x^2} dx = 2^n n! \sqrt{\pi} \delta_{nm} \tag{10.4}$$

080 第 10 話 交わらないことの便利さ.

となることが知られています. δ_{nm} の記号は第 5 話, 40 ページに記載したクロネッカーのデルタです. これは n と m が同じ場合に 1, 違う場合には 0 をとります. よって, エルミート多項式の場合には互いに直交すると言えますね.

シュミットの直交化法も使えます

直交性を導入できたので, 与えられた生成元から直交基底を作ることもできます. シュミットの直交化法ですね.

具体的な計算で確認してみましょう. 計算を簡単にするために有限区間 $[-1, 1]$ を定義域として, 最大次数が 2 の多項式が作る線形空間を考えます. ここでは内積を

$$\langle f_1 | f_2 \rangle = \int_{-1}^{1} f_1(x) f_2(x) dx \tag{10.5}$$

で与えましょう. 今回は重み関数がつねに 1, つまり $\rho(x) = 1$ です.

この線形空間の生成元として

$$\{ |1\rangle, |x\rangle, |x^2\rangle \}$$

を考えます. これらを直交化して, 互いに直交している

$$\{ g_0(x), g_1(x), g_2(x) \}$$

という多項式の組を作ることを目指します.

では, まず $|1\rangle$ を正規化してみましょう. つまりノルムが 1 になるように, 定数を掛け算します. $|1\rangle$ なのだからすでに正規化されている, と思ったかもしれません. でも, 実際に内積を計算すると

$$\| 1 \|^2 = \langle 1 | 1 \rangle = \int_{-1}^{1} 1^2 dx = 2 \tag{10.6}$$

となり, ノルムは $\sqrt{2}$ なので, 正規化されていません. 内積の定義によってノルムの大きさも変わるので, 注意しましょう. この計算から, まずは

$$g_0(x) = \frac{1}{\| 1 \|} = \frac{1}{\sqrt{2}} \tag{10.7}$$

とすればよさそうです．これは，どの $x \in [-1, 1]$ に対しても一定の値を返す定数関数です．

次は，$g_0(x)$ に直交する多項式を，$|x\rangle$ をもとにして作りましょう．シュミットの直交化法にしたがって

$$\tilde{g}_1(x) = x - \langle g_0 | x \rangle g_0(x) \tag{10.8}$$

を計算します．第 6 話の内容から，「$\langle g_0 | x \rangle$ で $|x\rangle$ の $|g_0\rangle$ 方向の大きさを計算し，その方向の成分を抜く」と考えるとわかりやすいでしょう．実際に計算をすると

$$\tilde{g}_1(x) = x - \left(\int_{-1}^{1} \frac{1}{\sqrt{2}} \times x \, dx \right) \frac{1}{\sqrt{2}} = x - \frac{1}{2} \int_{-1}^{1} x \, dx = x \tag{10.9}$$

です．また正規化のために $\tilde{g}_1(x)$ に対して内積を計算すると

$$\langle \tilde{g}_1 | \tilde{g}_1 \rangle = \int_{-1}^{1} x \times x \, dx = \frac{2}{3} \tag{10.10}$$

なので，$\|\tilde{g}_1\| = \sqrt{2/3}$ より

$$g_1(x) = \frac{\tilde{g}_1(x)}{\|\tilde{g}_1\|} = \frac{\sqrt{6}}{2} x \tag{10.11}$$

となります．

この手続きを進めて，

$$\begin{aligned}
\tilde{g}_2(x) &= x^2 - \langle g_0 | x^2 \rangle g_0(x) - \langle g_1 | x^2 \rangle g_1(x) \\
&= x^2 - \left(\int_{-1}^{1} \frac{1}{\sqrt{2}} x^2 \, dx \right) \frac{1}{\sqrt{2}} - \left(\int_{-1}^{1} \frac{\sqrt{6}}{2} x \times x^2 \, dx \right) \frac{\sqrt{6}}{2} x \\
&= x^2 - \frac{1}{3}
\end{aligned} \tag{10.12}$$

から，最終的に正規化後のものとして

$$g_2(x) = \frac{\sqrt{10}}{4} \left(3x^2 - 1 \right) \tag{10.13}$$

が得られます．

082　第 10 話　交わらないことの便利さ.

よって, 次の正規直交基底が得られました.

$$\left\{ g_0(x) = \frac{1}{\sqrt{2}},\ g_1(x) = \frac{\sqrt{6}}{2}x,\ g_2(x) = \frac{\sqrt{10}}{4}\left(3x^2 - 1\right) \right\}$$

ルジャンドル多項式と接続しておきましょう

　定義域が $[-1, 1]$ の場合には, ルジャンドル多項式が便利, という話でしたね. シュミットの直交化法で得られた正規直交基底の関数形は, 係数が違うものの, ルジャンドル多項式と似ています. 実はエルミート多項式もそうだったのですが, ルジャンドル多項式も正規化されているわけではありません. ルジャンドル多項式 $\{P_n(x)\}$ に対する直交性は

$$\langle P_n | P_m \rangle = \int_{-1}^{1} P_n(x) P_m(x) dx = \frac{2}{2n+1} \delta_{nm} \tag{10.14}$$

で与えられることが知られています. この右辺に出てくる係数の分だけ補正をしてあげれば, シュミットの直交化法で作った基底とルジャンドル多項式が, 少なくとも $n = 2$ までは一致することがわかりますね. もちろん, ほかの n に対しても対応がつきます.

10.2　直交性で計算が簡単に

直交基底を使うと, ベクトルの内積だけで積分計算できる場合もあります

　関数 $f_1(x), f_2(x)$ が, 別の関数 $\{g_0(x), g_1(x), g_2(x)\}$ の一次結合の形で書かれていたとします.

$$f_1(x) = c_{1,0} g_0(x) + c_{1,1} g_1(x) + c_{1,2} g_2(x) \tag{10.15}$$

$$f_2(x) = c_{2,0} g_0(x) + c_{2,1} g_1(x) + c_{2,2} g_2(x) \tag{10.16}$$

そして, 以下の積分, つまり内積を計算したいとしましょう.

$$\langle f_1 | f_2 \rangle = \int_{-\infty}^{\infty} f_1(x) f_2(x) \rho(x) dx \tag{10.17}$$

先ほどの話とは違い, 積分範囲を $-\infty$ から ∞ に戻しました. この積分の計算のために, ブラケット記号を使って

$$\langle f_1| = \langle g_0|c_{1,0} + \langle g_1|c_{1,1} + \langle g_2|c_{1,2} \tag{10.18}$$

$$|f_2\rangle = c_{2,0}|g_0\rangle + c_{2,1}|g_1\rangle + c_{2,2}|g_2\rangle \tag{10.19}$$

と表現しておきます. ここではブラ記号 $\langle g_n|$ とケット記号 $|g_n\rangle$ はどちらも素朴に $g_n(x)$ を書き換えただけ, と捉えておきましょう. すると,

$$\begin{aligned}
\langle f_1|f_2\rangle =&\, c_{1,0}c_{2,0}\langle g_0|g_0\rangle + c_{1,0}c_{2,1}\langle g_0|g_1\rangle + c_{1,0}c_{2,2}\langle g_0|g_2\rangle \\
&+ c_{1,1}c_{2,0}\langle g_1|g_0\rangle + c_{1,1}c_{2,1}\langle g_1|g_1\rangle + c_{1,1}c_{2,2}\langle g_1|g_2\rangle \\
&+ c_{1,2}c_{2,0}\langle g_2|g_0\rangle + c_{1,2}c_{2,1}\langle g_2|g_1\rangle + c_{1,2}c_{2,2}\langle g_2|g_2\rangle
\end{aligned} \tag{10.20}$$

となります. 積分が消えたように見えているかもしれませんが, 実際には

$$\langle g_n|g_m\rangle = \int_{-\infty}^{\infty} g_n(x)g_m(x)\rho(x)dx \tag{10.21}$$

のように, 積分がブラケット記号に隠れています.

さて, ここでもし $\{g_0(x), g_1(x), g_2(x)\}$ が「重み関数 $\rho(x)$ で定義された内積のもとで」互いに直交だったとしましょう. すると図 10.1 のように, 計算が大きく簡略化されます. まず, 直交性から n と m が異なる場合に $\langle g_n|g_m\rangle$ が消えます. 添字が揃ったものだけ残るわけですね. そして, エルミート多項式の場合などのように性質のよい直交基底であれば, そのノルムがわかっています. さらに, もし正規直交基底を使っていれば, 通常のベクトルの内積 $c_1^{\top}c_2$ を計算すればよいだけですね.

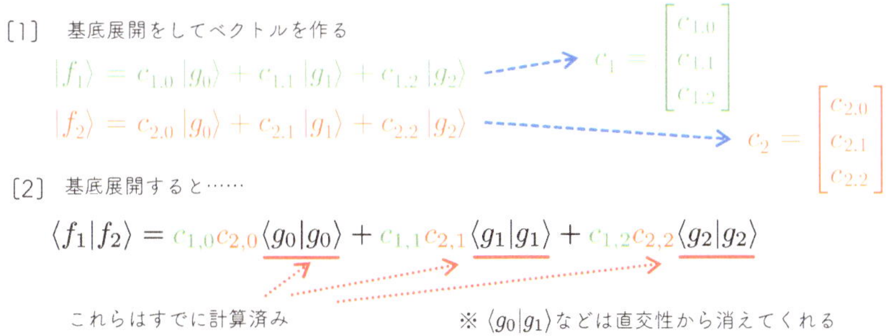

[1] 基底展開をしてベクトルを作る

$$|f_1\rangle = c_{1,0}|g_0\rangle + c_{1,1}|g_1\rangle + c_{1,2}|g_2\rangle \qquad c_1 = \begin{bmatrix} c_{1,0} \\ c_{1,1} \\ c_{1,2} \end{bmatrix}$$

$$|f_2\rangle = c_{2,0}|g_0\rangle + c_{2,1}|g_1\rangle + c_{2,2}|g_2\rangle \qquad c_2 = \begin{bmatrix} c_{2,0} \\ c_{2,1} \\ c_{2,2} \end{bmatrix}$$

[2] 基底展開すると……

$$\langle f_1|f_2\rangle = c_{1,0}c_{2,0}\underline{\langle g_0|g_0\rangle} + c_{1,1}c_{2,1}\underline{\langle g_1|g_1\rangle} + c_{1,2}c_{2,2}\underline{\langle g_2|g_2\rangle}$$

これらはすでに計算済み　　　※ $\langle g_0|g_1\rangle$ などは直交性から消えてくれる

図 10.1　直交基底を使うと「掛け算された関数の積分」の計算がこんなに簡単に……

第10話 交わらないことの便利さ.

関数を線形代数的に扱う場合,直交基底を使うことはとても強力です.積分は関数を扱うときに出てくる大変な計算の一つですが,求めたい積分に適した直交基底を利用できるのであれば,「積分の計算をせず」に積分を計算できるわけです.

ディラックのデルタ関数を,形式的に扱えるようになっておくと便利です

以下は発展を見すえてのちょっとした補足です.ブラ記法について,観測装置であり,ケット記法とは異なるものと捉えるとよい場合がある,という話をしていました.このように視点を変えると,積分区間が無限だからと言って,必ずしもエルミート多項式を使わなくても直交基底を作れることがわかります.その議論のために,さまざまな応用で必須となる**ディラックのデルタ関数**を導入しておきましょう.これらは今後の応用で役立ちますので,一読しておいてください.

> #### ディラックのデルタ関数のイメージと役割
> ディラックのデルタ関数はさまざまな場面で使われるので,慣れておきましょう.なお,「関数」と書かれていますが,実際には通常の意味での関数ではなく,超関数と呼ばれるものです.
> どのような意味で通常のものと違うかについては,図 10.2 を見るとわかります.この関数は,とある点 $x=a$ においてのみ値をもち,それ以外の場所ではゼロです.しかも,その唯一の値をもつ点 $x=a$ においては,形式的には無限大の値をとります.このように,通常の意味での関数としては扱えません.

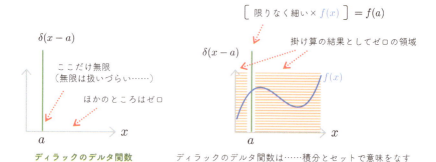

図 10.2 積分とセットで意味をなす,特別な存在

実際には，ディラックのデルタ関数は積分と組み合わせて用います．通常の関数 $f(x)$ に対して，

$$\int_{-\infty}^{\infty} \delta(x-a)f(x)dx = f(a) \tag{10.22}$$

を与えるのが特徴です．図 10.2 に「イメージ」を書いたように， $\delta(x-a)$ がゼロとなる領域からの寄与はなく，「無限大の値」のところだけが残って，結局，積分が消えて $f(a)$ が出てきます．無限大から無限大が出てこないのが不思議かもしれませんが，限りなく細いので，結果として有限の値，つまり $f(a)$ のみが残る，という「イメージ」です．クロネッカーのデルタは，一つの添字だけを残して和とともに消えていきます．それと同じような感じで，ディラックのデルタ関数は，一つの点での値だけを残して積分とともに消えていきます．

なお，確率の文脈でもディラックのデルタ関数を考えると便利なときがあります．その話題には第 4 部で触れます．

単項式に対して「直交性」を与えるもの

定義域が実数全体の場合には，内積の定義に適切な重み関数を導入しました．その結果，直交性を満たす便利な基底としてエルミート多項式が出てきました．単項式，つまり x^n の形も自然に思えますが，これは直交基底にはなり得ないのでしょうか？

実は先ほど導入したディラックのデルタ関数を使い，さらに内積の考え方をもう少し先に進めると，単項式もある種の「直交性」をもちます．

内積を導入したとき，ブラケット記法において，ブラはケットの転置をとったものというよりも「観測装置」として捉える，という話をしました．これまではブラとケットの意味合いは大きくは変わりませんでしたが，実はブラは，ケットと組み合わせてスカラ値を返す「関数」が作る線形空間の要素（元）と解釈できます．**作用素**と呼ばれるものは写像の一般化のようなものですが，「一歩先」だと特に「関数に作用する作用素」がよく現れます．ブラはこの作用素です．さらに，ここで考えている内積のようにスカラ値を返すものには特別な名前がついており，**線形汎関数**と呼ばれます．「汎」は広くいきわたる，という意味合いですが，ここでは「関数の『関数』」という，一段階上……というイメージですね．作用素は重要なものなので，第 11 話でもう少しきちんと扱います．

「線形」汎関数と書きましたが，実は作用素も線形性を満たす場合，線形空間を作ります．線形空間内の一つの点が，一つの作用素に対応するわけです．次回の話を少し先取りすると，「微分」は線形作用素です．たとえば

$$\left(c_1 \frac{d}{dx} + c_2 \frac{d^2}{dx^2} \right) f(x) = c_1 \left(\frac{d}{dx} f(x) \right) + c_2 \left(\frac{d^2}{dx^2} f(x) \right)$$

が成立しますよね？ 微分の記号を「足す」ことをイメージしづらいかもしれません．でも，形式的にはスカラ倍や和の演算をしてから $f(x)$ に作用させるのと，それぞれ

第 10 話　交わらないことの便利さ.

を $f(x)$ に作用させてから演算をするのとでは結果が変わりません. これが線形性でしたね.

　さて, 単項式を基底として, ケットで書きましょう. このとき, このケットとペアになって直交性を与える作用素を, ブラとして書きます. それらの関係を図 10.3 に示しました. [1] が微分記号とディラックのデルタ関数, そしてその積分までをセットにした作用素です. これは作用素なので, この右側にある「·」で書いた部分に何かしらの関数があとで入ることをお忘れなく. これを [2] の単項式に作用させます. なお, これまで $|x^n\rangle$ と書いていましたが, 対応をわかりやすくするために, べき乗の指数 n だけを取り出して $|n\rangle$ と書いています. これらを合わせると [3] となりますが, そこにクロネッカーのデルタが出てきます. つまりブラの番号 m とケットの番号 n が一致するときだけ値をもち, それ以外はゼロになります. 実際に微分を x^n に作用させると, m のほうが大きければ m 階微分の結果としてゼロになること, また m のほうが小さい場合には, ディラックのデルタ関数によって, 積分をとると $x = 0$ のところだけ残り, やはり積分結果がゼロになることを確認できます. ちなみに, これまでと同じくブラケット記号を使っていますが, ブラとケットの空間は異なるものなので, 実はもう内積とは呼べなくなっています. これで, **双対性**の話へと踏み出したことになります.

　作用素は主に数学で用いられる用語で, 物理学などでは**演算子**と呼ばれることもあります. 作用素や演算子が要素となる線形空間……なかなか想像しづらいかもしれませんね. ただ, 線形代数の話を「一歩先」に進めると, これらの議論が必要になります. 「半歩先」としては, 単項式とペアになって直交性を与えるもの, という具体例の紹介だけにとどめておきましょう. 具体例で少し慣れてから, ぜひ「一歩先」へ進んでみてください.

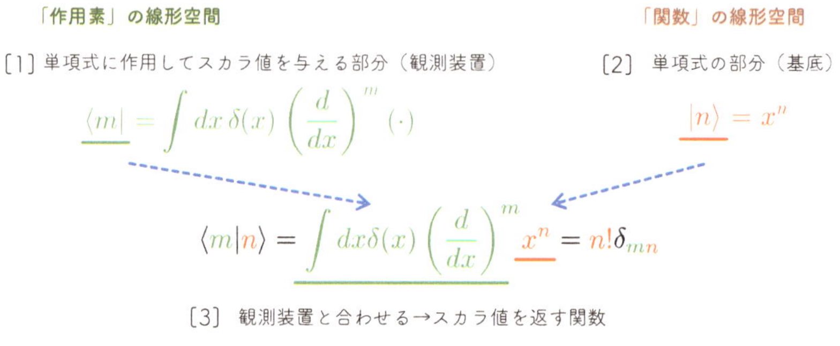

「作用素」の線形空間　　　　　　　　　　　　　　　　　　　　「関数」の線形空間

[1] 単項式に作用してスカラ値を与える部分（観測装置）　　　[2] 単項式の部分（基底）

$$\langle m| = \int dx\, \delta(x) \left(\frac{d}{dx}\right)^m (\cdot) \qquad\qquad |n\rangle = x^n$$

$$\langle m|n\rangle = \underline{\int dx\, \delta(x) \left(\frac{d}{dx}\right)^m} \; x^n = n!\,\delta_{mn}$$

[3] 観測装置と合わせる→スカラ値を返す関数

図 10.3　ケットとは違う線形空間を使うと「直交」するものを作れる

第 11 話
関数を行列で操作する．

――――――――――――――――――――――――――――― [作用素] ―――

▌11.1 関数を別の関数に変換する

さらに抽象的な操作を与える作用素も，行列で表現できます

「回転」のような，要素をほかの要素に写す抽象的な操作でも，線形性をもてば必ず行列で表現できることを第 5 話で見ました．さて，多項式のような関数を線形代数的に扱えることがわかったので，関数を別の関数に写す抽象的な操作を，やはり行列で表現できるのではないか，と期待できますね．実際にできます．

第 10 話の最後に少しだけ触れたように，ある集合からある集合への写像のことを一般的に **作用素** と呼びます．機械学習やデータサイエンスなどを対象とする場合には，「関数を別の関数に写す操作」を指すときに作用素という用語がよく出てきます．図 11.1 に示したように，関数 $h_1(x)$ を別の関数 $h_2(x)$ に写す操作のことですね．**演算子** と呼ばれることもあります．図 11.1 では同じ次元の空間に写していますが，別の次元の空間に写す場合もあります．

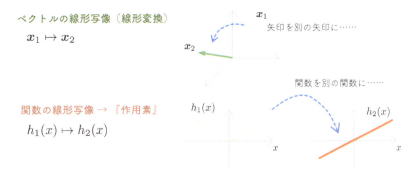

図 11.1　ベクトルを写す抽象的な操作と，関数を写す抽象的な操作

088 第 11 話 関数を行列で操作する.

なお，考えている空間によって作用素や演算子が何を操作するものなのかが変わりますので，定義に注意しましょう．本書では関数を別の関数に写すときに作用素と呼ぶことにします．

作用素は，何かに作用して初めて意味をもちます

これから，「関数を別の関数に写す」抽象的な操作を，数がならんだ行列で表現していきます．もちろん，どんな操作でも行列で表現できるわけではありません．線形性を満たす操作，つまり**線形写像**であれば必ず行列で表現できる，ということでしたね．そのため，ここでは議論を線形性をもつ操作に限定しておきましょう．

線形性をもつ関数に関する操作……想像できないかもしれませんが，実はとても身近な存在です．関数から有用な情報を引っ張り出す操作の一つが「微分」ですね．微分によって，関数の傾きの情報が得られます．実は微分は線形性を満たすので，線形写像です．ということは行列で表現できます．

まず今後の議論を見やすくするために，記号を定義しておきましょう．関数 $h_1(x)$ を関数 $h_2(x)$ へと変換する線形写像を $\mathcal{L}$ として，

$$\mathcal{L}h_1(x) = h_2(x) \tag{11.1}$$

と書くことにします．微分を考える場合には

$$\mathcal{L} = \frac{d}{dx} \tag{11.2}$$

です．微分記号の右側に何も記載されていませんが，実際にはこの右側に作用されるものが書かれることになります．

この書き方の注意点を見るために，「x を掛け算してから微分する」という操作を考えてみます．つまり，変換後の関数を $\widetilde{h}_2(x)$ として

$$\frac{d}{dx}xh_1(x) = \widetilde{h}_2(x) \tag{11.3}$$

です．これを式 (11.2) の $\mathcal{L}$ のように，記号 $\widetilde{\mathcal{L}}$ を使って表現してみます．すると

$$\widetilde{\mathcal{L}}h_1(x) = \widetilde{h}_2(x) \tag{11.4}$$

と書けますね．ここで

$$\widetilde{\mathcal{L}} = \frac{d}{dx}x \tag{11.5}$$

です．さて，式 (11.5) だけを見ると，

$$\widetilde{\mathcal{L}} = \frac{d}{dx}x \overset{(?)}{=} 1 \tag{11.6}$$

のように変形したくなるかもしれません．でも，「そうしてはいけない」というのが，ここでの注意です．式 (11.6) の一番右の式変形は間違いです．作用素は，右側に関数がきて始めて意味をなします．実際に関数に作用させれば

$$\widetilde{\mathcal{L}}h_1(x) = \frac{d}{dx}\big(xh_1(x)\big)$$
$$= h_1(x) + x\frac{dh_1(x)}{dx} \tag{11.7}$$

となることはわかりますね．作用素が出てきた場合，必ずあとで何かに作用する，ということを忘れずにいましょう．

微分作用素の線形性の確認

$h_1(x), h_2(x)$ を微分可能な関数，c を実数とします．微分の計算では

$$\frac{d}{dx}\big(ch_1(x)\big) = c\left(\frac{d}{dx}h_1(x)\right) \tag{11.8}$$

$$\frac{d}{dx}\big(h_1(x) + h_2(x)\big) = \frac{d}{dx}h_1(x) + \frac{d}{dx}h_2(x) \tag{11.9}$$

が成り立ちます．これらは 22 ページに記載した線形性の性質そのものなので，微分作用素の線形性を確認できました．同様に，式 (11.5) で定義した $\widetilde{\mathcal{L}}$ も線形性を満たします．確認してみてください．

たとえ作用素でも，線形性があれば必ず行列で表現できます

すでに何度も触れているように，線形写像ならば必ず行列で表現できます．ここでは「関数を関数に写す操作」である作用素を行列で表現したいのですが，そのために一次結合と基底の話があったわけですね．

第11話 関数を行列で操作する.

考え方はとても簡単で，図 11.2 のようにするだけです．まずは [1] のように，関数を基底の一次結合で表現します．そして，その係数をならべて，[2] のベクトルを作ります．すると，これは通常のベクトルなので行列で操作できます．操作後のベクトルを基底の一次結合の係数として再解釈すると，最終的にほしい関数が得られる，という流れです．

微分作用素を行列で表現してみます

では実際に微分作用素に対する行列表現を見てみましょう．ここでは簡単のため，最大次数が 2 の多項式が作る線形空間を考えます．よって，基底としては

$$|g_0\rangle = 1, \quad |g_1\rangle = x, \quad |g_2\rangle = x^2$$

を考えるのが便利です．図 11.2 の流れに沿うと，

$$h_1(x) = c_{1,0} + c_{1,1}x + c_{1,2}x^2 \tag{11.10}$$

の形の多項式の係数が [2] のベクトルに対応します．$h_1(x)$ を微分すると

$$h_2(x) = \frac{d}{dx}h_1(x) = c_{1,1} + 2c_{1,2}x \tag{11.11}$$

です．一方で，作用後のベクトル $h_2(x)$ は，係数 $c_{2,0}, c_{2,1}, c_{2,2}$ により

$$h_2(x) = c_{2,0} + c_{2,1}x + c_{2,2}x^2 \tag{11.12}$$

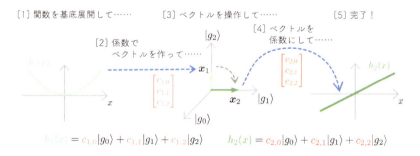

図 11.2 ベクトルと行列を経由して，関数を写す

とも表現できます．このことから，$c_{2,0} = c_{1,1}$, $c_{2,1} = 2c_{1,2}$, $c_{2,2} = 0$ の対応がわかります．

以上の計算から，微分作用素という抽象的な操作に対する行列 L は

$$\begin{bmatrix} c_{2,0} \\ c_{2,1} \\ c_{2,2} \end{bmatrix} = L \begin{bmatrix} c_{1,0} \\ c_{1,1} \\ c_{1,2} \end{bmatrix} = \begin{bmatrix} c_{1,1} \\ 2c_{1,2} \\ 0 \end{bmatrix} \tag{11.13}$$

を満たす必要があります．この式をじっと見つめて，

$$L = \begin{bmatrix} 0 & 1 & 0 \\ 0 & 0 & 2 \\ 0 & 0 & 0 \end{bmatrix} \tag{11.14}$$

がわかります．なお，微分作用素という抽象的な操作 $\mathcal{L} = d/dx$ から求められた，このような具体的な行列 L を**表現行列**と呼びます．

11.2 基底が変われば表現も変わる

エルミート多項式を基底とすると，表現行列が変わります

これまで見てきたように，基底にはいろいろなものがあります．単項式を使った基底もあれば，エルミート多項式を使った基底もありました．さて，第 5 話で見たように，ベクトルのときには，基底が変われば操作の表現も変わりました．関数の場合にも同様です．例を見ていきましょう．

たとえばエルミート多項式を基底として

$$h_1(x) = \widetilde{c}_{1,0} H_0(x) + \widetilde{c}_{1,1} H_1(x) + \widetilde{c}_{1,2} H_2(x) \tag{11.15}$$

$$h_2(x) = \widetilde{c}_{2,0} H_0(x) + \widetilde{c}_{2,1} H_1(x) + \widetilde{c}_{2,2} H_2(x) \tag{11.16}$$

と表現したとしましょう．すると，図 11.2 のベクトルには別の数がならびます．実際に，68 ページのエルミート多項式の定義から

$$1 = H_0(x), \quad x = \frac{1}{2} H_1(x),$$

$$x^2 = \frac{1}{4} H_2(x) + \frac{1}{2} = \frac{1}{4} H_2(x) + \frac{1}{2} H_0(x)$$

が得られるので,

$$h_1(x) = c_{1,0} + c_{1,1}x + c_{1,2}x^2$$
$$= \underbrace{(c_{1,0} + \frac{1}{2}c_{1,2})}_{\widetilde{c}_{1,0}} H_0(x) + \underbrace{\frac{1}{2}c_{1,1}}_{\widetilde{c}_{1,1}} H_1(x) + \underbrace{\frac{1}{4}c_{1,2}}_{\widetilde{c}_{2,2}} H_2(x) \quad (11.17)$$

となり,同じ多項式 $h_1(x)$ の表現でも別の数がならびます.微分を作用させると次の表現が得られます.

$$h_2(x) = c_{1,1} + 2c_{1,2}x = \underbrace{c_{1,1}}_{\widetilde{c}_{2,0}} H_0(x) + \underbrace{c_{1,2}}_{\widetilde{c}_{2,1}} H_1(x) + \underbrace{0}_{\widetilde{c}_{2,2}} \times H_2(x)$$

$$(11.18)$$

よって基底としてエルミート多項式を使った場合,微分作用素の表現行列 L_{Hermite} は以下を満たす必要があります.

$$\begin{bmatrix} \widetilde{c}_{2,0} \\ \widetilde{c}_{2,1} \\ \widetilde{c}_{2,2} \end{bmatrix} = L_{\mathrm{Hermite}} \begin{bmatrix} \widetilde{c}_{1,0} \\ \widetilde{c}_{1,1} \\ \widetilde{c}_{1,2} \end{bmatrix} \Rightarrow \begin{bmatrix} c_{1,1} \\ c_{1,2} \\ 0 \end{bmatrix} = L_{\mathrm{Hermite}} \begin{bmatrix} c_{1,0} + (1/2)c_{1,2} \\ (1/2)c_{1,1} \\ (1/4)c_{1,2} \end{bmatrix}$$

$$(11.19)$$

この式をじっと見つめると,エルミート多項式を基底とした場合の微分作用素の表現行列 L_{Hermite} が

$$L_{\mathrm{Hermite}} = \begin{bmatrix} 0 & 2 & 0 \\ 0 & 0 & 4 \\ 0 & 0 & 0 \end{bmatrix} \quad (11.20)$$

だとわかります.

表現を変えても,本質は変わりません

重要な点なので,あらためて強調しておきます.基底は,いろいろです.しかし,基底を一つ決めれば,その一次結合の係数は一意に決まります.同様に,表現行列も基底によっていろいろと変わり得ますが,基底を一つ決めれば表現行列は一意に決まります.

単項式を基底とした場合の L と,エルミート多項式の場合の L_{Hermite} と

は違う行列ですが，どちらも同じ「微分」という操作を表現したものです．最初は慣れないかもしれませんが，逆に言えば「考えたい処理に応じて便利な表現を選べる」ということにもなります．これが実際にはとても便利です．

単位の分解で具体的な表現に落とし込めます

先ほどはエルミート多項式を基底とした表現行列を発見的に求めました．実はもう少し手続き的に，つまり系統的に求めることができます．

第 10 話で触れたように，エルミート多項式には次の直交性があります．

$$\int_{-\infty}^{\infty} H_n(x)H_m(x)e^{-x^2}dx = 2^n n!\sqrt{\pi}\delta_{nm} \tag{11.21}$$

ここで，ブラケット表記を使って次のように書いておきましょう．

$$\alpha_n \langle n|m \rangle = \delta_{nm} \tag{11.22}$$

なお，H を省略して n, m だけ書きました．余分に出てきた係数 α_n は

$$\alpha_n = \frac{1}{2^n n!\sqrt{\pi}} \tag{11.23}$$

です．エルミート多項式には正規性がありませんが，その部分を α_n に押し込めると正規直交基底のように扱えます．

さて，エルミート多項式は直交性も含めて，いろいろとよい性質をもっていることがわかっています．第 8 話で紹介した三項間漸化式も便利な性質でした．微分についても

$$\frac{d}{dx}H_n(x) = 2nH_{n-1} \qquad \left(\text{すなわち } \frac{d}{dx}|n\rangle = 2n|n-1\rangle\right) \tag{11.24}$$

を満たすことが知られています．ここでは直交性と，この式 (11.24) を使って表現行列を求めます．

ブラケット記法のブラの役割として「観測装置」があったことを思い出しましょう．もしノルムが 1，つまり正規性を満たす場合には射影という意味合いがありました．エルミート多項式は正規性を満たさないので，実際には「成分を定数倍したもの」が出てきてしまいますが，ここではイメージとして，「ブラの記号 $\langle n|$ の作用で，対応するケットの記号 $|n\rangle$ 方向の成

分を求められる」と解釈しておきましょう．すると，ある多項式に対して，ブラの記号 $\langle n|$ で成分を求め，それを $|n\rangle$ の係数として使うことを繰り返せば，多項式をエルミート多項式の一次結合の形で書けます．つまり，

$$f(x) = |f\rangle = \sum_{n=0} \Big(\alpha_n \langle n|f \rangle \Big) |n\rangle \tag{11.25}$$

です．実際に，もし $f(x) = \sum_{m=0} \widetilde{c}_m |m\rangle$ と書けている場合には

$$\alpha_n \langle n|f \rangle = \alpha_n \langle n| \left(\sum_{m=0} \widetilde{c}_m |m\rangle \right) = \sum_{m=0} \widetilde{c}_m \alpha_n \langle n|m \rangle = \sum_{m=0} \widetilde{c}_m \delta_{nm} = \widetilde{c}_n \tag{11.26}$$

なので，きちんと $|n\rangle$ の係数が求まっています．なお，無限個の和を想定するときなど，和の記号 $\sum$ の上に範囲を明記しないことがあります．

$\langle n|f \rangle$ はスカラで，積の順番は自由です．そこで式 (11.25) を書き直して

$$|f\rangle = \sum_{n=0} \alpha_n |n\rangle \langle n|f \rangle \tag{11.27}$$

としましょう．すると，もともとの $|f\rangle$ の前に

$$1 = \sum_{n=0} \alpha_n |n\rangle \langle n| \tag{11.28}$$

を挿入しただけ，とみなせます．これは，何もしない作用素 1 を書き直したものです．よって，自由に挿入してもよい，ということですね．特に正規直交基底を使っている場合，式 (11.28) に対応するものを**完全性関係**と呼びます．1 という単位元に相当する作用素を特定の基底で分解していることから，**単位の分解**や **1 の分解**と呼ぶこともあります．本書では「分解」のイメージをもってもらうために，単位の分解と呼ぶことにします．

以上で微分作用素の表現行列を求める準備が整いました．図 11.3 に示すように，単位の分解を作用素の左側と右側に挿入します．また，途中で

$$\langle m|\mathcal{L}|n \rangle = \langle m| \left(\frac{d}{dx} |n\rangle \right) = \langle m| \Big(2n|n-1\rangle \Big) = 2n\langle m|n-1 \rangle = \frac{2n}{\alpha_m} \delta_{m,n-1} \tag{11.29}$$

を使います．二つ目の等号で式 (11.24) を，最後の等号で式 (11.22) を使

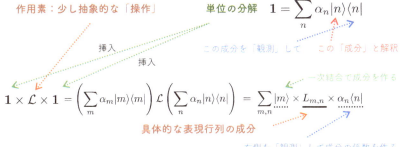

図 11.3 直交基底であれば表現行列を求めるのも簡単

いました. すると次が得られます.

$$\begin{aligned}
\mathcal{L} &= \sum_{m,n} \alpha_m |m\rangle \Big(\langle m|\mathcal{L}|n\rangle\Big) \alpha_n \langle n| \\
&= \sum_{m,n} \alpha_m |m\rangle \left(\frac{2n}{\alpha_m} \delta_{m,n-1}\right) \alpha_n \langle n| \\
&= \sum_{m,n} |m\rangle \Big(2n \delta_{m,n-1}\Big) \alpha_n \langle n| \quad (11.30)
\end{aligned}$$

なお,和の記号での範囲の指定を省略しました.最後に得られた表記の真ん中の部分が,微分作用素 $\mathcal{L} = (d/dx)$ に対する「エルミート多項式を基底とした場合の表現行列」です.ただし,エルミート多項式は $H_0(x)$ から始まるので,行列としては一つずつずれます.よって,$\tilde{m} = m+1$ 行目,$\tilde{n} = n+1$ 列目の行列要素は以下で与えられます.

$$[L_{\text{Hermite}}]_{\tilde{m},\tilde{n}} = 2(\tilde{n}-1)\delta_{\tilde{m}-1,\tilde{n}-2} \quad (11.31)$$

> **発見的に求めた表現行列と一致するかの確認**
>
> 実際に式 (11.20) と見比べてみましょう.$m = 0$ のときには $n - 1 = 0$,つまり $n = 1$ の場合だけ値をもち,そのほかの場合はゼロです.対応する行列成分は $\tilde{m} = 1$ 行目,$\tilde{n} = 2$ 列目なので $[L_{\text{Hermite}}]_{1,2} = 2$ となり,式 (11.20) の行列の 1 行目 2 列目の成分が得られました.$m = 1$ のときには同様に $[L_{\text{Hermite}}]_{2,3} = 4$ で,それ以外はゼロです.$m = 2$ のときは,今は最大次数を 2 としているため,すべての要素がゼロになります.以上から,式 (11.20) の行列が得られました.

096 第 11 話 関数を行列で操作する.

作用先の関数だけではなく，微分作用素そのものも線形空間を作ります

今回の最後に，さらなる発展を見越した話題に触れておきます．たとえば 2 変数系を考えている場合，微分作用素としては，偏微分の記号を使って

$$\partial_1 = \frac{\partial}{\partial x_1}, \quad \partial_2 = \frac{\partial}{\partial x_2} \tag{11.32}$$

の 2 種類がありそうです．なお，∂_1 などは記法を簡単にするためによく用いられます．以下ではこちらを使いましょう．

さて，今は「2 種類」と書きましたが，$-2\partial_1$ や $\partial_1 + 3\partial_2$ なども，関数を別の関数に写します．このように考えると，微分を使った線形作用素はたくさんあります．係数を変えれば無限個の線形作用素がありますね．これらを集めたものを V^* と書きましょう．つまり，∂_1 などは V^* の「要素」，つまり元です．

本来は右側に関数がきて意味をなす作用素ですが，形式的には

$$\partial_1 + \partial_2 \in V^*, \qquad c\partial_1 \in V^*, \qquad c\partial_2 \in V^* \tag{11.33}$$

が成り立ちます．どこかで見たような定義ですね……これは，線形空間の定義に出てきた，和とスカラ倍です．実際に，V^* の任意の元に対して，この和とスカラ倍の演算の結果，やはり V^* の元が得られることを示せます．よって，85 ページでも触れたように，微分作用素の集合は線形空間を作ります．

今は微分の例を見ましたが，線形作用素は線形空間を作ります．線形空間ということは，線形作用素そのものも「数がならんだベクトル」として表現できます．最初は慣れないと思いますが，この見方は「一歩先」に進むときに学ぶことになるので，徐々に慣れていきましょう．

第 **12** 話

[幕間] **波の分解と再構築.**

─────────── [フーリエ変換] ───────────

▌12.1　第 2 部のまとめと補足と書籍紹介

第 2 部では，関数をベクトルの言葉で扱う方法を見てきました．基底となる関数を導入することで，数がならんだベクトルを作れるわけですね．すると，普通の線形代数の話を使えます．

また，ベクトルをほかのベクトルに写す抽象的な操作を具体的に表現するために行列が使われますが，関数を扱う場合も同じでした．関数を別の関数に写す線形作用素であれば，行列で表現できます．なお，どのような基底を用いるかによって表現が変わるというのは，第 1 部での話と同様です．そのため，目的に応じてどのような基底を選ぶのかが大切になってきます．

ひとまずここまでの話を使うと，機械学習やデータサイエンスを見通しよく学ぶことができます．関数を代数的に扱う視点は，いろいろな数学の学びを進めるための大切な「半歩先」です．その先に見える景色も，ぜひ見てみてください．そのための書籍をいくつか紹介しておきます．

> **多項式をもっと代数的に**
>
> 本書では扱いを簡単にするために，主に最大次数が決まっている範囲で単項式を考えます．もしその制限がない場合にはベクトルが無限次元になってしまいますが，それがあまり問題とならない場合に議論を限っています．
>
> 数学としては，無限次元を扱う場合には，もう少し議論を工夫できます．そこでは同値関係および商空間というものを導入して，「多項式のクラス」の議論をします．ある数での割り算を考えて，その「余り」が同じものは「同じクラス」と考えれば，無限個の整数も有限個のクラスで考えられますね．極端な例では，「2 で割り算」をすれば，「余りが 1」もしくは「余りが 0」の二つのクラスのみが出てきます．同様の議論は，多項式についても可能です．
>
> そういった議論をわかりやすく見ていくための書籍が

『加群十話』堀田良之 (朝倉書店, 1988)

です．出版時期は少し古いものの，まだまだ読み親しまれているようです．ただ，やさしいお話のように見えつつ，後半は微分方程式を代数的に扱う **D 加群**やホモロジー代数の入り口にまで入ってしまう加速ぶりです．ちなみに書籍名を「かぐんとわ」，つまり「かぐんとは」と読ませる……という噂があります．

　もう少し進むためには，同じ著者の

『代数入門　群と加群』堀田良之 (裳華房, 1987)

もよいですね．新装版が 2021 年に出ています．内容的には上述の『加群十話』と重複する部分が多いですが，教科書的なスタイルで記載されています．ただ，やはり後半は加速します．別の著者からの視点を知りたい場合，

『加群からはじめる代数学入門』有木進 (日本評論社, 2021)

は，数学科向けの講義を念頭においているようですが，線形代数と本格的な代数学との橋渡しをしてくれます．

　多項式はイメージもしやすいので，これらの書籍で考え方と数学的な記述に慣れたあと，本格的な代数の勉強に入ると理解しやすくなるはずです．

数式を計算機で扱う技術

　この第 2 部で見てきた視点を使えば，数式や関数を計算機で扱いやすくなります．ただし，もう少し代数的に議論をしていくと因数分解などを計算機で議論できるようになります．「一歩先」よりもさらに先の話題かもしれませんが，

『多項式と計算機代数』横山和弘 (朝倉書店, 2022)

は初学者にも手が届きやすい一冊です．**イデアル**や**グレブナー基底**など，最初は途方に暮れて立ち尽くしてしまいそうな（？）概念もありますので，ゆっくりと噛み締めて進むとよいでしょう．

　また，計算機を使いつつ，代数と統計とを交差する話題として**計算代数統計**と呼ばれる分野もあります．これらは「一歩先」というには進み過ぎていますので，興味のある人はキーワードで調べてみてください．一冊だけ挙げておくと，

『計算代数統計』青木敏 (共立出版, 2018)

は実験計画法も扱っており，また序盤に具体的な式を用いた例も豊富です．

厳密に扱うか，近似的に扱うか，それが問題だ

　計算機代数の話は，基本的には数式を厳密に扱います．多くの場合，厳密に扱おうとすると，とても手間がかかります．グレブナー基底を求めるときの計算量を考えると，大きな問題に対しては（少なくとも 2024 年の時点では）利用できない，というのが現状です．一方，本書では，データサイエンスや機械学習を念頭におき，

データを記述するための関数を近似的に求める考え方を扱います．数式を厳密に変形していくよりも，データをうまく表現するような関数をどのように求めるか，というところに線形代数の考え方を使うわけですね．これであれば，計算量の問題はある程度解決できます．

近似にも「程度の問題」があります．たとえば数値シミュレーションやコンピュータグラフィックスのような分野では，数値計算に高い精度が要求されることがあります．ここでの精度というのは，小数点以下何桁目まで求めるか，という意味合いです．シミュレーションなどでは，ちょっとのずれが積み重なって大きなずれを生み，最終的な結果が的外れになってしまったりするので，精度が必要です．一方，データサイエンスや機械学習では，そもそもデータに大きなノイズが含まれています．そのため，ざっくりとしか答えを求められない場面も多く，低い精度で十分だったりします．

厳密かどうか，そして近似の場合にもその精度がどのくらい要求されるかは，分野によって異なります．精度が高いに越したことはないですが，精度を落としたほうが計算機で扱いやすくなるので，現実的なところを見定めることが大切ですね．

多項式以外の関数を線形代数的に眺める

本書では関数としては多項式で表現されるものに限って，視点に慣れてもらうことを目指しています．ただ，関数を線形代数的に扱うための道具は，もちろん多項式以外にも使えます．その有名なものが**フーリエ級数**や**フーリエ変換**です．こちらについては，この幕間で少しだけ補足をします．

いわゆる**フーリエ解析**についての教科書はたくさんありますが，考え方のポイントをつかむための一冊として

『キーポイント フーリエ解析』船越満明 (岩波書店, 1997)

を挙げておきましょう．この本は，本書の第4部で扱う時間発展の話題にも触れています．このような本で考え方に慣れたうえで教科書を探し，さらにきちんと議論したくなってからフーリエ解析の専門書へと進むと，理解しやすいかもしれません．信号処理や画像処理を扱うときに必須の話ですし，制御工学や物理学でも駆使しますし，対象を別の視点で眺めて処理する具体的でわかりやすい題材なので，「一歩先」としてまずはフーリエ解析の話に進むのもよさそうです．

フーリエ変換的な考え方をさらに拡張した，**ウェーブレット解析**と呼ばれるものもあります．そこでは，場合によっては一次独立性を満たさない関数まで活用します．これは基底ではなく，数学的には**フレーム**と呼ばれる枠組みで扱います．第2話で紹介したように，一次独立性を満たさないものを「冗長な基底」と呼ぶこともあります．ウェーブレットに関してわかりやすい導入が記載されている書籍として

『これなら分かる応用数学教室』金谷健一 (共立出版, 2003)

があります．実はこの本には，本書の第3部で扱う話題も含まれています．数式の記載もしっかりとしているだけではなく，「学生と先生のディスカッション」の形

で素朴な疑問点なども挙げられていて，良書です．

さらなる線形代数の広がりを知る

　本書では簡単のために「微分」操作のみを扱います．微分は線形写像なので，線形代数的に扱えるわけですね．ほかにも，「積分」を線形代数的な視点から眺めることもできます．この話題にも触れているのが

　『線型代数学周遊』松谷茂樹 (現代数学社, 2013)

です．この本は，線形代数が現代数学のどのような部分と関連するかを眺めるものとして，すごく役立ちます．**圏論**などの道具も含めて，さまざまな話題が詰め込まれているので，この本を参考にしつつ，興味をもった分野の書籍で学ぶ，という使い方がよさそうです．ちなみに「線形」と「線型」と，二つの漢字表記がありますが，内容に違いはありません．

12.2 波を分解，再構築，利用

波の関数には，波の基底が適しています

　これまで多項式で表される関数を扱ってきました．わかりやすさのために，本書ではこのあとも多項式に話を限定しますが，もちろん，ほかの関数も線形代数的に扱えます．補足として「波」の話を紹介しておきましょう．

　たとえば周期関数と呼ばれる関数があります．周期 T の周期関数 $f(t)$ は，時間の引数 t が T だけ進むと同じ値をとるような関数です．つまり

$$f(t + T) = f(t) \tag{12.1}$$

ですね．

　図 12.1 の一番左に示した関数を考えましょう．これは周期関数の一部を示したもので，もう少し伸ばすと周期性がわかります．この波を線形代数的に扱いたいわけですが……多項式の話ですでに視点を身につけたので，自然と方法がわかるかもしれませんね．多項式の場合，基底として関数を考えて，その関数の一次結合の形で書けるのであれば，その係数をならべてベクトルを作れる，ということでした．波の場合でも同じです．ただ，波を単項式 t^n の形で表現するのは，不可能ではないのですが，とても効率が悪くなってしまいます．「効率が悪い」というのは，たくさんの基底関数の一次結合を考える必要がある，という意味合いです．

波には波を，ということで，cos 関数や sin 関数を使えば分解できそうです．実際，図 12.1 の波は，図の右側に示すような四つの波に分解できます．波は，それぞれ振動の速さが異なります．これらの一次結合の係数を考えれば，多項式の場合と同様にベクトルを作れますね．また，一番振動が速いものをノイズだと考えて，その成分だけ取り除く，つまり係数をゼロにしてから，一次結合を取り直すと，図の左下のようななめらかな波が得られます．これが，音声信号などに対するノイズ除去の基本的な考え方です．

周期関数を cos 関数や sin 関数を基底として表現する形を**フーリエ級数展開**と呼びます．周期 T の関数に対して，以下の展開が可能です．

$$f(t) = \frac{1}{2}c_0 + \sum_{n=1}^{\infty} c_n \cos\left(\frac{2n\pi t}{T}\right) + \sum_{n=1}^{\infty} d_n \sin\left(\frac{2n\pi t}{T}\right) \quad (12.2)$$

cos 関数や sin 関数のなかに n という変数が入っています．ここが変わると波の振動の速さが変わります．これでさまざまな波を用意しておいて，それらで分解するわけですね．

波も直交します

さて，ここで「cos 関数や sin 関数は一次独立なのだろうか？」と気になった人は，基底の定義をしっかりと理解できています．一次独立なものを基底というのでした．無駄なものがないかどうかですね．

実は式 (12.2) で用いた cos 関数や sin 関数は，一次独立はもちろんのこ

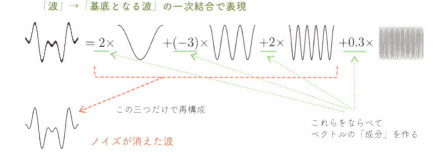

図 **12.1** 波を分解して，線形代数的に扱う

と，直交します．つまり直交基底です．ただし，関数に対する直交性を考えるためには，まず内積を考える必要がありました．ここでは素朴に1周期での積分を用いて定義しましょう．つまり関数 $h(t)$ と $g(t)$ に対して

$$\langle h|g \rangle = \int_0^T h(t)g(t)dt \tag{12.3}$$

とします．周期が T の波ならば，この積分が自然ですね．

実際に内積を計算してみましょう．幕間の話なので途中計算は省略させてもらって，結果だけ示すと，

$$\int_0^T \cos\left(\frac{2n\pi t}{T}\right) \cos\left(\frac{2m\pi t}{T}\right) dt = \frac{T}{2}\delta_{mn} \tag{12.4}$$

$$\int_0^T \sin\left(\frac{2n\pi t}{T}\right) \sin\left(\frac{2m\pi t}{T}\right) dt = \frac{T}{2}\delta_{mn} \tag{12.5}$$

となります．右辺にクロネッカーのデルタ δ_{mn} があるので，自分自身，つまり $n = m$ の場合には $T/2$，それ以外の場合にはゼロです．よって，確かに直交しています．また，cos 関数と sin 関数の組み合わせの場合には，次のようにどんな n と m に対しても必ず直交します．

$$\int_0^T \cos\left(\frac{2n\pi t}{T}\right) \sin\left(\frac{2m\pi t}{T}\right) dt = 0 \tag{12.6}$$

もう一つ，定数関数が基底に入っていました．式 (12.2) の右辺の第1項目，$(1/2)c_0$ のところです．$(1/2)c_0 \times 1$ の形で，どのような t に対しても1を返す関数が隠れています．この定数関数と cos 関数，sin 関数の直交性の確認は簡単ですね．どの n に対しても以下が成り立ちます．

$$\int_0^T 1 \times \cos\left(\frac{2n\pi t}{T}\right) dt = 0 \tag{12.7}$$

$$\int_0^T 1 \times \sin\left(\frac{2n\pi t}{T}\right) dt = 0 \tag{12.8}$$

cos 関数と sin 関数をそれぞれ1周期分だけ積分をしたら，正の領域と負の領域で打ち消しあってくれるのでゼロですね．

周期的ではない関数も波で分解できます

ここまで周期 T の関数に対するフーリエ級数展開の話を見てきました．cos 関数や sin 関数を基底とした表現によって，図 12.2 の右のようにベクトルを作ることができます．本来は sin 関数の部分の係数もありますが，ひとまず cos 関数に関するものをならべました．$\{c_n\}$ は $n = 0, 1, 2, \ldots$ とならぶので，図 12.2 の右側のように横軸に n をとり，縦軸に $\{c_n\}$ をとると，波のなかに，どの成分がどのくらい入っているのかを見やすくなります．1 周期に何個の波が入っているのかを表す数を周波数と呼びます．そのため，右側のベクトルで考える「空間」のことを周波数空間と呼んだりもします．実際の波の空間と，周波数空間とを行き来できるので，扱いやすいものに変換してあげればいいわけですね．

実は周期的ではない関数に対しても，同じようなことができます．**フーリエ変換**と呼ばれるもので，工学や物理学のさまざまな分野で使われています．フーリエ変換では離散的な n ではなく，連続値を扱います．すると図 12.2 の右側の周波数空間のプロットが，飛び飛びのものではなく，連続的なものになります．このように波を分解したものを**スペクトル分解**と呼びます．スペクトルが連続的なものになってしまうと，数がならんだベクトルのイメージから少し離れてしまいます．そのため，線形代数というよりは，微分積分学の応用，というイメージが強いかもしれません．けれど，基本は図 12.2 に示したような波の分解であることを意識しておくと，学びやすくなるはずです．特に，基底が直交する場合には計算もしやすくなる

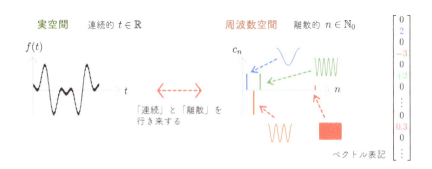

図 12.2 連続と離散を行き来できるので，扱いやすいほうを使えばよい

というのは，この第 2 部で扱ってきた話でしたね．線形代数の視点は，いろいろなものに出てきます．

フーリエ変換とその周辺

フーリエ変換と線形代数とのもっと大きなつながりと言えば，**離散フーリエ変換**および**高速フーリエ変換**です．そこではまさに行列やベクトルの話が出てきます．実際のデータは無限個あるわけではないので，連続関数を考えるフーリエ変換よりも，離散フーリエ変換で扱う場面が実用上は多くなります．

さらに，フーリエ変換にはたくさんの計算が必要なのですが，ちょっとした工夫をすると，その計算量を大幅に削減できます．それが高速フーリエ変換です．これらについては「一歩先」として，フーリエ変換の教科書などを参考にしてみてください．この幕間で紹介した『これなら分かる応用数学教室』には，わかりやすい導入が記載されています．

また身近な応用例として，cos 関数を使った離散コサイン変換は JPEG 形式の画像圧縮に使われています．有限個の離散的なデータに対して，ある条件をおくことによって連続関数を再現する**標本化定理**，**サンプリング定理**の話も，実用上，とても有用です．ある条件というのは帯域幅，つまり振動成分をある幅に限定する，ということですが，このあたりの話も「一歩先」ですので，今後の発展で学んでください．

予告を兼ねて，ほかの基底関数の紹介

ここでちょっと予告です．本書の第 4 部では時間発展する系を線形代数的に扱います．時間発展する系の例には，たとえばロボットの制御や，感染症にかかった人数の増減の記述など，さまざまなものがあります．そのような時間的な変化をうまく記述するために，固有関数と呼ばれるものが出てきます．この固有関数も，基底関数としてよく使われます．さて，「固有値」や「固有ベクトル」は線形代数を学ぶときに必ず触れるものですが，「固有関数」とは何でしょうか？ 関数を線形代数的に扱うと，この概念も自然に理解できるようになります．基底関数の選び方で表現方法が変わるので，固有ベクトルはいろいろ……．しかし，本質は一つだから固有関数は基底によらない……などの詳細は，第 4 部に残しておきましょう．

第3部

ならべた数に応用を.

[データサイエンスと機械学習]

第 **13** 話

世界の一部をモデルに写しとる.

――――――――――――――――― [数理モデル] ―――

13.1 世界とデータとモデル

これまで学んだ見方を，これから使っていきます

　第1部では線形代数について復習を兼ねて眺めて，第2部では関数を線形代数の視点から眺めてきました．基本的には「このような見方ができますよ」という視点の話でしたね．まったく同じものを見ていても，見る人によって感想が違うように，まったく同じ数式でも，さまざまな見方があります．見方を変えると発想も変わり，それが新しいものにつながります．

　第3部以降は，「見方」の利用について「半歩先」へと進みます．世界をどのように眺め，数学的に扱うのか，その一つの考え方として，データの話，そして時間発展する系との接続を見ていきます．「一歩先」への準備として，数式変形についても重要なところは丁寧に追うことにします．ただ，この第13話は「見方」の話で，数式の出番はありません．

世界の一部分のみを扱っている意識が大切です

　数学を使って物体の動きや性質を予測したり，世界の成り立ちを理解できます．また，数学を使って株価や物価の動き，景気の動向などを「統計的な意味合い」で議論できます．現実の社会には確率的な要素があるため，完全な予測はできません．ただ，平均や「どのくらいばらつく可能性があるか」を議論することは可能です．実は科学的な実験でも，本来は統計的な処理が必要です．得られたデータには必ずノイズの影響があります．そのため，夜中に実験をしたり，山の地下深くに実験施設を作ったりして，ノイズができるだけ入らないように環境を整えたりもします．

　さて，ノイズは「記述しきれなかった部分」だと捉えられます．基本的に世界は複雑で，すべてを記述することはできません．一部分のみを記述している，と意識することが大切です．たとえば投げたボールの動きを予

測する場合，空気中のチリの振る舞いや，気圧の状態などまで記述するのは現実的ではありません．もしかしたら風が発生するかもしれませんが，多くの人は，ボールの位置や速度を記述する方程式，つまりニュートン方程式の視点で現象を捉えるでしょう．どこまで記述するかを自分で決めて，目の前の現象の一部分だけを切り取る必要があります．

さらにデータの問題もあります．図 13.1 に描いたように，世界はとても複雑です．世界を直接見ることはできないので，データを通して眺めることになります．カメラやセンサ，観測装置を通して世界を捉えますし，人間の目も光を検出しているだけですね．そのため，データにした瞬間に「切り落としているもの」があります．1 次元のデータを取るのか，それとも 2 次元なのか．その時点でも「一部分のみ」の視点が入ります．状況や前提が違えば結果も変わりますし，見える世界も変わります．データは客観的だからよいもの，というのはある意味では正しいですが，だからといってデータがすべてではない，という意識が大切です．

モデルで世界を，つまりデータを切り取ります

その意識はさておき，データが得られたあとの議論については技術が蓄積されています．その技術の部分であれば，数学的に扱えます．

図 13.1 の中央に描かれたようなデータが手に入ったとします．図の上側

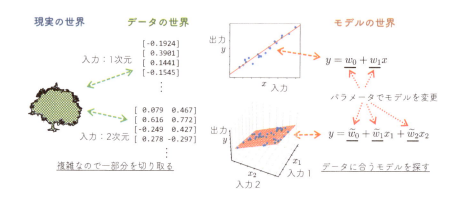

図 13.1 データを通してのみ眺められる世界，しかもデータの選択もいろいろ……

は入力が 1 次元，出力も 1 次元です．下側は入力が 2 次元です．どちらの出力も入力に応じた傾向をもっていますが，ノイズの影響から，少しばらついています．

このデータを解析するために**モデル**を設定します．図 13.1 の場合，それぞれ異なる関数を考えました．この関数が「モデル」です．どちらのモデルにも，w_0, w_1 や $\tilde{w}_0, \tilde{w}_1, \tilde{w}_2$ などのパラメータがあり，これらを変えると，同じ入力でも出力 y が変わります．つまり，モデルとは「パラメータをもった関数」のことです．パラメータをデータに合うように調整して作られた関数が，そのデータに適したモデルとなるわけです．

モデルを作ると，そのデータについての詳細を調べられます．たとえば日照時間を入力としたときの樹木の高さを出力とするデータであれば，直線の傾きに樹木の種類ごとの違いが現れるかもしれません．大雑把に言えば，作ったモデルを読み解き，有用な情報を得ることが**データサイエンス**の立場です．

一方で，モデルをいったん作ってしまえば，これから新しく発生するであろう「まだ見ぬデータ」の入力に対する出力を予測できます．このように作ったモデルを利用するのが**機械学習**の立場です．

どちらにおいても，データに合うモデルを作る点が重要です．もちろん，たとえばデータのばらつき具合までを記述したければ，もっと複雑な関数を使う必要があります．どのようなデータを使うのかだけではなく，何を見たいのかによってどのようなモデルを使うのかも，解析する側の立場によるわけですね．皆さんの興味のある例で，何を見たいのか，どのようなデータを使えばよいのか，そしてどのようなモデルを設定すべきかを，ぜひ考えてみてください．

ニューラルネットワークも関数の一つ

機械学習と言えば**深層学習**，つまりニューラルネットワークを思い浮かべる人が多いでしょう．2010 年代以降，その高い性能から深層学習の利用が広がっています．本書では深層学習を扱いませんが，その学習に役立つ話は出てきます．次回に扱うベクトルを用いた微分などは，深層学習を含めた多くの手法の基本です．

なお，深層学習の場合でもモデルの考え方は同じです．深層学習は，もともとは生物の脳にヒントを得て作られています．より生物の神経細胞に近いモデルを使うものもあるのですが，多くの場合にはとても簡単化されたモデルが使われます．モ

第 13 話 世界の一部をモデルに写しとる.

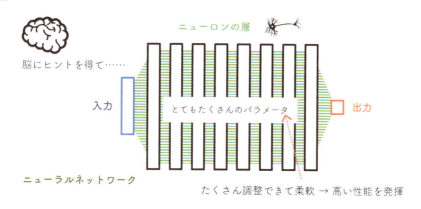

図 13.2 非線形写像なので，線形代数だけでは扱えません……

デル，つまり関数にたくさんのパラメータがあり，それを目的に合わせてうまく調整するというのは，深層学習でも変わりません．図 13.2 のように，たくさんの層を積み重ねているのが，深層学習のモデルです．基本的には，この層ごとに非線形写像が使われます．線形写像は，演算したあとで写すのと，写したあとで演算するのが同じ，という性質がありましたね？非線形写像の場合にはこの性質がなくなる一方，複雑な入出力関係を扱いやすくなります．深層学習は，より高性能なものを目指して，非線形写像を含む，より複雑な関数を考えたもの，ということですね．

13.2 モデルは関数，関数は数式，数式は……

モデルを計算機で扱いやすくするために，ベクトルで表現します

モデルは関数，ここまで来ましたね．実際には，ある入力変数 x が与えられたとき，ほしい出力を返すような関数 $f(x)$ を「自分で」与えます．決まったものがあるわけではなく，目的に応じて設定する，という意識が大切です．これは「良くも悪くも」で，性能が出るように調整できるメリットもあれば，性能だけを追い求めて意味がわからなくなるというデメリットもあります．なにごとも，バランスが大切です．

それはさておき，ここでは関数として線形写像を考えましょう．つまり，図 13.3 に示すように，入力変数の一次結合の形を考えます．なお，定数項 w_0 も追加しておきます．ここまで来ると，関数の線形代数的な見方に慣れ

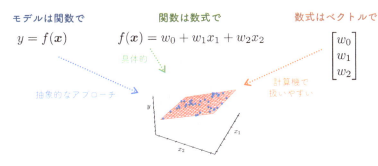

図 13.3 計算機で扱いやすい形式を目指して

た人には,基底として $\{1, x_1, x_2\}$ を使ったのだな,と見通せますね.よって,係数部分をならべてあげればベクトルを作れます.

> **実際にはどのくらいの入力変数を考える?**
>
> 本書では,入力変数が一つの場合を扱うことが多いのですが,一般にはたくさんの入力変数を考えます.図 13.3 に示したのは,入力変数が二つの場合ですね.ここまでなら出力を含めても 3 次元なので,描くことができます.ただ,実際のデータ解析では数百から数万個の入力変数を考えることも多いですし,さらに多い場合もあります.たとえば,画像は小さな画素と呼ばれるものが集まって作られます.もし縦に 1000 個,横に 1000 個の画素が集まった場合には,合計で 100 万個の入力がありますね.画像の場合には,パッチという小さい画像に分割をして処理をすることも多いのですが,何にせよ,たくさんの入力変数を扱うことは重要です.
>
> **結果を解釈する場合には注意が必要**
>
> 統計の分野において,たくさんの入力変数がある場合を扱うのが**多変量解析**です.互いに関係しあう入力変数があると結果の解釈が難しくなるなど,注意すべき点がいろいろとあります.特にデータサイエンス的な視点でデータおよびモデルについて詳細に調べる場合には,素朴にモデルを考えて,当てはめて終わり,というわけにはいきません.注意が必要です.一方,機械学習的な視点であれば,とりあえず予測性能の高いモデルを作れれば,解釈はさておき使ってしまう,ということも可能でしょう.ただし,機械学習の場合においても,少し注意するとモデルを簡単化できて,利用するときの計算量を減らせたりします.省エネルギーにつながりますね.
>
> 確率や統計の勉強も必要になりますが,多変量解析の分野にはいろいろな知見が蓄積されているので,「一歩先」として,ぜひ学んでみてください.

曲がったものも「線形」で扱います

予告も兼ねて，ちょっとした問題を出しておきます．図 13.4 に二つのデータを描きました．さて，それぞれのデータに適したモデルはどんなものでしょうか？

図の [1] を見てみましょう．ノイズの影響を取り除いた本質を眺めたいのであれば，素朴に直線でフィッティングすればよさそうです．傾きや定数項から情報を読み取れそうですし，ノイズの予測は無理ですが，新しい入力に対しても値をある程度は予測できそうです．

一方，図の [2] を見ると，ノイズの影響というには少し変化が大きく，直線の当てはめは厳しそうです．ではどのようなモデルを設定すべきか……となると，なかなかに難しい問題です．複雑な関数を考えるのはよいのですが，そこに線形写像以外のものを入れると，線形代数的に扱いづらくなりそうです．さて，「線形」は直線で，曲がったものなら「非線形」というイメージをもっている人もいるかもしれません．すると，曲がったものは線形代数では扱えないのでしょうか？ もちろん，そんなことはありません．第 2 部の見方を使うと曲がったものも扱える，と気がつくはずです．あとでこの議論を見ていきますが，「線形」とはどのような意味なのかも含め，ちょっと考えておいてくださいね．

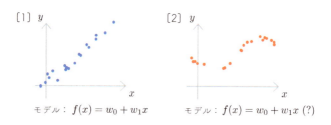

図 **13.4** どのようなモデルを設定すべきか？

第 **14** 話

関数をベクトルで微分する.

———————————————— [偏微分の応用] ————

■14.1　定義は簡単でも油断大敵

「ベクトルでの」関数の微分は，要素ごとの微分をならべるだけです

　この第 14 話では，「一歩先」に進むときに避けては通れない計算技術の話を扱います．ベクトルで関数を微分する，という話です．データサイエンスや機械学習を学び始めると，急に出てきたり，さらっと流されてしまったりすることもある部分なので，「半歩先」として押さえておきたいところです．なお，ここがわからないと，この先の式変形を自分で行えず，発展に進むのが難しくなります．気を引き締めて頑張りましょう．とは言え，その基本はものすごく簡単です．

　ここでは**偏微分**を使います．微分積分学で学ぶものですが，念のために説明しておくと，偏微分とは「注目している一つの変数以外は定数として扱う」というものです．たとえば 2 変数関数

$$f(x_1, x_2) = 2x_1^2 x_2^3 \tag{14.1}$$

に対して，微分の d の記号の代わりに ∂ を使うと，偏微分は

$$\frac{\partial f(x_1, x_2)}{\partial x_1} = 4x_1 x_2^3, \qquad \frac{\partial f(x_1, x_2)}{\partial x_2} = 6x_1^2 x_2^2 \tag{14.2}$$

となります．x_1 もしくは x_2 で通常の微分をするだけですね．

　関数のベクトルによる微分を扱うために，まず関数の引数をベクトルに書き直しておきましょう．式 (14.1) に対して，

$$\boldsymbol{x} = \begin{bmatrix} x_1 \\ x_2 \end{bmatrix}, \qquad f(\boldsymbol{x}) = 2x_1^2 x_2^3 \tag{14.3}$$

とすれば，ベクトルを引数としていますね．なお，列ベクトルを考えていることに注意しましょう．変数を縦方向にならべています．

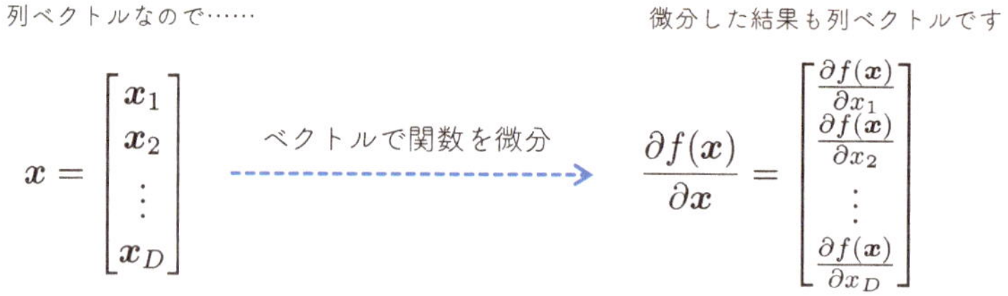

第 14 話　関数をベクトルで微分する.

列ベクトルなので……

$$
\boldsymbol{x} = \begin{bmatrix} \boldsymbol{x}_1 \\ \boldsymbol{x}_2 \\ \vdots \\ \boldsymbol{x}_D \end{bmatrix}
$$

ベクトルで関数を微分

微分した結果も列ベクトルです

$$
\frac{\partial f(\boldsymbol{x})}{\partial \boldsymbol{x}} = \begin{bmatrix} \frac{\partial f(\boldsymbol{x})}{\partial x_1} \\ \frac{\partial f(\boldsymbol{x})}{\partial x_2} \\ \vdots \\ \frac{\partial f(\boldsymbol{x})}{\partial x_D} \end{bmatrix}
$$

図 14.1　ベクトルで関数を微分する

$\boldsymbol{x}$ で $f(\boldsymbol{x})$ を微分するとどうなるでしょうか. 定義は簡単で, ベクトルのそれぞれの成分で関数を偏微分して, ならべ直すだけです. 図 14.1 のように, 列ベクトルで微分すると, 結果として得られるものも列ベクトルです. 先ほどの式 (14.1) の例では以下のようになります.

$$
\frac{\partial f(\boldsymbol{x})}{\partial \boldsymbol{x}} = \begin{bmatrix} \frac{\partial f(\boldsymbol{x})}{\partial x_1} \\ \frac{\partial f(\boldsymbol{x})}{\partial x_2} \end{bmatrix} = \begin{bmatrix} 4x_1 x_2^3 \\ 6x_1^2 x_2^2 \end{bmatrix} \tag{14.4}
$$

ベクトルでの微分には注意が必要, ということを忘れずに

では, 簡単ですが重要な例として, 一次結合で表される関数を考えてみましょう. D 次元ベクトル $\boldsymbol{a}$ の各要素を係数とする $\boldsymbol{x}$ の関数

$$
\boldsymbol{a}^\top \boldsymbol{x} = \sum_{d=1}^{D} a_d x_d \tag{14.5}
$$

です. 左辺のようなベクトル表記は, ベクトルの次元を気にせずに使えますし, 簡潔で便利です. 今後, この形に慣れることが大切です.

さて, 一般的な 1 変数関数の場合には

$$
\frac{d(ax)}{dx} = a
$$

でした. x の係数だけが残りますね. 同様にすると

$$
\frac{\partial(\boldsymbol{a}^\top \boldsymbol{x})}{\partial \boldsymbol{x}} \overset{(?)}{=} \boldsymbol{a}^\top \tag{14.6}
$$

としたくなるところですが……そうはなりません. 定義にしたがって計算してみましょう. d 番目の変数での微分は

$$\frac{\partial(\boldsymbol{a}^\top \boldsymbol{x})}{\partial x_d} = \frac{\partial}{\partial x_d}\left(\sum_{d'=1}^{D} a_{d'} x_{d'}\right) = \sum_{d'=1}^{D} \frac{\partial(a_{d'} x_{d'})}{\partial x_d} = \sum_{d'=1}^{D} a_{d'} \delta_{dd'} = a_d$$

(14.7)

です．偏微分なので，自分自身とは関係ない微分の場合には定数扱いからゼロ，自分自身が関係していれば残るのでしたね．それをクロネッカーのデルタ $\delta_{dd'}$ で表現できること，クロネッカーのデルタが和とともに消えていくことにも注意しましょう．もともと $\boldsymbol{x}$ が「列ベクトル」なので，この結果を列ベクトル方向にならべ直すと

$$\frac{\partial(\boldsymbol{a}^\top \boldsymbol{x})}{\partial \boldsymbol{x}} = \begin{bmatrix} a_1 \\ a_2 \\ \vdots \\ a_D \end{bmatrix} = \boldsymbol{a}$$

(14.8)

です．$\boldsymbol{a}^\top$ ではなく $\boldsymbol{a}$ ですね．つまり，通常の微分のように「係数をそのまま残せばよいのだな」と考えると，間違います．列ベクトル $\boldsymbol{x}$ で微分をしたら，結果として得られるものも列ベクトルです．

慣れてくると間違うことはなくなりますが，ひとまず「ベクトルで微分をするときには注意が必要だった」ということを忘れずにいましょう．そうすれば，すぐに計算をするのではなく，立ち止まって調べられます．

転置したベクトルで微分した場合

異なる定義を使うこともありますが，$\boldsymbol{a}^\top \boldsymbol{x}$ の行ベクトル $\boldsymbol{x}^\top$ での微分を

$$\frac{\partial(\boldsymbol{a}^\top \boldsymbol{x})}{\partial \boldsymbol{x}^\top} = \boldsymbol{a}^\top$$

(14.9)

とすると，結果も行ベクトルになって便利です．本書でもこの定義を使います．

「行列で」関数を微分する

行列の場合の定義も書いておきましょう．定義はやはり簡単で，$A \in \mathbb{R}^{M \times N}$ および $f: \mathbb{R}^{M \times N} \to \mathbb{R}$ に対して，

$$\frac{\partial f(A)}{\partial A} = \begin{bmatrix} \frac{\partial f(A)}{\partial A_{11}} & \frac{\partial f(A)}{\partial A_{12}} & \cdots & \frac{\partial f(A)}{\partial A_{1N}} \\ \frac{\partial f(A)}{\partial A_{21}} & \frac{\partial f(A)}{\partial A_{22}} & \cdots & \frac{\partial f(A)}{\partial A_{2N}} \\ \vdots & \vdots & \ddots & \vdots \\ \frac{\partial f(A)}{\partial A_{M1}} & \frac{\partial f(A)}{\partial A_{M2}} & \cdots & \frac{\partial f(A)}{\partial A_{MN}} \end{bmatrix}$$

(14.10)

です.最終的に得られるものが,微分で用いる変数 A の行列のサイズと一致することに注意しましょう.

14.2 関数における最適な場所

最大値や最小値がない場合に対応できる記号があります

そもそもなぜ微分が必要なのでしょうか.用途はいろいろとありますが,データサイエンスや機械学習では,関数が最大や最小となる場所を探す場面にたくさん出会います.このような場所が「よいモデル」を与えてくれるパラメータに対応します.実際の例を,第 15 話で見ることになります.

なお,世の中には最大値や最小値が存在しない関数もあります.図 14.2 に例を示しました.定義域のうち,右側が開区間です.定義域の右側に近づけば関数 $f(x)$ は限りなく 4 に近い値をとれますが,4 には到達できないので,関数 $f(x)$ の最大値を 4 とはできませんね.

そこで**上限**という概念が出てきます.図 14.2 の場合,考えている定義域での関数 $f(x)$ の上限は 4 であり,$\sup f(x) = 4$ と書きます.sup というのは supremum という単語から来ています.最大値とどこが違うのでしょうか.まず,考えている関数よりも上側の領域を上界と呼びます.上限は,その上界の一番小さいところです.図 14.2 において,関数の上側は確かに存在するので,そこの一番小さいところも確かに存在します.

なお,もし関数に最大値があれば上限と一致します.また,もし関数 $f(x)$

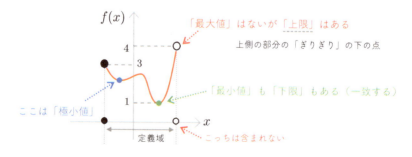

図 14.2 上限,下限,極小値などの用語を知っておきましょう

の値が $+\infty$ に近づいてしまうような場合には，∞ は実数ではないのですが $\sup f(x) = +\infty$ と書きます．最小値について対応する概念が**下限**です．infimum という単語から inf と書き，図 14.2 の例では $\inf f(x) = 1$ です．

もう一つ，図 14.2 に**極小値**も示してあります．これは最小値とは限らず，下に凸で微分値がゼロになるところですね．微分値がゼロになり，上に凸であれば**極大値**です．最大や最小を探すとき，まず手がかりとして微分値がゼロになるところを探すのが定石です．そのため，極大や極小がたくさんあると，最大や最小を探しづらくなります．探している最中にひっかかったり，騙されてしまうイメージです．

> **上限の定義**
>
> 　定義をきちんと書いておきましょう．集合 $A \subset \mathbb{R}$ に対して，次の二つの条件を満たす実数 c があるときに，c を A の**上限**と呼んで，$\sup A = c$ と書きます．
>
> 1. すべての $x \in A$ に対して $x \leq c$
> 2. 任意の $\epsilon > 0$ に対して，$c - \epsilon < x$ となる $x \in A$ が存在する
>
> 　図 14.2 の場合，定義域に含まれる x に対して，$f(x)$ がとりうる値の範囲を A とします．すると，$A = [1, 4)$ ですね．さて，$f(x) < 4$ なので，一つ目の性質を確かに満たしています．イコールが入っていませんが，当然，$f(x) \leq 4$ は満たされていますね．二つ目については，とても小さい $\epsilon > 0$ を考えて，$f(x) = 4 - \epsilon$ とすると，これは $f(x)$ がとりうる範囲に入っています．ちょうど 4 になるところは範囲に含まれませんが，ちょっとでも小さければよいわけです．そのため，$\sup f(x) = 4$ がわかります．
>
> 　下限の定義も同じ感じのものですが，これは「一歩先」に進んだときに各自で調べてみてください．

非線形の関数もベクトルで微分できます

　先ほど学んだ「ベクトルで関数を微分する」ことを，第 15 話以降，関数の最小値を与える座標を見つけるときに使います．ほかにも「関数の値を小さくする方向」を探すために使ったりもします．いろいろなところで使えるので，もう少し計算に慣れておきましょう．

　次の関数を考えます．

$$f(\boldsymbol{x}) = \boldsymbol{x}^\top S \boldsymbol{x} \tag{14.11}$$

ここで，$\boldsymbol{x} \in \mathbb{R}^D$ および $S \in \mathbb{R}^{D \times D}$ だとしましょう．これを $\boldsymbol{x}$ で微分し

第14話　関数をベクトルで微分する.

てみましょう. ちなみに, 1変数の微分の場合は s を実数として

$$\frac{d}{dx}\left(sx^2\right) = 2sx \tag{14.12}$$

ですね. 似たような形になるのでしょうか？

結果だけ先に載せると, 次のようになります.

$$\frac{\partial}{\partial \boldsymbol{x}}\left(\boldsymbol{x}^\top S \boldsymbol{x}\right) = (S + S^\top)\boldsymbol{x} \tag{14.13}$$

やはり, 通常の1変数の場合とちょっと違いますね. もし S が対称行列, つまり $S^\top = S$ が成立すれば, 右辺は $2S\boldsymbol{x}$ となり, 似たような形が得られます.

ベクトルでの微分の計算の詳細

まだ計算に慣れていないと思うので, 手順通りに, 要素ごとの計算をしてみましょう. 行列 S の要素を s_{ij} とすると, 行列の積の定義から

$$f(\boldsymbol{x}) = \boldsymbol{x}^\top S \boldsymbol{x} = \sum_{i=1}^{D}\sum_{j=1}^{D} x_i s_{ij} x_j \tag{14.14}$$

です. 行ベクトルを $1 \times D$ 行列, 列ベクトルを $D \times 1$ 行列だと考えると,

$$\underbrace{\boldsymbol{x}^\top}_{1 \times D}\underbrace{S}_{D \times D}\underbrace{\boldsymbol{x}}_{D \times 1} = \underbrace{(\text{スカラ})}_{1 \times 1}$$

なので, 結果がスカラ値になることがわかります. 確かに, $f(\boldsymbol{x})$ は「関数」ですね. これを x_d で微分します.

$$\begin{aligned}
\frac{\partial}{\partial x_d}\left(\sum_{i=1}^{D}\sum_{j=1}^{D} x_i s_{ij} x_j\right) &= \sum_{i=1}^{D}\sum_{j=1}^{D}\left(\frac{\partial}{\partial x_d}x_i\right)s_{ij}x_j + \sum_{i=1}^{D}\sum_{j=1}^{D}x_i s_{ij}\left(\frac{\partial}{\partial x_d}x_j\right) \\
&= \sum_{i=1}^{D}\sum_{j=1}^{D}\delta_{di}s_{ij}x_j + \sum_{i=1}^{D}\sum_{j=1}^{D}x_i s_{ij}\delta_{dj} \\
&= \sum_{j=1}^{D}s_{dj}x_j + \sum_{i=1}^{D}x_i s_{id}
\end{aligned} \tag{14.15}$$

各項が i と j に関する二つの和で構成されていましたが, クロネッカーのデルタにより和が一つずつ, 消えてくれました. 和の添字は変更可能なので, 最後の式の第1項目の和の添字を j から i に変更すると

$$(先ほどの続き) = \sum_{i=1}^{D} s_{di}x_i + \sum_{i=1}^{D} x_i s_{id}$$

$$= \sum_{i=1}^{D} s_{di}x_i + \sum_{i=1}^{D} s_{id}x_i$$

$$= \Big[S\boldsymbol{x}\Big]_d + \Big[S^\top \boldsymbol{x}\Big]_d \tag{14.16}$$

となります．最後の表記は，$S\boldsymbol{x}$ や $S^\top \boldsymbol{x}$ という「行列とベクトルの積」から得られるベクトルの d 番目の成分，という意味です．$S^\top \boldsymbol{x}$ のほうは，和のなかの s_{id} の添字の順番に注意しましょう．式 (14.16) は d 番目の成分の結果なので，これを列ベクトルとしてならべてあげれば，式 (14.13) が得られます．

なお，式 (14.13) をもう一度微分をすると，

$$\frac{\partial^2}{\partial \boldsymbol{x} \partial \boldsymbol{x}^\top} \left(\boldsymbol{x}^\top S \boldsymbol{x}\right) = S + S^\top \tag{14.17}$$

となります．式 (14.17) を導出する際のポイントは，微分する変数について

$$\underbrace{\boldsymbol{x}}_{D\times 1}\underbrace{\boldsymbol{x}^\top}_{1\times D} = \underbrace{\begin{bmatrix} x_1x_1 & x_1x_2 & \ldots & x_1x_D \\ x_2x_1 & x_2x_2 & \ldots & x_2x_D \\ \vdots & \vdots & \ddots & \vdots \\ x_Dx_1 & x_Dx_2 & \ldots & x_Dx_D \end{bmatrix}}_{D\times D} \tag{14.18}$$

が成立することです．つまり行列が得られるので，これらによる微分の結果も行列になります．行列の要素は単なる 2 階微分なので，$\partial x_{d_1} \partial x_{d_2}$ のところを考えると，式 (14.16) の結果に続けて，

$$\frac{\partial^2}{\partial x_{d_1} \partial x_{d_2}} \left(\boldsymbol{x}^\top S \boldsymbol{x}\right) = \frac{\partial}{\partial x_{d_1}} \left(\sum_{i=1}^{D} s_{d_2 i}x_i + \sum_{i=1}^{D} s_{id_2}x_i\right) = s_{d_2 d_1} + s_{d_1 d_2} \tag{14.19}$$

ですね．$S^\top + S$ の順番を入れ替えると式 (14.17) です．なお，微分する変数について $\boldsymbol{x}^\top \boldsymbol{x}$ の順番だと内積でスカラになってしまいます．注意しましょう．

念のために……非線形性を確認

念のために，式 (14.14) の関数 $f(\boldsymbol{x})$ が非線形であることを確認しておきましょう．素朴に，実数 c のスカラ倍の演算を考えると，

$$f(c\boldsymbol{x}) = (c\boldsymbol{x})^\top S(c\boldsymbol{x}) = c^2 \boldsymbol{x}^\top S \boldsymbol{x} \tag{14.20}$$

$$cf(\boldsymbol{x}) = c\boldsymbol{x}^\top S \boldsymbol{x} \tag{14.21}$$

です．演算してから写すのと，写してから演算するのが一致していませんね．

正定値行列の場合は，微分イコールゼロで最小を与えます

第6話で見たように，対称行列や直交行列などの特別な行列がありました．ほかの重要な行列に**正定値行列**があります．対称行列 H を考えましょう．もしゼロベクトルではない任意の $\boldsymbol{x}$ に対して，$\boldsymbol{x}^{\top}H\boldsymbol{x} > 0$ であれば，行列 H は正定値行列であると言います．もし $\boldsymbol{x}^{\top}H\boldsymbol{x} \geq 0$ なら**半正定値行列**です．「正」以外にゼロをとりうるので「半」がつくわけですね．

実は，先ほど計算した $f(\boldsymbol{x}) = \boldsymbol{x}^{\top}S\boldsymbol{x}$ は，まさにこの定義の形をしています．よって，S が正定値行列であれば，どんな $\boldsymbol{x}$ を使っても必ずゼロより大きなスカラ値が返ってきます．この場合，微分してイコールゼロとおいて求めた $\boldsymbol{x}$ は最小値を与えることがわかっています．最大ではなく，さらに極小でもなく，最小である，というのはとても役立つ性質ですね．微分して求めたものが最小かどうかを確認できないので，ひとまず信じるのみ……という場面もありますが，正定値性を使えそうなときは確認しておきたいものです．

正定値性についてのコメント

「任意のベクトルに対して」という条件をどのように確認するのだ……と感じるかもしれませんね．実は，S の固有値がすべて正である，といった等価な条件があります．それで正定値性を確認できます．

また，詳細は「一歩先」のときに確認してもらえれば大丈夫ですが，本書の第20話でも少し扱う対角化などにより，以下のような議論も可能です．まず，対称行列の場合には直交行列を用いて必ず対角化できます．そして，固有ベクトルをならべて対角化のための直交行列を作ること，結果として得られる対角行列の対角成分には固有値 λ_d がならぶこと，よって，直交行列 V を用いて $\boldsymbol{z} = V\boldsymbol{x}$ と変換された変数 $\boldsymbol{z}$ に対して $\sum_d \lambda_d z_d^2$ の形が得られること，などと議論を進めます．すると，正定値行列であれば λ_d が正であり，さらに z_d の二乗和の形なので，「微分イコールゼロ」で最小値を与えることがわかります．

第15話
データに合う関数を探す．

［線形回帰・最小二乗法］

15.1　コスト関数の設定はアート

線形回帰には基本のすべてが詰まっています

　今回はデータサイエンスや機械学習の基本とも言える**線形回帰**の話を扱います．入力と出力データの関係性を記述する「モデル」を探す方法です．ライブラリなどに実装されていますので，使うのは簡単なのですが，内部で何をしているのかを知らないと適切に使えませんし，発展的なことにもつながりません．「一歩先」の世界ではたくさんの手法が出てきますので，「半歩先」としてはその基本となる線形回帰，特に**最小二乗法**について，行列やベクトルを用いた計算に慣れておくことにしましょう．

　図 15.1 の左側のような元データがあったとします．入力が x の 1 変数のみ，出力も y の 1 変数のみとしましょう．「努力量と成績」でも「物語の展開と敵の強さ」でも，何でもかまいません．なお「直線」と括弧書きしているのは，第 13 話で見たように，入力が二つになると「平面」が出てくるからです．入力変数が三つ以上だと想像できなくなります．この場合

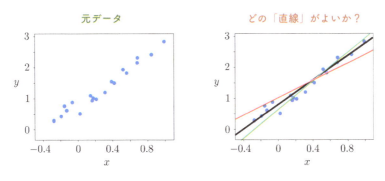

図 **15.1**　データを説明する「直線」として，どれがよいか？

[1] データを記号で表現

x_{nd}　n 番目のデータの d 番目の入力項目の値

y_n　n 番目のデータの出力の値

一般の入力の
ベクトル表記
$$\boldsymbol{x} = \begin{bmatrix} x_1 \\ x_2 \\ \vdots \\ x_D \end{bmatrix}$$

[2] モデルを自分で設定　$f(\boldsymbol{x}) = w_0 + \sum_{d=1}^{D} w_d x_d$　← 直線や平面を仮定

[3] コスト関数を自分で設定　$J(\boldsymbol{w}) = \sum_{n=1}^{N} (y_n - f(\boldsymbol{x}_n))^2$

実際の出力との差を測る

n 番目の
データの場合
$$\boldsymbol{x}_n = \begin{bmatrix} x_{n1} \\ x_{n2} \\ \vdots \\ x_{nD} \end{bmatrix}$$

[4] コストを最小にするモデル（パラメータ）を探す

図 15.2 解析のおおまかな流れ

には，超平面などと言われます．また，ほかにも括弧書きの理由があります
が，それは今回の後半で触れましょう．以下では括弧書きをせずに進め
ます．

　ここでの問題は，どのような直線がよいものなのか，そしてその直線を
どのようにして探すかです．

その都度，問題設定の記号を頑張って理解しましょう

　データサイエンスや機械学習には，たくさんの記号が出てきます．人に
よって異なる記号を使うこともあるので，確認が大切です．

　ここでは，入力が D 次元で，データが N 個あるとします．A さんの「努
力量，睡眠時間，……」といった入力と「成績」の出力があり，同様に B
さんのものがあり，という形です．今回は図 15.2 の [1] のような記号を
導入しておきます．入力をまとめたベクトル表記も添えておきました．

モデルは正しいかどうかわからないが，自分で設定するものです

　次にモデルを作りましょう．図 15.2 の [2] です．そもそもデータは現
実世界の一部分を切り取ったものであり，さらに目的に応じてモデルを自
分で設定する必要があります．ここでは次のようなモデルを考えます．

$$f(\boldsymbol{x}) = w_0 + \sum_{d=1}^{D} w_d x_d \tag{15.1}$$

直線や平面，という感じですね．このモデルには w_0 から w_D までの $D+1$

個のパラメータがあります．このパラメータを変えることでモデルを調整できます．このパラメータをまとめて $\boldsymbol{w}$ と書きましょう．

注意すべき点は，実際のデータにこのような関係があるとは限らない，ということです．あくまでも，このような形を当てはめて記述したい，と設定しただけです．最終的に得られる結果が見当違いのものになってしまったら，モデルを設定し直す必要があるかもしれません．

「よい」の基準も自分で設定します

次に図 15.2 の **[3]**，データに当てはまる基準を設定します．何が「よい」ものかは人それぞれですが，基本は「当てはまりがよいほど小さい値をとるような関数」です．その関数を最小にするモデル，つまりパラメータを探すわけですね．そのような関数を**コスト関数**と呼びます．当てはまりに注目した場合には**誤差関数**や**損失関数**，最適化問題としての側面に注目した場合には**目的関数**と呼んだりもします．さて，ここではコスト関数として**二乗誤差**を用いましょう．

$$J(\boldsymbol{w}) = \sum_{n=1}^{N} \left(y_n - f(\boldsymbol{x}_n) \right)^2 \tag{15.2}$$

n 番目の実際の出力 y_n と，n 番目の入力を使ったときのモデルの出力 $f(\boldsymbol{x}_n)$ との差を見ています．また，符号を正にするために二乗しています．それをすべてのデータについて合計したものがコスト関数 $J(\boldsymbol{w})$ です．このようにコスト関数に二乗誤差を用いた場合，**最小二乗法**と呼ばれます．

すべてを行列とベクトルで書き直しましょう

あとは図 15.2 の **[4]** で，設定したコスト関数を最小にするパラメータを探すだけです．まずは行列とベクトルを使ってコスト関数を表現し直しておくと便利です．つまり，モデルの式 (15.1) をベクトルで表現します．右辺の第 2 項目はベクトルの内積で書けそうですが，w_0 が余分ですね．こもまとめてベクトルで表現できると便利です．そのために，$x_0 = 1$，すなわち，いつも 1 という値が入力される変数を導入しましょう．そして次のようなベクトルを導入しておきます．

第 15 話　データに合う関数を探す.

$$\boldsymbol{w} = \begin{bmatrix} w_0 \\ w_1 \\ w_2 \\ \vdots \\ w_D \end{bmatrix}, \quad \boldsymbol{x}' = \begin{bmatrix} 1 \\ x_1 \\ x_2 \\ \vdots \\ x_D \end{bmatrix}, \quad \boldsymbol{x}'_n = \begin{bmatrix} 1 \\ x_{n1} \\ x_{n2} \\ \vdots \\ x_{nD} \end{bmatrix} \tag{15.3}$$

すると，先ほどの直線や平面を表すモデルを

$$f(\boldsymbol{x}) = w_0 + \sum_{d=1}^{D} w_d x_d = \boldsymbol{w}^\top \boldsymbol{x}' \tag{15.4}$$

のようにベクトルだけで簡潔に表現できます．関数の引数 $\boldsymbol{x}$ と実際の計算で用いるベクトル $\boldsymbol{x}'$ が異なりますが，$x_0 = 1$ を追加するだけです．n 番目のデータに対しては $f(\boldsymbol{x}_n) = \boldsymbol{w}^\top \boldsymbol{x}'_n$ ですね．

次に，N 個分のデータをまとめます．まとめた出力 $\boldsymbol{y}$ と入力 X について，それぞれ以下のように書きます．

$$\boldsymbol{y} = \begin{bmatrix} y_1 \\ y_2 \\ \vdots \\ y_N \end{bmatrix}, \quad X = \begin{bmatrix} (\boldsymbol{x}'_1)^\top \\ (\boldsymbol{x}'_2)^\top \\ \vdots \\ (\boldsymbol{x}'_N)^\top \end{bmatrix} = \begin{bmatrix} 1 & x_{11} & x_{12} & \cdots & x_{1D} \\ 1 & x_{21} & x_{22} & \cdots & x_{2D} \\ \vdots & \vdots & \vdots & & \vdots \\ 1 & x_{N1} & x_{N2} & \cdots & x_{ND} \end{bmatrix} \tag{15.5}$$

X は $N \times (D+1)$ 行列で，定数項の分だけ列が一つ増えています．この定数項の列を含まず，データをならべたものをデータ行列と呼びます．ただし，本書では定数項の列を含めた X もデータ行列と呼ぶことにします．

以上の記号を使って，コスト関数 $J(\boldsymbol{w})$ を，行列とベクトルだけを使って書き直しましょう．結果は次のようになります．

$$J(\boldsymbol{w}) = \sum_{n=1}^{N} \left(y_n - f(\boldsymbol{x}_n) \right)^2 = (\boldsymbol{y} - X\boldsymbol{w})^\top (\boldsymbol{y} - X\boldsymbol{w}) \tag{15.6}$$

行列とベクトルへの書き換えの確認

式 (15.6) の一番右の表記から逆方向に出発すれば，和の記号の表記と一致することを簡単に確認できます．ここでは順方向に，和の記号から出発して書き換えていくときのコツを見ておきましょう．

まずは n 番目のデータにのみ注目します．すると，実際の値とモデルの差は

$$y_n - f(\boldsymbol{x}_n) = y_n - \boldsymbol{w}^\top \boldsymbol{x}_n' = y_n - (\boldsymbol{x}_n')^\top \boldsymbol{w} \tag{15.7}$$

です．最後の書き換えでは，内積は順番を変えられることが使われています．

さて，式 (15.6) の和の部分は n 番目の要素の二乗の形なので，内積で書き直せそうですね．つまり

$$\boldsymbol{z} = \begin{bmatrix} y_1 - (\boldsymbol{x}_1')^\top \boldsymbol{w} \\ y_2 - (\boldsymbol{x}_2')^\top \boldsymbol{w} \\ \vdots \\ y_N - (\boldsymbol{x}_N')^\top \boldsymbol{w} \end{bmatrix} = \boldsymbol{y} - \begin{bmatrix} (\boldsymbol{x}_1')^\top \boldsymbol{w} \\ (\boldsymbol{x}_2')^\top \boldsymbol{w} \\ \vdots \\ (\boldsymbol{x}_N')^\top \boldsymbol{w} \end{bmatrix} \tag{15.8}$$

を用いれば，$J(\boldsymbol{w}) = \boldsymbol{z}^\top \boldsymbol{z}$ です．

ここで，以前も出てきた，行ベクトルや列ベクトルを形式的に行列の要素とみなす，という方法を使います．すると以下の式変形が可能です．

$$\underbrace{\begin{bmatrix} (\boldsymbol{x}_1')^\top \boldsymbol{w} \\ (\boldsymbol{x}_2')^\top \boldsymbol{w} \\ \vdots \\ (\boldsymbol{x}_N')^\top \boldsymbol{w} \end{bmatrix}}_{N \times 1} = \underbrace{\begin{bmatrix} (\boldsymbol{x}_1')^\top \\ (\boldsymbol{x}_2')^\top \\ \vdots \\ (\boldsymbol{x}_N')^\top \end{bmatrix}}_{\text{形式的に } N \times 1} \underbrace{\begin{bmatrix} \boldsymbol{w} \end{bmatrix}}_{\text{形式的に } 1 \times 1} = X\boldsymbol{w} \tag{15.9}$$

実はこの式変形を見越して，式 (15.5) の行列 X について，形式的に列ベクトル $\boldsymbol{x}_n'$ の転置，つまり行ベクトルをならべた表記をしていました．

以上をまとめると，式 (15.6) の書き換えができるようになります．

ベクトルでの微分を駆使して答えを探します

あとは，前回学んだ「ベクトルで関数を微分する方法」を駆使していくだけです．コスト関数を最小にする $\boldsymbol{w}$ を求めるためには

$$\frac{\partial J(\boldsymbol{w})}{\partial \boldsymbol{w}} = 0 \tag{15.10}$$

を解きます．なお，ここで用いている二乗誤差では，このようにして見つかった解は最小値と一致することがわかっています．結果を書くと

$$\widehat{\boldsymbol{w}} = \left(X^\top X\right)^{-1} X^\top \boldsymbol{y} \tag{15.11}$$

です．左辺にハット記号＾をつけたのは，データから推定した結果である

126 第 15 話　データに合う関数を探す.

ことを意味するためで，データサイエンスや機械学習でよく用いられます．
なお，X は $N \times (D+1)$ 行列なので逆行列は定義されませんが，$X^{\top}X$ は
$(D+1) \times (D+1)$ 行列なので，正方行列であり，逆行列をもち得ます．も
ちろん逆行列が必ず存在するわけではないのですが，その話は次回に．

最初のうちは，手を動かして計算することが大切

「一歩先」に進む準備として，ベクトルで関数を微分することに慣れるためにも，
ぜひ，手を動かしましょう．まずはコスト関数を展開します．

$$
\begin{aligned}
J(\boldsymbol{w}) &= (\boldsymbol{y} - X\boldsymbol{w})^{\top}(\boldsymbol{y} - X\boldsymbol{w}) \\
&= \left(\boldsymbol{y}^{\top} - (X\boldsymbol{w})^{\top} \right)(\boldsymbol{y} - X\boldsymbol{w}) \\
&= \boldsymbol{y}^{\top}\boldsymbol{y} - \boldsymbol{y}^{\top}X\boldsymbol{w} - (X\boldsymbol{w})^{\top}\boldsymbol{y} + (X\boldsymbol{w})^{\top}(X\boldsymbol{w}) \\
&= \boldsymbol{y}^{\top}\boldsymbol{y} - \underbrace{\boldsymbol{y}^{\top}X\boldsymbol{w}}_{\text{次と似ている?}} - \underbrace{\boldsymbol{w}^{\top}X^{\top}\boldsymbol{y}}_{\text{前と似ている?}} + \boldsymbol{w}^{\top}X^{\top}X\boldsymbol{w}
\end{aligned}
\tag{15.12}
$$

なお，途中で行列の転置の分配法則 $(A+B)^{\top} = A^{\top} + B^{\top}$，および行列の積の転
置に対する $(AB)^{\top} = B^{\top}A^{\top}$ を使っています．

さて，式 (15.12) の最後の行にコメントを添えてある，二つの項に注目します．
ポイントは，$J(\boldsymbol{w})$ は関数なので，単なる値，つまりスカラを返すことです．とい
うことは，行列やベクトルを用いて書かれているものの，最後の行のすべての項も
スカラです．通常は $A^{\top} \neq A$，つまり行列の転置は自分自身と一致しませんが，ス
カラを形式的に 1×1 行列だと考えると，転置をとっても変化がありません．要素
が一つしかない行列ですからね．そのため，

$$
(\boldsymbol{y}^{\top}X\boldsymbol{w})^{\top} = \boldsymbol{y}^{\top}X\boldsymbol{w}
\tag{15.13}
$$

が成立します．一方，通常の行列の転置の演算を使えば

$$
(\boldsymbol{y}^{\top}X\boldsymbol{w})^{\top} = \boldsymbol{w}^{\top}X^{\top}\boldsymbol{y}
\tag{15.14}
$$

が得られます．よって，

$$
\boldsymbol{w}^{\top}X^{\top}\boldsymbol{y} = \boldsymbol{y}^{\top}X\boldsymbol{w}
\tag{15.15}
$$

となるため，式 (15.12) を次のようにまとめられます．

$$
J(\boldsymbol{w}) = \boldsymbol{y}^{\top}\boldsymbol{y} - 2\boldsymbol{y}^{\top}X\boldsymbol{w} + \boldsymbol{w}^{\top}X^{\top}X\boldsymbol{w}
\tag{15.16}
$$

あとは $\boldsymbol{w}$ で微分して，イコールゼロですね．第 14 話での計算をふまえて，

$$
\frac{\partial J(\boldsymbol{w})}{\partial \boldsymbol{w}} = -2(\boldsymbol{y}^{\top}X)^{\top} + \left(X^{\top}X + (X^{\top}X)^{\top} \right)\boldsymbol{w}
$$

$$= -2X^\top \boldsymbol{y} + 2X^\top X\boldsymbol{w} = 0 \tag{15.17}$$

となります．よって，$X^\top X$ が逆行列をもてば，式 (15.11) が得られます．

2 階微分まで進む

なお，もう一度微分すると以下が得られます．

$$\frac{\partial^2 J(\boldsymbol{w})}{\partial \boldsymbol{w} \partial \boldsymbol{w}^\top} = 2X^\top X \tag{15.18}$$

$(X^\top X)^\top = X^\top X$ が成立しますので，これは対称行列です．さらに任意の $\boldsymbol{w}$ に対して $\boldsymbol{w}^\top X^\top X\boldsymbol{w} = (X\boldsymbol{w})^\top X\boldsymbol{w} = \|X\boldsymbol{w}\|_2^2 \geq 0$ なので，$X^\top X$ は半正定値行列であり，議論を進めると微分イコールゼロで最小値を求められるとわかります．第 14 話の最後でも，この話題に少し触れましたね．詳細は「一歩先」，機械学習系のテキストで学んでみてください．

さらに補足……

コスト関数に係数 $1/2$ をつけることもあります．式 (15.17) を見ると係数 2 が出てきますね．これは「二乗」誤差の微分によって生じるので，これらの係数を消すために $1/2$ を最初から掛け算しておくわけです．ただ，最小値を与えるパラメータを探すのであれば，コスト関数が定数倍されていても結果は変わりません．上の議論と違うな，と思っても，本質がわかっていれば大丈夫ですね．

コスト関数の設定は，目的に応じた「アート」です

ベクトルが絡んだ微分の技術は「半歩先」として大切です．ただ，それ以上に大切な視点の話に触れておきましょう．ここまではコスト関数として二乗誤差を設定していました．最小二乗法，という名前がついているくらいなので，重要なのだろう，ということはわかります．しかし，重要なのは「データとモデルの差」を測ることです．それならば，たとえば

$$J^{\text{abs}}(\boldsymbol{w}) = \sum_{n=1}^{N} \left| y_n - f(\boldsymbol{x}_n) \right| \tag{15.19}$$

のように絶対値を使ってもよさそうです．

なぜ絶対値ではなく，二乗なのでしょうか．「絶対値は微分できない部分があるから」という理由はあります．ただ，微分できなくても数値的に解を求める方法を使える場合もあるので，その理由だけでほかの可能性を閉じてしまってよいのでしょうか．

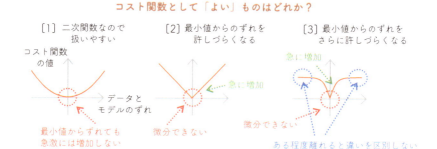

図 15.3　コスト関数の多様性と個性を考える

　今後の学びを見すえた「半歩先」としては，考え方のポイントを知っておくことが大切です．そのポイントとは，目的によっては二乗誤差以外を選ぶ必要もある，ということです．図 15.3 に示すように，確かに絶対値などは微分できないところがあります．しかし，原点付近の様子を見ると，[2] や [3] のほうが厳しい基準になっています．二乗誤差と比べて，少しでもずれが生じると，コスト関数の値が急に増えますよね．さらに二乗誤差の [1] は大きくずれると二乗の大きさで効きますが，[2] は比例，[3] は大きなずれはどれも同じような扱いをします．「良し悪し」ではなく，目的によって [3] のようなコスト関数を使うのが自然な場合もあります．

　どのようなコスト関数を設定するのかには，**アート**的な側面があります．ここでの「アート」は「人の手で決めるもの」という意味合いで，統計学やデータサイエンスで使われる用語です．そもそも，どのようなデータに着目するのかも人の手で決め，モデルも人の手で，さらにはコスト関数も人の手で決めます．これらを変えると結果ががらっと変わることもあります．もちろん，これらを決めてしまえば，今回見てきたように数学的な操作で答えを決めることはできます．ただし，出発点は数学的に決まるわけではない，という点を忘れずにいましょう．ほかの人から「データに基づいたのでこの結論は正しい」と言われたときも，その前提を確認することが大切です．

そのほかの大切なコメント

　二乗誤差の場合は式を解くことができましたが，通常は数値計算により解を探す必要があります．問題が難しい場合には，解を求めるために「宇宙が生まれてから今まで計算していても終わらない」可能性もありますが，近似的な答えであれば現実的な時間で見つけられることも多いですし，数値計算手法の研究は日々発展しています．まずはライブラリに実装済みの方法で，小さめの問題で試したあとに本番の解析をするなど，工夫しながら取り組むことが大切です．

　ただし，解きやすい問題は，すでに誰かが取り組んでいるものです．本当に難しい問題に取り組むためには，やはり「中身」に踏み込む必要があります．そのためにも，行列・ベクトルの演算に慣れておきたいものです．計算機のことを考えてあげた「ちょっとした式変形」をしてからコードを書くと，かなり効率化されることもあります．

15.2　データを拡張して曲線に対応

曲がっていると非線形？……これも線形回帰で扱えます

　次の発展を見すえた話をして，第 15 話を終わりにしましょう．

　図 15.4 に青点で示したデータは，ノイズの影響とは言えないほど曲がっていますね．[1] の赤線のように，これまでのような直線のモデルを当てはめるのには少し無理がありそうです．[2] の緑線は，図の上に書いてある 4 次までの多項式でモデルを作って得られた曲線です．これはよさそうな感じですね．

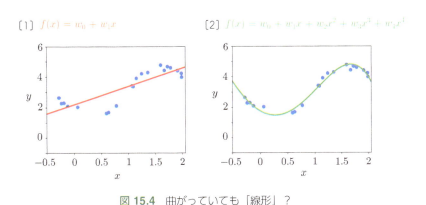

図 **15.4**　曲がっていても「線形」？

130 第 15 話　データに合う関数を探す.

　問題は，モデルを作ったとして，どのようにパラメータを見つけるかです．x^4 などの項が入ってしまっています．c を実数として，$x \to cx$ のようにスカラ倍をすると $c^4 x^4$ になってしまうので，この部分は非線形ですね．はたして，線形代数で扱えるのでしょうか？

　曲がったデータに対応するための準備をしましょう．簡単のため，入力が 1 次元の場合を考えます．すると，モデル $f(\boldsymbol{x})$ は

$$f(\boldsymbol{x}) = w_0 + w_1 x = \begin{bmatrix} w_0 & w_1 \end{bmatrix} \begin{bmatrix} 1 \\ x \end{bmatrix} \tag{15.20}$$

ですね．なお，今は入力変数が一つしかないので $f(x)$ と書いてもよいのですが，一般化を見すえてベクトルで書いています．ここに x^4 などを追加する場合，以下のようにすればよさそうです．

$$f^{(4)}(\boldsymbol{x}) = w_0 + w_1 x + w_2 x^2 + w_3 x^3 + w_4 x^4$$

$$= \begin{bmatrix} w_0 & w_1 & w_2 & w_3 & w_4 \end{bmatrix} \begin{bmatrix} 1 \\ x \\ x^2 \\ x^3 \\ x^4 \end{bmatrix} \tag{15.21}$$

これまでと異なり，ここでは m 次の項 x^m に対応するパラメータを w_m としました．

　さて，パラメータ部分をまとめた列ベクトルを $\boldsymbol{w}$ としましょう．また，x に関するところは「x の関数」なので，$\phi_m(\boldsymbol{x})$ という関数を導入しておきます．ここも一般化を見すえてベクトル表記 $\boldsymbol{x}$ を用いていることに注意しましょう．今の例では次の形で書けます．

$$\phi_0(\boldsymbol{x}) = 1, \ \phi_1(\boldsymbol{x}) = x, \ \phi_2(\boldsymbol{x}) = x^2, \ \phi_3(\boldsymbol{x}) = x^3, \ \phi_4(\boldsymbol{x}) = x^4 \tag{15.22}$$

$\{\phi_m(\boldsymbol{x})\}$ は x についての非線形写像ですね．これを列ベクトルとしてならべて

$$\phi(x) = \begin{bmatrix} \phi_0(x) \\ \phi_1(x) \\ \phi_2(x) \\ \phi_3(x) \\ \phi_4(x) \end{bmatrix} = \begin{bmatrix} 1 \\ x \\ x^2 \\ x^3 \\ x^4 \end{bmatrix} \tag{15.23}$$

を作ります．すると，先ほどのモデルは

$$f^{(4)}(x) = w^\top \phi(x) = \phi(x)^\top w \tag{15.24}$$

となります．最後の表記は，関数が内積で与えられていて，内積は順番を変えてもよい，という性質からです．ここで，データに合わせて調整すべきなのは w であることに注意しましょう．すると，この写像 $f^{(4)}(x)$ はパラメータ w に関して線形なので，やはり線形代数で扱えます．

ちなみに，$w^\top \phi(x)$ の表記から，基底関数として $\{\phi_m(x)\}$ を使った一次結合だと気がつくと，これまでの「関数を線形代数的に扱う」部分とつながりますね．

線形性の確認

そろそろ十分な気もしますが，念のための確認です．w_1 と w_2 に対して

$$\phi(x)^\top (w_1 + w_2) = \phi(x)^\top w_1 + \phi(x)^\top w_2 \tag{15.25}$$

なので，和の演算をしてから写すのと，それぞれを写してから和をとるのが同じです．また c を実数とすると

$$\phi(x)^\top (cw) = c\phi(x)^\top w \tag{15.26}$$

なので，スカラ倍についても大丈夫ですね．

ちなみに，$\phi(x)$ と書くと x について議論したくなりますが，実際には x の部分にはデータの具体的な値が入ってしまい，変化可能なのは w です．表記の裏の本質を意識しましょう．

最小二乗法の手順はまったく同じです

さて，曲がったデータへの対応を考えたので，少し表記を変えておきましょう．ここまで 4 次の多項式を考えていましたが，以下では一般の場合

を考えます．入力も 1 変数に限らないとします．そして，$\boldsymbol{x}$ を与えて何かしら値を返す非線形写像 $\{\phi_m(\boldsymbol{x}) \mid m = 1, \ldots, M\}$ を用意します．さらに定数項に対応して $\phi_0(\boldsymbol{x}) = 1$ を追加します．こうすると対応するパラメータ $\boldsymbol{w}$ は w_0 から w_M まで，合計で $M + 1$ 個です．ここで

$$\Phi = \begin{bmatrix} 1 & \phi_1(\boldsymbol{x}_1) & \phi_2(\boldsymbol{x}_1) & \ldots & \phi_M(\boldsymbol{x}_1) \\ 1 & \phi_1(\boldsymbol{x}_2) & \phi_2(\boldsymbol{x}_2) & \ldots & \phi_M(\boldsymbol{x}_2) \\ \vdots & \vdots & \vdots & \ddots & \vdots \\ 1 & \phi_1(\boldsymbol{x}_N) & \phi_2(\boldsymbol{x}_N) & \ldots & \phi_M(\boldsymbol{x}_N) \end{bmatrix} \tag{15.27}$$

という行列を用意します．この行列 Φ もデータ行列と呼ぶことにしましょう．この行列の各要素は，具体的に入力データ $\{\boldsymbol{x}_n\}$ が与えられれば，数値的に計算できますね．そして計算を進めると

$$\widehat{\boldsymbol{w}} = \left(\Phi^\top \Phi\right)^{-1} \Phi^\top \boldsymbol{y} \tag{15.28}$$

が出てきます．前に導出した答え，式 (15.11) の X を Φ に置き換えただけです．簡単ですね．

非線形写像を使った場合の導出のコメント

　繰り返しになるだけなので，ポイントだけを書いておきます．最小二乗法なのでコスト関数としては式 (15.6) の二乗誤差の形と同じですが，モデル $f(\boldsymbol{x})$ が変わります．ただし，モデルとしては $f(\boldsymbol{x}) = \boldsymbol{w}^\top \boldsymbol{x}$ の代わりに $f(\boldsymbol{x}) = \boldsymbol{w}^\top \boldsymbol{\phi}(\boldsymbol{x})$ を使うだけなので，上に記載したデータ行列 Φ を用いて

$$J(\boldsymbol{w}) = \sum_{n=1}^{N} (y_n - f(\boldsymbol{x}_n))^2 = (\boldsymbol{y} - \Phi \boldsymbol{w})^\top (\boldsymbol{y} - \Phi \boldsymbol{w}) \tag{15.29}$$

と書き直せます．式 (15.6) の X が Φ に変わっただけです．この形まで来れば，あとは X を Φ に読み替えて同じ計算をするだけですね．

予告を兼ねたコメント

　入力データ $\boldsymbol{x}$ を変換する $\{\phi_m(\boldsymbol{x})\}$ が出てきました．1 変数の場合に x^4 など素朴なものを紹介しましたが，多変数の場合にはどうなるのでしょうか．これについては，あとで時間発展系に対してデータ解析をする第 5 部で少し触れます．お楽しみに．

第 **16** 話

学び過ぎはよくない？

――――――［正則化・リッジ回帰・ラッソ回帰］――――――

16.1 手元のデータがすべてではない

パラメータを増やせば柔軟になりますが，問題も出てきます

　前回は「まずデータ，次に目的に応じたモデル，その次に一次結合でのモデルの関数表現」という流れを見てきました．今回は線形代数的な視点をふまえながら，データサイエンスや機械学習を学ぶときのポイントとなる考え方に触れましょう．

　図 16.1 の左側には 4 次まで，右側には 13 次までの多項式をモデルとして，最小二乗法を使って得られた結果を示しました．13 次までのほうは，いくつかおかしな振る舞いがありますね．データが存在しないところで，上がり過ぎたり下がり過ぎたりしています．13 次までの多項式だと，定数項も含めて 14 個のパラメータ $\{w_m\}$ があります．パラメータが多いほどモデルを柔軟に調整できるのですが，見えているデータに合わせようとする分だけ，データがないところでの振る舞いが不自然になりがちです．

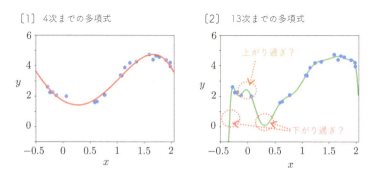

図 16.1　柔軟なモデルがよい，とは限らない……

134 第 16 話 学び過ぎはよくない？

　機械学習において，モデルを調整するために利用されるデータのことを**訓練データ**と呼びます．最小二乗法のコスト関数に用いられるデータのことですね．コスト関数を小さくするようなモデルを探すため，どうしてもデータが存在しないところのことまで気が回りません．目の前にある訓練データだけを学び過ぎてしまうわけです．この現象を**過学習**や**過適合**と呼びます．学習した機械を利用するためには，「まだ見ぬデータ」に対応できる能力がほしいところです．このような能力のことを**汎化能力**と言います．手元にあるデータだけでは不十分，と意識しておきましょう．

まだ見ぬデータを知ることはできるか？

　まだ見ぬデータは，もちろん手元にはないため，汎化能力を知ることはできない，と感じるかもしれません．ある場合には理論的に汎化能力を議論することもできるのですが，素朴な方法は，手元にあるデータの一部分を使わずに残しておいて，モデルを作ってから「まだ見ぬデータ」として使うことです．このようなデータを**テストデータ**と呼びます．これで仮想的に，まだ見ぬデータにどのくらい対応できるかを測定します．

　もし，「この訓練データだったから，たまたまよい結果だったのでは？」と心配になる場合には，データの分割をあれこれと変えることで，複数の「訓練データとテストデータの組」を作り，まだ見ぬデータに対する能力を複数回，測定することもできます．**交差検証**と呼ばれる方法です．詳細は「一歩先」できっと学ぶことになるでしょう．

階数は，データ行列がどれだけ本質的な情報を含むかを表します

　過学習以外にも最小二乗法の問題点があります．前回と同じ記号を使って再掲しますが，最終的に得られたパラメータは

$$\hat{\boldsymbol{w}} = \left(X^{\top}X\right)^{-1}X^{\top}\boldsymbol{y} \tag{16.1}$$

でした．もしデータから作られる正方行列 $X^{\top}X$ に逆行列が存在しないと，この式は使えませんね．

　どのような場合に $X^{\top}X$ に逆行列が存在しないのでしょうか．逆行列をもたない条件には，いろいろな表現があります．それらは線形代数の教科書を確認してもらうとして，ここでは一つだけ見ておきましょう．線形代数で**階数・ランク**という概念を学びます．図 16.2 に考え方の基本を載せました．階数にも，行列を線形写像として捉えた場合には，写す先の空間

次元に対応するなど，いろいろな解釈がありますが，ひとまずはデータ行列の視点から捉えてみましょう．図 16.2 の行列をデータ行列 X としたとき，列方向は入力で，これを特徴量と呼びます．なお，簡単のため，定数項を除きました．図に書いたように，まったく同じものや本質的に同じもの，つまり，ほかの列ベクトルの一次結合で表現できてしまうものなどがあります．この行列の場合，列方向に見ると本質的に異なるもの，つまり一次独立なものは二つしかありません．なお，行方向にも同じようなことが言えます．実は，列方向もしくは行方向に見たときの一次独立なベクトルの最大個数が行列の階数です．図 16.2 の場合には，階数は 2 です．

階数の概念は逆行列の存在と密接に関係しています．$D \times D$ 行列に対して，その階数が D のときのみ，その行列は逆行列をもちます．このような場合に，この行列は**フルランク**である，と言います．階数，つまりランクが「フル」，完全に満たされている，ということです．また，逆にフルランクではない場合を「ランクが落ちている」などと言います．

> **階数の求め方は，各自で確認を**
>
> 線形代数の授業であれば，ここで階数の求め方を説明するところですが，本書では省略します．一次独立性をどのように確認するか，という話とつながりますが，線形代数の教科書を参照してください．なお，プログラミング言語のライブラリに階数を求める関数が用意されているはずなので，実際にはそれを使うことになるでしょう．もちろん，その求め方もぜひ理解しておきたいところですね．

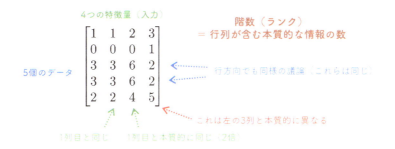

図 16.2 データ行列の階数に注意する

136 第 16 話 学び過ぎはよくない？

最小二乗法で，本質的に同じ入力項目があると逆行列が存在しません

$X^\top X$ の階数を考えてみましょう．データ行列を少し書き換えます．

$$
X = \begin{bmatrix} 1 & x_{11} & x_{12} & \cdots & x_{1D} \\ 1 & x_{21} & x_{22} & \cdots & x_{2D} \\ \vdots & \vdots & \vdots & & \vdots \\ 1 & x_{N1} & x_{N2} & \cdots & x_{ND} \end{bmatrix} = \begin{bmatrix} \tilde{\boldsymbol{x}}_0 & \tilde{\boldsymbol{x}}_1 & \tilde{\boldsymbol{x}}_2 & \cdots & \tilde{\boldsymbol{x}}_D \end{bmatrix} \quad (16.2)
$$

列ベクトルをまとめた記号 $\tilde{\boldsymbol{x}}_d$ を導入しました．よって，

$$
\begin{aligned}
X^\top X &= \begin{bmatrix} \tilde{\boldsymbol{x}}_0^\top \\ \tilde{\boldsymbol{x}}_1^\top \\ \tilde{\boldsymbol{x}}_2^\top \\ \vdots \\ \tilde{\boldsymbol{x}}_D^\top \end{bmatrix} \begin{bmatrix} \tilde{\boldsymbol{x}}_0 & \tilde{\boldsymbol{x}}_1 & \tilde{\boldsymbol{x}}_2 & \cdots & \tilde{\boldsymbol{x}}_D \end{bmatrix} \\[2mm]
&= \begin{bmatrix} \tilde{\boldsymbol{x}}_0^\top \tilde{\boldsymbol{x}}_0 & \tilde{\boldsymbol{x}}_0^\top \tilde{\boldsymbol{x}}_1 & \tilde{\boldsymbol{x}}_0^\top \tilde{\boldsymbol{x}}_2 & \cdots & \tilde{\boldsymbol{x}}_0^\top \tilde{\boldsymbol{x}}_D \\ \tilde{\boldsymbol{x}}_1^\top \tilde{\boldsymbol{x}}_0 & \tilde{\boldsymbol{x}}_1^\top \tilde{\boldsymbol{x}}_1 & \tilde{\boldsymbol{x}}_1^\top \tilde{\boldsymbol{x}}_2 & \cdots & \tilde{\boldsymbol{x}}_1^\top \tilde{\boldsymbol{x}}_D \\ \tilde{\boldsymbol{x}}_2^\top \tilde{\boldsymbol{x}}_0 & \tilde{\boldsymbol{x}}_2^\top \tilde{\boldsymbol{x}}_1 & \tilde{\boldsymbol{x}}_2^\top \tilde{\boldsymbol{x}}_2 & \cdots & \tilde{\boldsymbol{x}}_2^\top \tilde{\boldsymbol{x}}_D \\ \vdots & \vdots & \vdots & \ddots & \vdots \\ \tilde{\boldsymbol{x}}_D^\top \tilde{\boldsymbol{x}}_0 & \tilde{\boldsymbol{x}}_D^\top \tilde{\boldsymbol{x}}_1 & \tilde{\boldsymbol{x}}_D^\top \tilde{\boldsymbol{x}}_2 & \cdots & \tilde{\boldsymbol{x}}_D^\top \tilde{\boldsymbol{x}}_D \end{bmatrix} \quad (16.3)
\end{aligned}
$$

が得られます．もし一つ目と二つ目の特徴量が同じならば，つまり $\tilde{\boldsymbol{x}}_1 = \tilde{\boldsymbol{x}}_2$ ならば，$X^\top X$ の 2 行目と 3 行目が一致してしまいます．そのためフルランクにはなりません．また，二つの特徴量が同じではないものの，たとえば $\tilde{\boldsymbol{x}}_1 = 4\tilde{\boldsymbol{x}}_2$ のように一次従属の関係にあれば，やはり本質的な情報が増えていないためにフルランクにはなりません．定数項を含めて，$X^\top X$ の階数が $D+1$ の場合にのみ，前回の議論が可能です．

　二つの特徴量が本質的に同じような状況は，実際には生じないのでは？と感じるかもしれません．でも，同じではないものの，それなりに似ているだけでも，数値計算が不安定になって結果がおかしくなったりもします．

16.2 学び過ぎを防ぎ，本質を抜き出す 137

階数についての補足

通常は入力項目の数よりもデータ数が多い場合を考えます．もしデータ数のほうが少なければ，$X^\top X$ の階数は確実に $D+1$ より小さくなってしまいます．もちろん，データ数のほうが多い場合でも，まったく同じデータがならんでいる場合には，実質的にデータ数のほうが少なくなってしまうこともあります．なお，データの取得が難しい一方で，入力項目だけはたくさん，というデータもあります．これらのような場合には，このあとすぐに説明する方法で対応できます．

16.2 学び過ぎを防ぎ，本質を抜き出す

データの前処理も大切です

データ解析で重要な前処理についても少しだけ触れておきます．今，入力項目が二つあるとして，次のモデルを考えます．

$$f(\boldsymbol{x}) = w_0 + w_1 x_1 + w_2 x_2 \tag{16.4}$$

ここで，一つ目の項目の x_1 のほうには $4.1, 3.3, 5.6$ など，大きさが 1 程度異なるデータが，二つ目の x_2 のほうには大きさが数万程度異なるデータがならんでいるとします．すると，w_1 に比べて w_2 をものすごく小さくしておかないと，出力の振る舞いをうまく表現できなくなります．入力項目ごとに大きさが違い過ぎると，数値計算結果が安定しづらくなるわけです．

標準化は，各項目について平均を 0，標準偏差を 1 の形にデータを変換する前処理です．N 個のデータがあるとして，それぞれの d 番目の特徴量 $\{x_{nd} \mid n = 1, \ldots, N\}$ に注目します．この平均 $\overline{x}_d$ と標準偏差 σ_d を

$$\overline{x}_d = \frac{1}{N} \sum_{n=1}^{N} x_{nd}, \quad \sigma_d^2 = \frac{1}{N} \sum_{n=1}^{N} (x_{nd} - \overline{x}_d)^2 \tag{16.5}$$

と計算しておきます．なお，σ_d^2 の式で，N ではなく $N-1$ で割り算することもあります．そして変数変換によって次の変数 x'_{nd} を導入します．

$$x'_{nd} = \frac{x_{nd} - \overline{x}_d}{\sigma_d} \tag{16.6}$$

すると，$\{x'_{nd}\}$ は d を固定して考えれば，平均が 0 で標準偏差が 1 になります．また，基本的には出力 $\{y_n\}$ についても同様に標準化します．出力

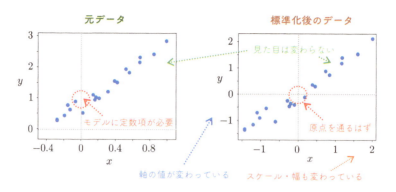

図 16.3 標準化は，定数項と次元ごとのスケールの違いを消してくれる

の平均と標準偏差を求めて，同様に変換すればよいだけですね．すると出力も平均0，標準偏差1となります．本書でも，データを標準化すると言った場合には，出力についても標準化されているものとします．

ちなみに，もし標準偏差で割り算をせずに

$$x^*_{nd} = x_{nd} - \overline{x}_d$$

とだけした場合の前処理を**中心化**と呼びます．各項目の平均はすべて0になりますが，標準偏差はばらばらで，スケールは一致しません．

標準化すると，項目ごとのスケールが一致するので計算が安定する，という以外にも嬉しいことがあります．これは平均を0にすること，つまり中心化の効果なのですが，モデルから定数項を取り除くことができます．図 16.3の左に元データ，右にそれを標準化したデータを示しました．それぞれ平均が0になったことで，原点が中心になっていることがわかります．モデルから定数項を消せるので，議論が少し簡単になります．

今後は必要に応じて，このように変換したデータ x'_{nd} をあらためて x_{nd} と書き直して議論をします．特に今回の以下の話では，標準化されているものとしましょう．そのためモデルのパラメータは $D+1$ 個ではなく D 個で，データ行列のサイズも $(D+1) \times (D+1)$ ではなく，$D \times D$ です．

16.2 学び過ぎを防ぎ，本質を抜き出す　　139

前処理の補足

　ほかに有名な前処理が**正規化**です．これはベクトルの正規化とは異なり，最小値を 0，最大値を 1 にするようにデータを変換します．データのスケールは揃いますが，定数項が消えるわけではないので，最小二乗法においては，通常は標準化が用いられます．

　ほかに素朴な前処理として「外れ値を取り除いておく」ことも大切です．データの取得において何らかのミスでおかしな値が紛れ込むことがあります．また，データが欠測している箇所があるかもしれません．そもそもデータの取得段階で偏ったものを集めてしまうこともあるでしょう．データサイエンスや機械学習は「データを通して現実の世界を見る」という立場なので，扱うデータについてはとにかく注意が必要です．ただし，ほしい結果になるように恣意的にデータを改ざんしてしまうのは，もちろん厳禁です！

ある意味で学び過ぎを防ぐ方法，それがリッジ回帰です

　モデルを柔軟にし過ぎると過学習を起こすこと，また，データから作った $X^\top X$ が逆行列をもたない場合があることを見てきました．これらを防ぐ方法として有名なものが**リッジ回帰**です．「Ridge」という，山の尾根などを表す英単語から来ています．

　まずは過学習を防ぐ視点から考えていきましょう．なぜ過学習が起こるのか……それはパラメータがたくさんあり過ぎて，いろいろと調整できてしまうからです．それを防ぐために，パラメータに条件をつけます．たとえば「パラメータのベクトルのノルムは小さいほどよい」としましょう．条件が入れば，調整できる範囲が狭まり，過学習を防ぐ可能性が出てきます．もちろん，この追加の条件もこちらの都合で勝手に想定したものなので「アート」ですね．

　さて，この「パラメータのベクトルのノルムは小さいほどよい」の考え方を，数式を使って表現する必要があります．素朴には，以下のようにコスト関数を設定すればよさそうです．

$$J^{\text{Ridge}}(\boldsymbol{w}) = (\boldsymbol{y} - X\boldsymbol{w})^\top (\boldsymbol{y} - X\boldsymbol{w}) + \alpha \boldsymbol{w}^\top \boldsymbol{w} \tag{16.7}$$

右辺の第 2 項目が追加されました．これは自分自身の内積，すなわちノルムの二乗ですね．係数の α は正の実数です．この項によって「できるだけノルムが小さくなる」条件のもとで，データとの二乗誤差を小さくする，つ

140　第 16 話　学び過ぎはよくない？

まり，できるだけデータに当てはまるモデルを探せるようになります．

　コスト関数を数式で書けたので，あとは前回と同様に「ベクトルでの微分がゼロ」を計算します．結果は以下のようになります．

$$\widehat{\boldsymbol{w}} = \left(X^\top X + \alpha I\right)^{-1} X^\top \boldsymbol{y} \tag{16.8}$$

変わった部分は，逆行列のところですね．I は単位行列なので，データから作った正方行列 $X^\top X$ の対角成分に α が足されたものになります．すると，標準化によって定数項がなくなっているので，

$$X^\top X + \alpha I = \begin{bmatrix} \widetilde{\boldsymbol{x}}_1^\top \widetilde{\boldsymbol{x}}_1 + \alpha & \widetilde{\boldsymbol{x}}_1^\top \widetilde{\boldsymbol{x}}_2 & \cdots & \widetilde{\boldsymbol{x}}_1^\top \widetilde{\boldsymbol{x}}_D \\ \widetilde{\boldsymbol{x}}_2^\top \widetilde{\boldsymbol{x}}_1 & \widetilde{\boldsymbol{x}}_2^\top \widetilde{\boldsymbol{x}}_2 + \alpha & \cdots & \widetilde{\boldsymbol{x}}_2^\top \widetilde{\boldsymbol{x}}_D \\ \vdots & \vdots & \ddots & \vdots \\ \widetilde{\boldsymbol{x}}_D^\top \widetilde{\boldsymbol{x}}_1 & \widetilde{\boldsymbol{x}}_D^\top \widetilde{\boldsymbol{x}}_2 & \cdots & \widetilde{\boldsymbol{x}}_D^\top \widetilde{\boldsymbol{x}}_D + \alpha \end{bmatrix} \tag{16.9}$$

と書けます．これならば，もし $\widetilde{\boldsymbol{x}}_1 = \widetilde{\boldsymbol{x}}_2$ でも，各行同士および各列同士がそれぞれ一次独立になります．よって，逆行列をもちます．

　これがどのような効果を示すかは，もう一つの話をしてから見てみましょう．

リッジ回帰の結果の導出ポイント

　ベクトルで関数を微分する練習として，ぜひ，コスト関数から上の結果を導いてみてください．ここでは，ポイントだけ書きます．前回の話との違いは，

$$\begin{aligned} J^{\mathrm{Ridge}}(\boldsymbol{w}) &= (\boldsymbol{y} - X\boldsymbol{w})^\top (\boldsymbol{y} - X\boldsymbol{w}) + \alpha \boldsymbol{w}^\top \boldsymbol{w} \\ &= \boldsymbol{y}^\top \boldsymbol{y} - 2\boldsymbol{y}^\top X\boldsymbol{w} + \boldsymbol{w}^\top X^\top X\boldsymbol{w} + \alpha \boldsymbol{w}^\top \boldsymbol{w} \end{aligned} \tag{16.10}$$

のように，最後の項が追加されていることです．ここで最後の項の真ん中に単位行列 I を挿入してあげると，

$$\alpha \boldsymbol{w}^\top \boldsymbol{w} = \alpha \boldsymbol{w}^\top I \boldsymbol{w}$$

となるので，その手前の $\boldsymbol{w}^\top X^\top X\boldsymbol{w}$ と一緒にまとめられます．

$$\begin{aligned} J^{\mathrm{Ridge}}(\boldsymbol{w}) &= \boldsymbol{y}^\top \boldsymbol{y} - 2\boldsymbol{y}^\top X\boldsymbol{w} + \boldsymbol{w}^\top X^\top X\boldsymbol{w} + \alpha \boldsymbol{w}^\top I \boldsymbol{w} \\ &= \boldsymbol{y}^\top \boldsymbol{y} - 2\boldsymbol{y}^\top X\boldsymbol{w} + \boldsymbol{w}^\top \left(X^\top X + \alpha I\right) \boldsymbol{w} \end{aligned} \tag{16.11}$$

ここまで来れば，前回の話をなぞって式 (16.8) を導出できますね．

ある意味で本質を抜き出す方法，それがラッソ回帰です

リッジ回帰ではパラメータベクトルの大きさに関する条件をコスト関数に追加しました．ほかによく使われるものとして**ラッソ回帰**があります．least absolute shrinkage and selection operator の頭文字をとって lasso，ラッソと言います．absolute という単語が入っていますね．これは「絶対」値のことです．つまり，ラッソ回帰では以下のコスト関数を使います．

$$J^{\mathrm{Lasso}}(\boldsymbol{w}) = (\boldsymbol{y} - X\boldsymbol{w})^{\top}(\boldsymbol{y} - X\boldsymbol{w}) + \alpha \sum_{d=1}^{D} |w_d| \qquad (16.12)$$

右辺の第2項目が追加された部分です．これは，「ベクトルの各要素の絶対値の和が小さい」という条件を追加したことになります．ベクトルの大きさとどう違うの？と思うかもしれませんが，実は本質的な違いがあります．

さて，この条件が追加されたときにパラメータ $\widehat{\boldsymbol{w}}$ を求めてみましょう……といきたいところなのですが，絶対値は微分できないところがあり，これまでと同じような議論はできません．反復計算のテクニックを使うなどして数値計算はできるのですが，その説明には数学的な道具を準備する必要もありますので，それは「一歩先」の学びに任せましょう．

「半歩先」としてのポイントは，リッジ回帰でもラッソ回帰でも「アート的にコスト関数を設定して，それを小さくするパラメータを探すこと」です．最終的にはパラメータを探す最適化問題が出てきます．そして，最適化問題に関する数値計算方法は，いろいろと発展しています．ラッソ回帰についても各種ライブラリに実装されているので，まずはそれを試せます．「半歩先」としてベクトル表記と微分に慣れておけば，「一歩先」の学びがスムーズに進むはずです．

なお，リッジ回帰でのベクトルの大きさ，ラッソ回帰での絶対値の部分のように，本来のコスト関数に対して追加された条件的な部分を**正則化項**と呼びます．正則化項を追加して解析を進めることが**正則化**です．また，正則化項の係数 α で条件の強さを変えることができます．このような係数のことを**ハイパーパラメータ**と呼びます．

ハイパーパラメータと検証データ

モデルの形を変えるのがパラメータであり、今は w と記述しています。一方で正則化項の係数 α はモデルを調整するため、あらかじめ決めておくものです。訓練データによって決めるのではなく、場合によってはアート的に、えいやぁ、と決めます。このようなものを一般的にハイパーパラメータと呼びます。たとえば「モデルの多項式の最大次数」もハイパーパラメータと言えます。パラメータ w を探すときに反復計算が必要な場合、何回反復計算を繰り返すのか、などもハイパーパラメータです。パラメータを決めるための「ハイパーな」パラメータということですね。

ハイパーパラメータは、適当に決めてしまうこともあるのですが、多くの場合には本来の目的、たとえば汎化能力を上げるようなものを選びます。ハイパーパラメータを調整すると最終的に得られるモデルが変わるので、そのモデルの汎化能力、つまりまだ見ぬデータに対する性能が高くなるようなハイパーパラメータを見つければよいわけです。ただし、データを訓練データとテストデータに分けたように、ハイパーパラメータを探すための別のデータを用意しておかないと、ある意味でカンニングのようになってしまうことが知られています。そのような別のデータのことを**検証データ**と呼びます。ひとまずはデータの取り扱いには注意が必要、と意識しておき、「一歩先」できちんと学びましょう。

ラッソで本質を抜き出します

実際にリッジ回帰とラッソ回帰の結果を見てみましょう。なお、ここでは python の scikit-learn というライブラリに用意されている関数を使いました。ハイパーパラメータは $\alpha = 0.01$ を使っています。本来はデータの標準化などの前処理が必要ですが、ライブラリの関数のオプションを設定して、前処理を任せてしまいました。便利ですね。モデルは多項式で、最大次数は図 16.1 の [2] と同様の 13 です。図 16.4 が結果です。どちらも図 16.1 での不自然さがなくなっていますね。

図 16.4 には、求まったパラメータ $\widehat{w}$ も記載しました。プロットは似ていても、大きな違いがありますね。ラッソ回帰は、ゼロを多く含んでいます。ゼロを掛け算しても消えるだけなので、これらは不要な部分です。つまり、定数項を含めて 14 個のパラメータがありましたが、実は

$$f^{\text{Lasso}}(\boldsymbol{x}) = \widehat{w}_0 + \widehat{w}_1 x + \widehat{w}_4 x^4 + \widehat{w}_9 x^9 + \widehat{w}_{12} x^{12} + \widehat{w}_{13} x^{13} \quad (16.13)$$

というモデルでデータを記述しています。モデルがかなり簡単になっていますね。この意味で、ラッソ回帰は本質を抜き出しているとも言えます。

ここでは基本的な正則化を見てきました。正則化を使えば、十分なデー

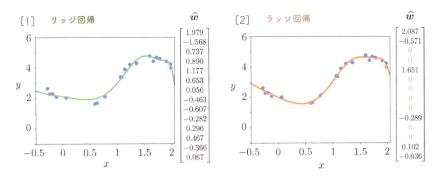

図 16.4　リッジ回帰とラッソ回帰の結果

タ数がない場合でも，ひとまず推定結果を出すこともできます．ほかにもいろいろな正則化があります．説明なしに，与えられたコスト関数の一部分に正則化項が含まれていることもあるので，意識しておきましょう．

ノルムについての用語のあれこれ

「一歩先」に進むと，正則化のときに重要な用語がさらっと出てくることもあるので，押さえておきましょう．第 3 話でノルムの定義を扱いました．これまでは内積から自然に定義されるノルムを使っていましたが，ほかにもノルムとして利用できるものがあります．次の ℓ_p ノルムは有名です．

$$\|\boldsymbol{x}\|_p = \left(\sum_{d=1}^{D} |x_d|^p\right)^{1/p} = \sqrt[p]{|x_1|^p + |x_2|^p + \cdots + |x_D|^p}$$

$p = 2$ が内積で定義されたノルム $\|\boldsymbol{x}\|_2 = \sqrt{\boldsymbol{x} \cdot \boldsymbol{x}}$ です．なお，$p = 0$ のときは

$$\|\boldsymbol{x}\|_0 = \#\{d \,|\, x_d \neq 0\}$$

とします．# は「集合の要素数」です．つまり $x_d \neq 0$ となる次元の数，非ゼロの要素の個数で定義されます．さらに $p \to \infty$ のときは**最大値ノルム**と呼ばれて

$$\|\boldsymbol{x}\|_\infty = \max\{|x_1|, |x_2|, \ldots, |x_D|\}$$

を意味します．各要素のなかでもっとも大きいものを返す，という形ですね．

以上のノルムから，リッジ回帰およびラッソ回帰での正則化のことを，それぞれ ℓ_2 正則化，ℓ_1 正則化と呼んだりもします．

なぜラッソ回帰はゼロを増やすのか？

ラッソ回帰の特徴の詳細は「一歩先」の内容になりますが，イメージだけを説明しておきます．実は正則化項を追加したコスト関数を最小にする最適化問題を，別の形に書き換えられることが知られています．たとえば，リッジ回帰の場合には制約条件 $\bm{w}^\top \bm{w} \leq t$ のもとで二乗誤差を最小にする最適化問題に帰着されます．入力を2変数とすると，図 16.5 のイメージです．[1] がリッジ回帰，[2] がラッソ回帰で，それぞれ，色をつけた円とひし形の内部に $\bm{w}$ が含まれるという条件が出てきます．破線の円は二乗誤差の部分だと考えてください．円の中心が二乗誤差最小を与えるパラメータです．条件を満たしつつ誤差をできるだけ小さくしたいので，結果として図に示した $\widehat{\bm{w}}$ が選ばれます．

リッジ回帰は ℓ_2 ノルムを使います．ここから「円」が出てきます．ラッソ回帰は ℓ_1 ノルムなので，図に記載した数式から「ひし形」が出てきます．ひし形は軸方向に尖っている部分がありますね．二乗誤差の等高線とぶつかる可能性が高いのは，軸の上の点です．実際，この図の場合には $w_1 = 0$ となります．このことから，ラッソ回帰で選ばれたパラメータには，ゼロが多く出てきます．

なお，正則化項の係数 α と，制約条件の形に書き直したときの t を対応づけることもできます．等式制約がある場合の**ラグランジュの未定乗数法**，不等式制約がある場合に有名な **KKT 条件** (Karush–Kuhn–Tucker 条件) について「一歩先」で学べば，最適化問題を書き換えられるようになります．未定乗数法については，第 18 話で少しだけ触れます．

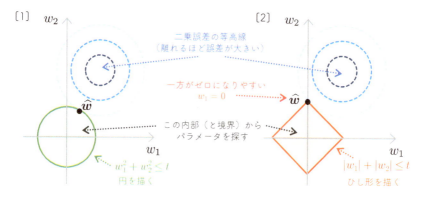

図 16.5 リッジ回帰とラッソ回帰のイメージ

第17話
行列の特別な分解.

――――――――――[主成分分析・特異値分解・低ランク近似]――――――――――

17.1 データを区別しやすい軸

データを区別できる,冴えたやりかたがあります

　第17話ではまず,入力を簡潔に表現する方法を考えましょう.図17.1の [1] のようなデータを考えます.今回は縦軸は出力ではありません.両方とも入力変数です.x_1 と x_2 がありますが,どうやら斜め方向に広がっています.x_1 が大きくなると x_2 も大きくなるので,相関がありますね.これら二つを入力として線形回帰すると,数値的に不安定になりそうです.そこで前回見たように,たとえばリッジ回帰で問題を回避します.

　ただ,そもそもすべての入力を使う必要はありません.データ解析において,本質的に同じデータが大量にあっても仕方ありませんよね.そのため,できるだけデータを区別できるような座標軸があれば,それを使えば十分そうです.たとえば図17.1 の [2] のような,ばらつき具合がもっとも大きな方向の軸を使うことにしましょう.もう一つの軸の情報がなくても,データの特徴をひとまず捉えられている感じです.これで,入力変数を二つから一つに圧縮できたことになります.

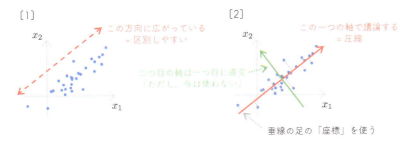

図 17.1　二つではなく一つの入力項目だけで本質を捉えたい

入力変数の一次結合で新しい入力変数を作り，新しい軸とします

この話を数式で表現してみましょう．入力が x_1 と x_2 で，これらを組み合わせて新しい入力変数 z_1 と z_2 を作るためには，一次結合を考えればよいですね．以下の形です．

$$z_1 = w_{11}x_1 + w_{12}x_2 \tag{17.1}$$

$$z_2 = w_{21}x_1 + w_{22}x_2 \tag{17.2}$$

なお，二つ目の軸は一つ目の軸に直交するように作ることにしましょう．ただし，圧縮のためには z_2 は使わず，z_1 だけを使います．

この話を一般化して，D 次元の入力変数を考えると，p 番目の軸には D 個分の係数 $\{w_{pd} \mid d = 1, \ldots, D\}$ が出てきます．問題は，この係数をどのように作るかですね．データを区別しやすいように，という指針はありますが，それを数式で表現する必要があります．

この考え方に基づいて軸を作る方法が**主成分分析**です．ただ，この話は第 18 話の幕間に回して，ここでは**特異値分解**の話をします．特異値分解は主成分分析と密接に関係するだけでなく，もっと重要な役割をもちます．

特異値分解は，行列を特別な三つの行列に分解する方法です

与えられた行列を分解することで，詳細な情報を得たり，便利な行列を作って計算を簡単にできたりします．分解にもいろいろとありますが，特異値分解では行列を三つに分けます．

データ行列を想定して $N > D$ としましょう．図 17.2 に示すように $N \times D$ 行列 X を以下のように分解します．

$$X = U\Sigma V^\top \tag{17.3}$$

図 17.2 の [1] では，U は $N \times N$，V は $D \times D$ の正方行列です．Σ は対角行列のようですが，サイズが $N \times D$ で少し特殊です．また，対角っぽいところにならぶ値はすべてゼロより大きい，という制限もあります．図では 3 個の対角っぽい部分があるのですが，この個数はどのような行列を分解するのかによって変わります．さらに，U と V はそれぞれ直交行列です．これは，各列および各行が正規直交基底になっているもので，第 6 話

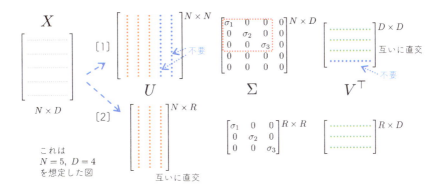

図 17.2 特異値分解の二つの表現方法

で少し紹介したように次の関係式が成立します．

$$U^\top = U^{-1}, \quad V^\top = V^{-1} \tag{17.4}$$

転置行列が逆行列になるなんて，便利ですね．このような制限がついた特殊な分解が特異値分解です．ちなみに，$\sigma_1 \geq \sigma_2 \geq \cdots \geq \sigma_R$ のように，大きい順番にならべるのが基本です．この $\{\sigma_r\}$ を**特異値**と呼びます．また，特異値の個数は多くとも D 個です．R が D 以下であることにも大きな意味があります．これについてはあとで触れることにしましょう．

なお，図 17.2 の [1] において，Σ のゼロの部分との掛け算から，実際には U のいくつかの列と $V^\top$ のいくつかの行が不要です．そのため，[2] のような形で特異値分解を書くこともあります．

> **特異値分解についての補足**
>
> 特異値分解のような特殊な分解を考える理由は，これから見ていくような意味合いと使い勝手のよさからです．なお，いろいろと条件をつけても分解が一つに決まるわけではありません．素朴には，U のある列の符号を逆にしても，V の対応する行の符号も変えれば掛け算の結果は一緒になります．ただし特異値は一意に決まるので，Σ は一つです．
>
> なお，行列が縦長ではなく横長の場合，つまり $N \leq D$ の場合でも分解できます．その場合には $R \leq N$ です．つまり特異値の個数は，最大でも「元の行列 X の行または列のサイズの小さいほう」にしかなりません．

主成分分析で選ぶ軸が，特異値分解でわかってしまいます

主成分分析の話から急に特異値分解の話に変わりましたが，きちんと関係があります．実は特異値分解で得られた V に，主成分分析で選ぶべき軸の情報が含まれています．主成分分析の詳細については第 18 話に回して，ここでは実例を眺めながら，特異値分解で得られる結果の特徴を見てみましょう．

図 17.3 の [1] に記載した行列 X をデータ行列とします．各列が入力の特徴を表し，各行がそれぞれのデータに対応しています．ここでは特徴量を 4 個，データ数を 5 個としました．特徴が 4 次元なので，絵では描けないようなデータですね．

まずは人の目で，このデータを眺めてみましょう．データ行列 X をざっくりと捉えると，データ 1〜3 から作られるグループと，データ 4 と 5 から作られるグループに分けられそうですね．主成分分析はデータをできるだけ区別するような軸を選び出すので，まずはこれら二つのグループを区別する軸が選ばれると予想できます．

次回に理由を説明しますが，主成分分析での軸を選ぶためには，特徴量

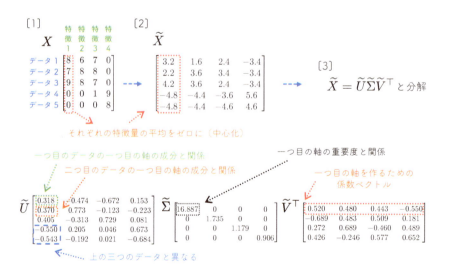

図 17.3 特異値分解で軸を選ぶ

ごとに平均をゼロにしておくのが基本です．前回，第 16 話で触れた中心
化の前処理ですね．特徴量ごとに平均値を計算し，データから引き算しま
す．そのようにして中心化したデータ行列を $\tilde{X}$ としましょう．図 17.3 の
[2] です．そしてこれを

$$\tilde{X} = \tilde{U}\tilde{\Sigma}\tilde{V}^{\top} \tag{17.5}$$

と特異値分解します．結果が図 17.3 の下の三つの行列です．なお，小数点
以下の 4 桁目で四捨五入しています．また，ここでは紙面の有効活用のた
め，$\tilde{\Sigma}$ が正方行列になる図 17.2 [2] の表記を使っています．

　実際に特異値分解すると，$\tilde{V}^{\top}$ の行ベクトル，つまり $\tilde{V}$ の列ベクトルに
特徴が出ます．図に説明を記載していますが，$\tilde{V}^{\top}$ の 1 行目が，主成分分
析で選ばれる最初の軸の係数を与えます．一方，$\tilde{U}$ の 1 列目は，その最初
の軸での各データの「座標」と関係します．

　結果として，特異値分解から得られる主成分分析の最初の軸だけで，5 個
のデータを二つのグループに分類できます．$\tilde{U}$ の 1 列目の最初の三つの値
は正，最後の二つは負です．これが「座標」と関係するので，符号の正負
でデータを分けられますね．実際，先ほどデータを眺めてグループわけし
たものと一致しています．人はなんとなく分類できますが，計算機でも数
値的な処理で分類できてしまうのは，面白いですね．

　ここでは「データの特徴を捉える軸を選ぶ」話をしました．次は「デー
タを圧縮する」視点から特異値分解を捉えてみましょう．

座標としての解釈の補足

　主成分分析の詳細は第 18 話に回しますが，少しだけ補足しておきます．図 17.3
の $\tilde{U}$ の 1 列目が，主成分分析で得られる一つ目の軸の「座標」に関係すると言いま
した．実際には少し補正が必要です．$\tilde{\Sigma}$ の最初の特異値を $\tilde{\sigma}_1$ と書きましょう．す
ると，この特異値 $\tilde{\sigma}_1$ を $\tilde{U}$ の 1 列目に掛け算したものが，それぞれのデータの座標
に対応します．

　このあたりの話は，次回の主成分分析の話のあとに，また見直してみてください．

17.2 削っても，だいたい合っている

本質を抜き出して，小さい行列で表現できる場合があります

　データの特徴を捉える軸を選ぶ際には中心化の前処理が必要でしたが，ここでは中心化せずにデータ行列を特異値分解してみます．図 17.4 の上側に，データ行列 X と，その特異値分解の結果を示しました．分解後の Σ を見てみましょう．特異値は大きいほうからならべるのですが，最初の二つの特異値が特に大きいことがわかります．残りの二つと一桁，違いますね．すると，掛け算の結果として最初の二つの影響が大きく残り，後半二つはあまり影響しないように思えます．

　実際に影響が小さい部分を削ってみましょう．その結果を図 17.4 の下側に示しました．Σ の一部を削ることによって，U と $V^\top$ で不要な列と行が出てくるため，これらも削ります．それらをまた掛け算して再構成すると，元のデータ行列 X をある程度再現できています．

　このように特異値の小さいものを削ることが**低ランク近似**です．ランク，つまり階数を減らすことによる近似です．特異値分解は，元の行列を三つの行列に分解するため，素朴には要素数が増えてしまいます．でも，うまく低ランク近似できれば，保存しておく行列の要素数を大幅に減らすことができます．これは重要な近似で，本書の第 5 部でも大活躍します．

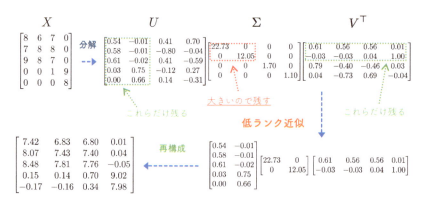

図 17.4 当たらずとも……遠からず？

17.2 削っても，だいたい合っている **151**

低ランク近似の階数を，別の視点から捉えてみましょう

「低ランク近似」で本当に階数が小さくなっているのかどうかを確認してみましょう．特異値を削るということは，そこをゼロにしているわけです．5×4 行列に対して二つの特異値だけ残した場合，U の列ベクトルを $\{\boldsymbol{u}_i\}$，$V^{\top}$ の行ベクトルを $\{\boldsymbol{v}_i^{\top}\}$ と書けば，

$$
\begin{bmatrix} \boldsymbol{u}_1 & \boldsymbol{u}_2 & \boldsymbol{u}_3 & \boldsymbol{u}_4 \end{bmatrix}
\begin{bmatrix} \sigma_1 & 0 & 0 & 0 \\ 0 & \sigma_2 & 0 & 0 \\ 0 & 0 & 0 & 0 \\ 0 & 0 & 0 & 0 \end{bmatrix}
\begin{bmatrix} \boldsymbol{v}_1^{\top} \\ \boldsymbol{v}_2^{\top} \\ \boldsymbol{v}_3^{\top} \\ \boldsymbol{v}_4^{\top} \end{bmatrix}
$$

$$
= \begin{bmatrix} \boldsymbol{u}_1 & \boldsymbol{u}_2 & \boldsymbol{u}_3 & \boldsymbol{u}_4 \end{bmatrix}
\begin{bmatrix} \sigma_1 \boldsymbol{v}_1^{\top} \\ \sigma_2 \boldsymbol{v}_2^{\top} \\ 0 \\ 0 \end{bmatrix}
$$

$$
= \sigma_1 \boldsymbol{u}_1 \boldsymbol{v}_1^{\top} + \sigma_2 \boldsymbol{u}_2 \boldsymbol{v}_2^{\top} \tag{17.6}
$$

と計算されます．

さて，X は 5×4 行列でしたが，$\boldsymbol{u}_1 \boldsymbol{v}_1^{\top}$ も 5×4 行列です．これを

$$
\boldsymbol{u}_1 \boldsymbol{v}_1^{\top} =
\begin{bmatrix} u_{11} \\ u_{12} \\ u_{13} \\ u_{14} \\ u_{15} \end{bmatrix}
\boldsymbol{v}_1^{\top} =
\begin{bmatrix} u_{11} \boldsymbol{v}_1^{\top} \\ u_{12} \boldsymbol{v}_1^{\top} \\ u_{13} \boldsymbol{v}_1^{\top} \\ u_{14} \boldsymbol{v}_1^{\top} \\ u_{15} \boldsymbol{v}_1^{\top} \end{bmatrix} \tag{17.7}
$$

と捉えてみます．すると，すべての行が $\boldsymbol{v}_1^{\top}$ から作られていますね．つまり本質的には一つのベクトルで作られています．よって，行列 $\boldsymbol{u}_1 \boldsymbol{v}_1^{\top}$ の階数は 1 です．同様に，$\boldsymbol{u}_2 \boldsymbol{v}_2^{\top}$ の階数も 1 です．特異値分解で得られる U と V は直交行列なので，$\boldsymbol{u}_1 \boldsymbol{v}_1^{\top}$ と $\boldsymbol{u}_2 \boldsymbol{v}_2^{\top}$ は本質的に違うものであり，それら本質的に異なる二つの「階数 1 の行列」の和で作られる式 (17.6) は，階数 2 の行列を与えます．

以上の議論から，低ランク近似で二つの特異値のみを残すと，階数が 2 となり，確かに「低ランク」になっていることがわかりますね．

第 17 話　行列の特別な分解.

一般の場合，特異値分解の結果を

$$X = \sum_{r=1}^{R} \sigma_r \boldsymbol{u}_r \boldsymbol{v}_r^{\top} = \sum_{r=1}^{R} \sigma_r |\boldsymbol{u}_r\rangle\langle\boldsymbol{v}_r| \tag{17.8}$$

の形で書くことができます．結果が行列であることを見やすくするために，ブラケット表記も添えておきました．先ほどの具体例のように，列ベクトル $\boldsymbol{u}_r = |\boldsymbol{u}_r\rangle$ と行ベクトル $\boldsymbol{v}_r^{\top} = \langle\boldsymbol{v}_r|$ から作られる行列 $\boldsymbol{u}_r\boldsymbol{v}_r^{\top} = |\boldsymbol{u}_r\rangle\langle\boldsymbol{v}_r|$ の階数は 1 です．r が違うと本質的に異なる行列になるので，その和で作られる式 (17.8) の階数は R です．低ランク近似をして，小さな σ_r をいくつかゼロにすると，階数も減ることがわかります．

なお，特異値分解で得られる $\{\boldsymbol{v}_r\}$ や $\{\boldsymbol{u}_r\}$ は，それぞれ直交行列を与え，ノルムが 1 でした．ブラケット表記をしておくと，$\langle\boldsymbol{v}_r|$ が射影の操作を与えることに気がつきやすくなります……よね？ この見方が役立つこともあるので，「一歩先」での学びで意識してみてください．

特異値分解についてのあれこれ

　　特異値分解がどのようなものかについては触れたのですが，実際にどのように分解するのでしょうか．参考文献は次回，第 18 話の幕間で触れますが，いろいろな分解方法が知られています．ただ，特異値分解は重要な方法なので，各種ライブラリに実装されており，使うのは簡単です．ひとまずは U や $V^{\top}$ が直交行列であることなどの特徴を押さえておき，利用できれば十分です．

　　また特異値分解の解釈について，今回は主成分分析との関係に着目しました．ほかにも幾何学的な解釈など，いろいろなものがあります．少し違う見方をすると，自然言語処理に用いられる**潜在意味解析**としても使えます．計算機に言葉の意味を理解してもらうことはなかなか難しいことですが，ニューラルネットワークを使った word2vec など，いろいろな技術が開発されています．word2vec は，単語をベクトルに変換すること，つまり「word to vector」を略したものです．この to を 2 に置き換える記法は，文字数を少なくするためですが，遊びのようで面白いですね．ほかに for を 4 に置き換えるのも，よく見ます．それはさておき，ニューラルネットワークを使う方法は大量のデータが必要になるなど少し大変なので，素朴に特異値分解を用いた手法も有用です．ほかに確率モデルを使ったものなどもあるので，「一歩先」として学んでみてください．

第 **18** 話

[幕間] **直交の技術.**

――――――――――――― [主成分分析・固有ベクトル・未定乗数法・疑似逆行列] ―――――

18.1　第3部のまとめと補足と書籍紹介

　第3部では，関数をベクトルの言葉で扱う方法の応用として，データサイエンスおよび機械学習の基本とのつながりを見てきました．データをならべて何かしら解析をする，という立場も可能ですが，モデルを関数で記述する，という視点により，基底関数が自然に導入されて，複雑な関数も記述できるようになります．視点を知っておくと，これから先の学習がスムーズに進むはずです．データとの関係については「一歩先」としても一冊に収まり切らないほどたくさんの話があります．書籍も大量に出ていますので，キーワードで調べて，自分の目的と好みに合った「一歩先」の学びを進めてみてください．

線形回帰の周辺

　線形回帰，および最小二乗法はデータサイエンスと機械学習の基本です．簡単な話題かと思いきや，確率的な解釈や幾何学的な解釈など，とても深い話にまでつながります．

　データ解析に関する書籍は，入門的なものも含めると，本当に大量に出ています．考え方を知るだけであれば数式のないものでも十分かもしれませんが，きちんと使いこなしたり，発展的なこと目指したりする場合には，やはり数式が記載されている書籍で基本を押さえておくことが大切です．そのとき，「半歩先」として慣れたベクトルでの微分などが役立ちます．

　「一歩先」に進む場合，

　　『スモールデータ解析と機械学習』藤原幸一 (オーム社, 2022)

はわかりやすく，手が届きやすい書籍です．ほかに，

　　『多変量解析入門』小西貞則 (岩波書店, 2010)

も挙げておきます．確率的な視点もかなり入ってしまいますが，確率統計も学んだうえで「一歩先」に進むための良書です．主成分分析についても説明されています．

第16話で紹介した正則化，特にℓ_1ノルムは，**スパース推定**や**圧縮センシング**など，いくつかの話題で重要な役割を果たしています．「ゼロとなる係数を増やせる」ために本質がわかると紹介したのですが，そもそもデータ数が少なく，解析が困難な場合にも力を発揮する手法です．ブラックホールを画像として直接観測するプロジェクトにおいても，解析方法の一つとして使われました．

ラッソ回帰と関連する話題について，手を動かしながら関連する話題を学べる書籍として次のものを挙げておきます．

『スパース推定100問 with Python』鈴木讓 (共立出版, 2021)

Pythonのコードが記載されているので，数式だけでは理解が進みづらい人にも助かります．なお，R言語版もあります．ほかに

『スパース性に基づく機械学習』冨岡亮太 (講談社, 2015)

も良書です．トピックごとにまとめられた『機械学習プロフェッショナルシリーズ』の一冊です．

特異値分解の数値計算に興味のある人に

データサイエンスや機械学習に取り組むとき，特異値分解などの基本的な道具を，呼吸するように使います．Pythonなどでは一行のコードで簡単に実行できますね．その中身にまで興味をもつ人は多くないかもしれませんが，より高速に，より高精度に特異値分解をするための研究もまだまだ行われています．そのような特異値分解の数値計算に興味のある人に，「一歩先」として

『計算科学のための基本数理アルゴリズム』金田行雄，笹井理生 監修，
張紹良 編集 （共立出版, 2019）

を挙げておきます．特異値分解に限らず，基本となるいろいろな数値計算手法が記載されています．ほかに

『固有値計算と特異値計算』日本計算工学会 編集，長谷川秀彦 他著
(丸善出版, 2019)

は，書名にあるようにさらに話題を限定した書籍です．

特異値分解の応用について

特異値分解は，低ランク近似の文脈で本当に重要な技術です．ほかにもさまざまな応用があり，自然言語処理における**潜在意味解析**というキーワードを紹介しました．これに関連する書籍として

『トピックモデルによる統計的潜在意味解析』佐藤一誠 (コロナ社, 2015)

を紹介しておきます．この書籍は確率的なモデルに基づく解析がテーマなので，特

異値分解は序盤でさらっと使われているだけですが、「一歩先」につながる応用を知ることができます.

18.2 直交性を駆使する

行列の掛け算で，大きさしか変わらない特別なベクトルがあります

まずはこの幕間での説明に必要不可欠な概念を紹介しましょう. **固有値**と**固有ベクトル**です.

正方行列 A に対して，以下の特別な関係を満たすベクトルを考えます.

$$Av_i = \lambda_i v_i \tag{18.1}$$

λ_i を固有値，v_i を固有ベクトルと言います. 添字 i をつけてあるのは，このようなものが複数あるからです. 行列 A はベクトルをほかのベクトルに写すものと解釈できました. 写したあとが元のベクトルのスカラ倍，つまり方向が変わらない特別なものが固有ベクトルです. 固有値と固有ベクトルは線形代数で必ず学ぶものですので，教科書を参照してみてください.

主成分分析では，分散を大きくする軸を選びます

前回，主成分分析の考え方を説明したあと，急に特異値分解の話をしました. 特異値分解は低ランク近似という文脈で，本書の第 5 部において重要な役割を果たします. その意味で触れておく必要があったのですが，残しておいた主成分分析の話もここで押さえておきましょう.

問題設定について復習しておきます. まず D 次元の入力を考えます. 主成分分析の場合には出力を与える関数を考えるのではなく，この入力をうまく扱うような軸を選ぶことが目的です. 「うまく」というのはデータの個性を見られること，つまりデータごとを区別しやすいこと，としておきます. この考え方が絶対的なものではなく，今は「アート的に」このように考えただけ，ということにも注意しましょう.

そもそも「座標」というのは，基底となるベクトルを決めたときの一次結合の係数をならべたものでした. たとえば x 軸を考えるためには，その方向のベクトル x を考える必要があります. このとき，第 6 話で触れたよ

うに，x のノルムを 1 にしておきましょう．すると，ベクトル z の「x 軸方向の座標」を内積 $\langle x|z \rangle$，つまり射影で求められます．便利ですね．

さて，図 18.1 に示したデータに対して，元の基底 $\{x_1, x_2\}$ に代わる軸 $\{w_1, w_2\}$ を作ることを考えましょう．この新しい軸ではデータの違いを見やすくなるので，可能であれば w_1 の「座標」だけで大枠を捉えたい，ということでしたね．

ばらつき具合を大きくしたいということは，データの分散が大きくなればよいわけです．軸の取り方によって分散の値も変わります．そこで，仮に軸 w_1 を作ったとして，そこでの分散を計算してみましょう．今，データが中心化されているとします．標準化ではないことに注意してください．各データの各軸について，それぞれ平均値を引き算して，原点中心にしただけです．単にデータを平行移動させるだけですので本質ではないのですが，式変形がかなり簡単になります．すると，N 個のデータをまとめたデータ行列 X に対して，w_1 の方向の分散が次のように求まります．

$$\sigma_1^2 = \frac{1}{N}(Xw_1)^\top(Xw_1) \tag{18.2}$$

これを最大にするような w_1 を探すのですが，さらに「w_1 のノルムが 1」という条件をつけておきます．すると，このあと見るように

$$\left(\frac{1}{N}X^\top X\right)w_1 = \lambda_1 w_1 \tag{18.3}$$

が得られます．$A = (1/N)X^\top X$ とみなすと，まさに A の固有値 λ_1，固

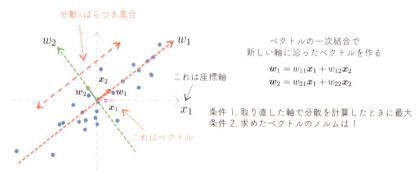

図 18.1 「ばらつき具合が大きい軸から作る」と自分で基準を決める

有ベクトル $\boldsymbol{w}_1$ が出てきていますね.

このあと主成分分析にかかわる数式変形の概要を見ていきます.結果として「最初の軸,つまり**第 1 主成分**の方向を与えるベクトルは,式 (18.3)で表される固有値問題の解のなかで最大の固有値に対応する固有ベクトルになること」や,「二つ目の軸,つまり**第 2 主成分**については,2 番目に大きな固有値に対する固有ベクトルになること」などが得られます.

最初の軸の分散の計算

n 番目のデータを $\boldsymbol{x}_n$ として,最初の軸 $\boldsymbol{w}_1$ に対する座標を

$$t_{n1} = \langle \boldsymbol{w}_1 | \boldsymbol{x} \rangle = \boldsymbol{w}_1^\top \boldsymbol{x}_n = \boldsymbol{x}_n^\top \boldsymbol{w}_1 = \sum_{d=1}^{D} w_{1d} x_{nd} \tag{18.4}$$

とします.なお, $\boldsymbol{w}_1$ はノルムが 1 になるように選ばれているものとします.このノルムが 1 のベクトル $\boldsymbol{w}_1$ との内積によって,その方向へ射影した成分が求まりますね.これが座標でした.なお,途中の内積の表記をいくつか書きました.このあとで, $\boldsymbol{x}_n^\top \boldsymbol{w}_1$ の表記も使います.

データが中心化されているので,軸 $\boldsymbol{w}_1$ に関して作った座標の平均は

$$\frac{1}{N} \sum_{n=1}^{N} t_{n1} = \frac{1}{N} \sum_{n=1}^{N} \left[\sum_{d=1}^{D} w_{1d} x_{nd} \right] = \sum_{d=1}^{D} w_{1d} \underbrace{\left[\frac{1}{N} \sum_{n=1}^{N} x_{nd} \right]}_{\text{平均値ゼロ}} = 0 \tag{18.5}$$

となり,ゼロです.分散の計算のときに,通常はデータの値から平均値を引き算する必要がありますが,その引き算が不要になります.すると,軸 $\boldsymbol{w}_1$ に関する n 番目のデータの座標が t_{n1} でしたので,分散は

$$\sigma_1^2 = \frac{1}{N} \sum_{n=1}^{N} (t_{n1})^2 = \frac{1}{N} \sum_{n=1}^{N} \left(\boldsymbol{x}_n^\top \boldsymbol{w}_1 \right)^2 = \frac{1}{N} \left(X \boldsymbol{w}_1 \right)^\top \left(X \boldsymbol{w}_1 \right) \tag{18.6}$$

です.ここで,次の「行ベクトルを要素とみなす」という形式的な計算

$$X \boldsymbol{w}_1 = \begin{bmatrix} \boldsymbol{x}_1^\top \\ \vdots \\ \boldsymbol{x}_N^\top \end{bmatrix} \boldsymbol{w}_1 = \begin{bmatrix} \boldsymbol{x}_1^\top \boldsymbol{w}_1 \\ \vdots \\ \boldsymbol{x}_N^\top \boldsymbol{w}_1 \end{bmatrix} \tag{18.7}$$

を使って最後の式変形をしました. $X \boldsymbol{w}_1$ は列ベクトルなので,自分自身との内積を考えれば「それぞれの要素を二乗したものの和」が出てきます.これで式 (18.6)の最後の等式がつながりますね.以上で式 (18.2) を導出できました.

制約条件を満たしながら少し動かすための条件は，「勾配と直交」です

　先ほどの主成分分析の結果を導出するためには，「ノルムが1」という条件をつけたうえで最適化問題を解く必要があります．そのために使う方法が**ラグランジュの未定乗数法**です．詳細は最適化に関する書籍を参考にしてもらうことにして，ここでは，この手法のイメージを捉えてみます．

　最適化問題としては以下の関数 $f(\boldsymbol{w})$ を最大にすることを考えます．

$$f(\boldsymbol{w}) = \frac{1}{N} \left(X\boldsymbol{w} \right)^{\top} \left(X\boldsymbol{w} \right) \tag{18.8}$$

また，制約条件を表す関数として $g(\boldsymbol{w})$ を導入します．

$$g(\boldsymbol{w}) = \boldsymbol{w}^{\top}\boldsymbol{w} - 1 \tag{18.9}$$

$g(\boldsymbol{w}) = 0$ を書き換えると，$\boldsymbol{w}^{\top}\boldsymbol{w} = 1$ となり，「ノルムが1」の制約条件になりますね．

　ここで，知っておくと「一歩先」で便利な記号を導入します．

$$\nabla_{\boldsymbol{w}} g(\boldsymbol{w}) = \frac{\partial}{\partial \boldsymbol{w}} g(\boldsymbol{w}) \tag{18.10}$$

この ∇ という記号は**ナブラ**と読みます．ここでは単に，これまで見てきたベクトルでの微分のことですね．ただ，このあと図で見るように，関数の等高線を考えたときに登ったり下ったりする方向，つまり**勾配**の方向を抜き出す意味を強調したい場合に便利です．なお，今はベクトル $\boldsymbol{w}$ での微分を考えているので，右下に $\boldsymbol{w}$ を添えています．

　制約条件について少し深く考えてみましょう．制約条件は $g(\boldsymbol{w}) = 0$ で与えられますが，「イコールゼロ」をなくすと関数 $z = g(\boldsymbol{w})$ として捉えられます．わかりやすくするため $\boldsymbol{w}$ が2変数の場合を考えましょう．すると $z = g(\boldsymbol{w})$ の等高線を図 18.2 のように描けます．今は $\boldsymbol{w} = 0$ で $g(\boldsymbol{w})$ は最小値をとります．実は先ほど導入したナブラで与えられるベクトル $\nabla_{\boldsymbol{w}} g(\boldsymbol{w})$ は，この等高線と直交する方向，つまり勾配の方向に対応します．実際，図 18.2 の [1] をいくつかの点上で計算してみると，簡単に確かめられます．

　今，$g(\boldsymbol{w}) = 0$ を満たす点 $\boldsymbol{w}$ にいるとします．制約条件を満たしつつ，少しだけ移動してみましょう．制約条件を破らないためには，同じ等高線

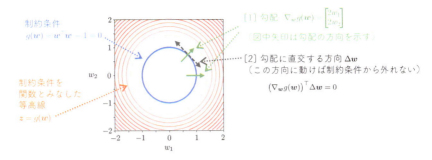

図 18.2 制約条件を，少し深く捉えてみる

の上を動く必要があります．そのためには，勾配がゼロとなるように動けばよいですね．ここから「制約条件を破らない方向は，勾配と直交する」という条件が得られます．図 18.2 の [2] です．つまり，その方向に少しだけ動くベクトルを「ちょっとした変化の意味」で $\Delta \boldsymbol{w}$ と書くと

$$\left(\nabla_{\boldsymbol{w}} g(\boldsymbol{w})\right)^\top \Delta \boldsymbol{w} = 0 \tag{18.11}$$

が成立します．直交なので内積がゼロですね．

これで「制約条件を満たしながら関数 $f(\boldsymbol{w})$ を最大にする $\boldsymbol{w}$ を探す」準備ができました．

コスト関数を少し変えると，制約条件を追加できます

ラグランジュの未定乗数法では，最大化もしくは最小化したい関数に制約条件を追加した関数を作り，その「微分イコールゼロ」を求めます．最初の軸 $\boldsymbol{w}_1$ では次の関数を考えることになります．

$$J_1(\boldsymbol{w}_1, \lambda_1) = f(\boldsymbol{w}_1) - \lambda_1 g(\boldsymbol{w}_1) \tag{18.12}$$

制約条件を表す $g(\boldsymbol{w}_1)$ の前についた λ_1 をラグランジュ乗数と呼びます．実際に式 (18.12) を λ_1 で偏微分してイコールゼロとすると，$g(\boldsymbol{w}_1) = 0$ が出てきます．これは「ノルムが 1」という条件 $\boldsymbol{w}_1^\top \boldsymbol{w}_1 = 1$ でしたね．そして，$J_1(\boldsymbol{w}_1, \lambda_1)$ を $\boldsymbol{w}_1$ で微分してイコールゼロとすると，主成分分析の話と，固有値，固有ベクトルを求める話とを結びつけられます．

第 18 話　[幕間] 直交の技術.

ラグランジュの未定乗数法の続き

関数 $f(\boldsymbol{w})$ を最大もしくは最小にする点を求めるには，素朴には $\nabla_{\boldsymbol{w}} f(\boldsymbol{w}) = 0$，つまり「微分イコールゼロ」を解けばよさそうです．ただ，今回は $\boldsymbol{w}$ が原点から離れるほど $f(\boldsymbol{w})$ が大きくなり，最大値は原点から無限に離れた場所になってしまいます．制約条件があるからこそ，最大値を求められます．図 18.3 に 2 次元の場合のイメージを示しました．$f(\boldsymbol{w})$ が与える等高線の楕円と，制約条件を満たす円を描いています．等高線は $g(\boldsymbol{w})$ ではなく，今回は $f(\boldsymbol{w})$ です．図から，最大値を与えるのは二つの黒丸の点だとわかりますね．

ここで，制約を満たしながら $f(\boldsymbol{w})$ を最大にする点が求まったとします．その点を $\boldsymbol{w}^*$ としましょう．その点を中心として，第 8 話の最後にも出てきたテイラー展開をします．今回は多変数でのテイラー展開です．

$$f(\boldsymbol{w}^* + \Delta \boldsymbol{w}) \simeq f(\boldsymbol{w}^*) + \sum_{d=1}^{D} \frac{\partial}{\partial w_d} f(\boldsymbol{w}) \bigg|_{\boldsymbol{w}=\boldsymbol{w}^*} \Delta w_d$$
$$= f(\boldsymbol{w}^*) + \left(\nabla_{\boldsymbol{w}} f(\boldsymbol{w}^*) \right)^\top \Delta \boldsymbol{w} \quad (18.13)$$

1 次の項までで近似しました．$\boldsymbol{w}^*$ から $\boldsymbol{w}'$ へと動かしたときに，$\Delta \boldsymbol{w} = \boldsymbol{w}' - \boldsymbol{w}^*$ です．この $\Delta \boldsymbol{w}$ の変化が小さいので，1 次まででよい近似となっているはずです．しかし，$\Delta \boldsymbol{w}$ の方向に動かして値が大きくなってしまったら，「$\boldsymbol{w}^*$ で最大」ではなくなってしまいます．よって，式 (18.13) の右辺第 2 項目が消える必要があります．もし素朴な条件 $\nabla_{\boldsymbol{w}} f(\boldsymbol{w}) = 0$ が成り立てばよいのですが，制約条件 $g(\boldsymbol{w}) = 0$ を満たす円上では $\nabla_{\boldsymbol{w}} f(\boldsymbol{w}) \neq 0$ です．

式 (18.13) の右辺第 2 項目が消えるためには

$$\left(\nabla_{\boldsymbol{w}} f(\boldsymbol{w}^*) \right)^\top \Delta \boldsymbol{w} = 0 \quad (18.14)$$

であればよいですね．つまり，$f(\boldsymbol{w})$ の勾配 $\nabla_{\boldsymbol{w}} f(\boldsymbol{w})$ と，動かす方向 $\Delta \boldsymbol{w}$ が直交します．ここまで来ると見えてきましたね．動かす方向 $\Delta \boldsymbol{w}$ は $g(\boldsymbol{w}) = 0$ の制約条

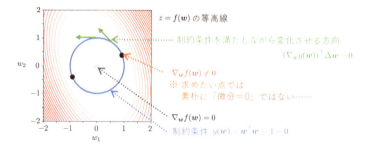

図 18.3　制約条件を満たしながら，関数 $f(\boldsymbol{w})$ を最大にする点を探す

件を満たす必要があります．その条件が「$g(\boldsymbol{w})$ の勾配と直交」でした．両方の勾配が $\Delta\boldsymbol{w}$ と直交するので，これらは平行です．つまり，λ を実数として，$\boldsymbol{w}^*$ 上で

$$\nabla_{\boldsymbol{w}} f(\boldsymbol{w}^*) = \lambda \nabla_{\boldsymbol{w}} g(\boldsymbol{w}^*) \tag{18.15}$$

となっていればよいわけです．式を整理すると

$$\nabla_{\boldsymbol{w}} f(\boldsymbol{w}^*) - \lambda \nabla_{\boldsymbol{w}} g(\boldsymbol{w}^*) = 0 \tag{18.16}$$

です．すなわち，次の関数 $J_1(\boldsymbol{w}, \lambda)$ を微分してイコールゼロを満たす $\boldsymbol{w}$ を探せば，それが $\boldsymbol{w}^*$ ですね．

$$J_1(\boldsymbol{w}, \lambda) = f(\boldsymbol{w}) - \lambda g(\boldsymbol{w}) + C \tag{18.17}$$

なお，C は定数ですが，微分で消えてしまうので $C = 0$ としてしまいましょう．これで，制約条件を追加した関数 $J_1(\boldsymbol{w}, \lambda)$ が得られました．ラグランジュ乗数 λ も変数ですが，$\boldsymbol{w}$ での微分と λ での微分で連立方程式を作るので，未知変数の数と方程式の数は一致します．よって，解けます．

分散を最大にする最適化問題を解く

ラグランジュの未定乗数法を使って，実際に主成分分析の計算を進めていきましょう．最初の軸 $\boldsymbol{w}_1$ を求めるために，以下の関数を考えます．

$$J_1(\boldsymbol{w}_1, \lambda_1) = \frac{1}{N} \boldsymbol{w}_1^\top X^\top X \boldsymbol{w}_1 - \lambda_1 \left(\boldsymbol{w}_1^\top \boldsymbol{w}_1 - 1 \right) \tag{18.18}$$

右辺の第 2 項目が条件に対応する部分 $g(\boldsymbol{w}_1)$ ですね．この $J_1(\boldsymbol{w}_1, \lambda_1)$ を λ_1 で微分すると，「ノルムが 1」の条件が出てくるのでした．では，$\boldsymbol{w}_1$ で微分しましょう．

$$\frac{\partial J_1}{\partial \boldsymbol{w}_1} = 2 \frac{1}{N} X^\top X \boldsymbol{w}_1 - 2\lambda_1 \boldsymbol{w}_1 = 0 \quad \Rightarrow \quad \frac{1}{N} X^\top X \boldsymbol{w}_1 = \lambda_1 \boldsymbol{w}_1 \tag{18.19}$$

これは $(1/N)X^\top X$ に対する固有値問題ですね．よって，固有値を求めて λ_1 として，対応する固有ベクトルを $\boldsymbol{w}_1$ とします．ただし，制約条件があったので，固有ベクトルのノルムを 1 に正規化しておきましょう．なお，固有値はたくさんありますが，左から $\boldsymbol{w}_1^\top$ を掛け算したうえで，$\boldsymbol{w}_1^\top \boldsymbol{w}_1 = 1$ を使うと

$$\frac{1}{N} \boldsymbol{w}_1^\top \left(X^\top X \right) \boldsymbol{w}_1 = \lambda_1 \boldsymbol{w}_1^\top \boldsymbol{w}_1 = \lambda_1 \tag{18.20}$$

となります．左辺は式 (18.6) で求めた分散 σ_1^2 ですね．分散を最大にする軸を探すのが目的なので，最大の固有値を λ_1 として使いましょう．よって，一つ目の軸 $\boldsymbol{w}_1$ は，最大固有値に対応する固有ベクトルを正規化したものです．

なお，固有ベクトルは，-1 を掛け算しても固有ベクトルです．図 18.3 に黒丸が二つあったのは，これが理由です．これは主成分の軸の向きを二つ選べることに

対応しています.

二つ目の軸を求めるためには,次の関数を考えます.

$$J_2(\boldsymbol{w}_2, \lambda_2, \mu_2) = \frac{1}{N} \boldsymbol{w}_2^\top X^\top X \boldsymbol{w}_2 - \underbrace{\lambda_2 \left(\boldsymbol{w}_2^\top \boldsymbol{w}_2 - 1 \right)}_{\text{ノルムが } 1} - \underbrace{\mu_2 \boldsymbol{w}_1^\top \boldsymbol{w}_2}_{\text{直交}} \quad (18.21)$$

未定乗数法において,「次に求める軸は $\boldsymbol{w}_1$ に直交する」という条件も追加しました. 乗数 μ_2 での偏微分から $\boldsymbol{w}_1^\top \boldsymbol{w}_2 = 0$,つまり直交が出てきます. 計算を進めていくと,最終的に以下の形の式が出てきます.

$$\frac{1}{N} \left(X^\top X \right) \boldsymbol{w}_2 = \lambda_2 \boldsymbol{w}_2 \quad (18.22)$$

先ほどとまったく同じ固有値問題の式ですね. もちろん,一つ目の軸と一致するわけではありません. 先ほどの議論から,分散が 2 番目に大きいもの,つまり 2 番目に大きな固有値に対応する固有ベクトルを正規化して $\boldsymbol{w}_2$ とおくことがわかります. 三つ目以降の軸は,それまでに得られている軸と直交する条件をさらに追加していけば同様に求まります.

線形代数的な視点からわかること

なお,実数だけから作られている正方行列に対しても,固有値や固有ベクトルが虚数になることもあります. 今回は固有値に分散の意味があるので,虚数は困りますね……大丈夫でしょうか?

ここでは $(1/N) X^\top X$ の固有値問題を考えています. そして,この行列は対称行列です. 実際に,行列の積の転置の性質 $(AB)^\top = B^\top A^\top$ を使えば

$$\left(\frac{1}{N} X^\top X \right)^\top = \frac{1}{N} \left(X^\top X \right)^\top = \frac{1}{N} X^\top \left(X^\top \right)^\top = \frac{1}{N} X^\top X \quad (18.23)$$

を確認できます. 線形代数の基本的事項として「対称行列の固有値は必ず実数になること」を学びます. よって,虚数は出てきませんね. また,分散が負になると困りますが,127 ページと同じ議論により,$\boldsymbol{w}^\top X^\top X \boldsymbol{w} = (X\boldsymbol{w})^\top X \boldsymbol{w} = \|X\boldsymbol{w}\|_2^2 \geq 0$ から $X^\top X$ は半正定値行列であることも示せるので,固有値はゼロ以上です. $(1/N)$ も正なので,分散としての解釈が成立します.

さらに,通常は「互いに異なる固有値に対する固有ベクトルは一次独立である」と言えますが,対称行列に対しては「直交する」という強い主張が成り立つのでした. 求めた軸が直交することと,つじつまがあっていますね.

最適化に関する書籍

ラグランジュの未定乗数法をしっかりと学ぶためには,最適化に関する数学が必要です. たとえば

『しっかり学ぶ数理最適化 モデルからアルゴリズムまで』 梅谷俊治
(講談社, 2020)

は，図を用いた説明も多く，入門しやすい書籍です．いろいろなスタイルの教科書が出ているので，いくつかを眺めて，自分に合いそうなものを選んでみてください．

固有値と特異値には深いつながりがあります

もう一歩，深く見てみましょう．実は，対称行列 $X^\top X$ の固有値の話は，行列 X の特異値分解とつながり，「ゼロではない固有値が特異値の二乗と関係すること」と「特異値分解で得られる行列に固有ベクトルが隠れていること」を示せます．これで特異値分解の意味の理解が進みますね．

固有値と特異値，主成分分析とのつながり

$X = U\Sigma V^\top$ という特異値分解を考えます．このとき，転置をとったものとの掛け算は以下のように計算できます．

$$X^\top X = \left(U\Sigma V^\top\right)^\top \left(U\Sigma V^\top\right) = V\Sigma^\top U^\top U\Sigma V^\top = V\Sigma^\top \Sigma V^\top \tag{18.24}$$

U が直交行列なので，$U^\top = U^{-1}$ を使いました．右から V を掛け算すると V も直交行列だったので，$V^\top = V^{-1}$ より

$$X^\top X V = V\Sigma^\top \Sigma V^\top V = V\Sigma^\top \Sigma = V \begin{bmatrix} \Sigma_R^\top & \mathbf{0} \\ \mathbf{0} & \mathbf{0} \end{bmatrix} \begin{bmatrix} \Sigma_R & \mathbf{0} \\ \mathbf{0} & \mathbf{0} \end{bmatrix} \tag{18.25}$$

です．Σ は正方行列ではありませんが，対角項に特異値がならんだ対角行列 Σ_R と，それ以外にゼロを埋めた形に書けます．Σ_R は対角行列なので $\Sigma_R^\top = \Sigma_R$ です．すると式 (18.25) の右辺は，ゼロとの掛け算で消えるところを削って

$$\begin{bmatrix} \boldsymbol{v}_1 & \cdots & \boldsymbol{v}_R \end{bmatrix} \begin{bmatrix} \sigma_1^2 & \cdots & 0 \\ \vdots & \ddots & \vdots \\ 0 & \cdots & \sigma_R^2 \end{bmatrix} = \begin{bmatrix} \sigma_1^2 \boldsymbol{v}_1 & \cdots & \sigma_R^2 \boldsymbol{v}_R \end{bmatrix} \tag{18.26}$$

と書けます．一方，V の R 列目までを使うと，式 (18.25) の左辺は

$$X^\top X \begin{bmatrix} \boldsymbol{v}_1 & \cdots & \boldsymbol{v}_R \end{bmatrix} = \begin{bmatrix} X^\top X \boldsymbol{v}_1 & \cdots & X^\top X \boldsymbol{v}_R \end{bmatrix} \tag{18.27}$$

です．よって，形式的に式 (18.26) と式 (18.27) の要素を比較すると

$$X^\top X \boldsymbol{v}_r = \sigma_r^2 \boldsymbol{v}_r \tag{18.28}$$

が成り立ちます．これは，行列 $X^\top X$ の固有値が σ_r^2，対応する固有ベクトルが $\boldsymbol{v}_r$ であることを意味しています．

もう見えてきましたね．主成分分析において，r 番目の主成分を求める場合の固有値問題の両辺に N を掛け算した式を，先ほどの式とならべて書いてみましょう．

$$（固有値問題から出てくる式） \qquad X^\top X \boldsymbol{w}_r = N\lambda_r \boldsymbol{w}_r$$

$$（特異値分解から出てくる式） \qquad X^\top X \boldsymbol{v}_r = \sigma_r^2 \boldsymbol{v}_r$$

このことから，σ_r^2 が $N\lambda_r$ と一致すること，そして特異値分解で得られる V の r 列目 $\boldsymbol{v}_r$ が固有ベクトル $\boldsymbol{w}_r$ に一致することを確認できました．なお，特異値は大きいほうから順番にならべていました．主成分分析では固有値の大きいほうから第 1 主成分としていたので，この対応も大丈夫です．ただ，固有値はゼロをとりうるので，その部分は取り除きます．さらに，固有ベクトルの直交性と，特異値分解で得られる V が直交行列であることのつながりもわかりますね．

特異値分解の左側の行列と座標の関係

第 17 話の最後に，特異値分解の結果を次の一番右の形でも書けることを見ました．

$$X = \begin{bmatrix} \boldsymbol{x}_1^\top \\ \vdots \\ \boldsymbol{x}_N^\top \end{bmatrix} = \begin{bmatrix} \langle \boldsymbol{x}_1 | \\ \vdots \\ \langle \boldsymbol{x}_N | \end{bmatrix} = \sum_{r=1}^{R} \sigma_r |\boldsymbol{u}_r\rangle \langle \boldsymbol{v}_r| \tag{18.29}$$

一方，今回見てきたように，最初の軸 $\boldsymbol{w}_1$ に対する n 番目のデータ $\boldsymbol{x}_n$ の座標は $\langle \boldsymbol{w}_1 | \boldsymbol{x}_n\rangle = \langle \boldsymbol{x}_n | \boldsymbol{w}_1\rangle$，つまり射影で与えられます．さて，上で見たように，$\boldsymbol{w}_1 = \boldsymbol{v}_1$，つまり $|\boldsymbol{w}_1\rangle = |\boldsymbol{v}_1\rangle$ です．そこで，式 (18.29) に右から $|\boldsymbol{v}_1\rangle$ を掛け算してみましょう．

$$X|\boldsymbol{v}_1\rangle = \sum_{r=1}^{R} \sigma_r |\boldsymbol{u}_r\rangle \langle \boldsymbol{v}_r | \boldsymbol{v}_1\rangle = \sigma_1 |\boldsymbol{u}_1\rangle \langle \boldsymbol{v}_1 | \boldsymbol{v}_1\rangle = \sigma_1 |\boldsymbol{u}_1\rangle \tag{18.30}$$

式変形では，異なる r と r' に対する直交性 $\langle \boldsymbol{v}_{r'} | \boldsymbol{v}_r\rangle = 0$ と正規性 $\langle \boldsymbol{v}_1 | \boldsymbol{v}_1\rangle = 1$ を使いました．行列 $X|\boldsymbol{v}_1\rangle = X|\boldsymbol{w}_1\rangle$ のサイズは $N \times 1$，つまり列ベクトルで，各列が座標 $\langle \boldsymbol{x}_n | \boldsymbol{w}_1\rangle$ に対応します．このことから，特異値分解で得られる行列 U の 1 列目の $|\boldsymbol{u}_1\rangle$ そのものではなく，$|\boldsymbol{u}_1\rangle$ に σ_1 を掛け算したものが，一つ目の軸 $\boldsymbol{w}_1$ に対するそれぞれのデータの座標になることがわかりますね．

逆行列的なものを正方行列以外にも導入でき，特異値分解で求まります

主成分分析とラグランジュの未定乗数法は本書の残りでは使いませんが，「一歩先」に向けて重要なので，幕間と言いつつ，長くなりました……．ようやく最後の話題です．特異値分解と関連して，「一歩先」に進むときに重

要な**疑似逆行列**を見ておきます．これは第5部で活躍します．

逆行列は存在するとしても正方行列に対してのみでしたが，疑似逆行列は，正方行列以外にも定義されます．**一般化逆行列**など，ほかの呼ばれ方もあります．ここでは，$N \times D$ 行列 X を考えましょう．ムーア・ペンローズの疑似逆行列 X^+ と呼ばれるものは $D \times N$ 行列で，以下が成り立ちます．

$$XX^+X = X \tag{18.31}$$

$$X^+XX^+ = X^+ \tag{18.32}$$

$$\left(XX^+\right)^\top = XX^+ \tag{18.33}$$

$$\left(X^+X\right)^\top = X^+X \tag{18.34}$$

きちんとした定義は「一歩先」で確認してもらうとして，ひとまず式 (18.31)
と式 (18.32) を眺めてみましょう．左辺と右辺を見比べると，あたかも X^+X
や XX^+ が消えている，と解釈できます．そのため逆行列のような性質があると言えます．ただし，$XX^+ = X^+X = I$ は一般には成り立たないので注意しましょう．もし X が正方行列で逆行列をもつ場合には，$X^+ = X^{-1}$
が成り立ちます．その意味で，通常の逆行列を一般化したものですね．

次に，疑似逆行列と特異値分解との関係を見てみましょう．特異値分解
$X = U\Sigma V^\top$ に対して

$$X^+ = V\Sigma^+U^\top \tag{18.35}$$

とします．ただし，

$$\Sigma = \begin{bmatrix} \Sigma_R & 0 \\ 0 & 0 \end{bmatrix}, \qquad \Sigma^+ = \begin{bmatrix} \Sigma_R^{-1} & 0 \\ 0 & 0 \end{bmatrix} \tag{18.36}$$

です．Σ_R は対角行列で，対角成分には正の値がならんでいます．大きな 0
は，残りのサイズに合わせてたくさんゼロをならべたものです．Σ_R^{-1} は必ず存在し，Σ_R の成分を σ_r とすると，対応する成分は $1/\sigma_r$ です．式 (18.35) の
X^+ は疑似逆行列です．U と V が直交行列であることを使えば，式 (18.31)
から式 (18.34) の性質を満たすことを確認できます（これは各自で）．

「一歩先」に進むと，疑似逆行列はいろいろな場面で出てきます．実は本書でもすでに出てきたのですが……さて，どこでしょうか？

最小二乗法の解に，疑似逆行列がこっそり登場

データ行列 X について，$N > D$ だとします．もし X の階数が D，つまり列フルランクであれば，$X^\top X$ は逆行列をもちます．このとき

$$X^+ = (X^\top X)^{-1} X^\top \tag{18.37}$$

であることが知られています．実際に，疑似逆行列の性質を満たしていることも確認できます．

さて，線形回帰は実際の出力 y_n とモデルの予測結果 $\boldsymbol{w}^\top \boldsymbol{x}_n$ とを一致させるのが目的でした．ただ，完全な一致は難しいので二乗誤差を考えていたのでしたね．もし一致するのであれば，それぞれベクトル表記をして

$$\boldsymbol{y} = X\boldsymbol{w} \tag{18.38}$$

が成立します．これは連立一次方程式なので，もし X が正方行列で逆行列が存在すれば

$$\boldsymbol{w} = X^{-1}\boldsymbol{y} \tag{18.39}$$

のように解くことができます．もちろん，今はこのようにはできません．ただ，この議論で X^{-1} が出てきています．この部分を形式的に疑似逆行列に置き換えると

$$\boldsymbol{w} = X^+\boldsymbol{y} \tag{18.40}$$

ですね．ここに式 (18.37) を使うと

$$\boldsymbol{w} = (X^\top X)^{-1} X^\top \boldsymbol{y} \tag{18.41}$$

が得られます．最小二乗法で得られた結果と一致しますね．

ひとまず，疑似逆行列は最小二乗法の意味合いでの解を与えてくれるもの，と理解しておくと便利です．実際には $X^\top X$ が逆行列をもたないこともあるために最小二乗法においてノルムが最小になるものを探す，という議論や，データ行列 X の列ベクトルの一次結合が作る部分線形空間，といった幾何学的な視点ともつながってきます．この視点については前述の『スモールデータ解析と機械学習』にも記載されていますが，

『射影行列・一般逆行列・特異値分解（新装版）』柳井晴夫，竹内啓
(東京大学出版会, 2018)

という，丸一冊を使ってこのあたりの話題を記載した書籍もあります．「一歩先」としては少し難しく感じるかもしれませんが，しっかりとした記載の良書です．

第 4 部
ならべた数と移りゆく世界.

[行列と時間発展系]

第 **19** 話

移り変わりを数式で表現する.

――――――――――――――――――――――――― [微分方程式] ―

▌19.1　時間発展方程式の解は関数

時間発展を記述する方程式を，線形代数的に扱います

　　第 4 部のテーマは時間発展系です．関数を線形代数的に扱う方法に慣れ
るのが本書のテーマですが，時間発展するものも，時間 t の「関数」です
ね．時間発展系は理学系から工学系，さらには経済系など社会科学系も含
めて，さまざまな分野で使われます．

　　図 19.1 に第 4 部で取り組む内容をまとめました．第 1 部ではベクトル
と，ベクトルを写す線形写像を扱いました．第 2 部ではそれを関数の話に
対応させ，関数を写す線形作用素が出てきました．関数を基底関数で展開
し，数がならんだベクトルを作り，線形作用素を行列で表す，でしたね．
ちなみに，第 3 部は第 1 部と第 2 部の応用の話でした．第 4 部では，まず
状態ベクトルの時間発展，つまり連立微分方程式を線形代数的に扱います．
さらには図 19.1 の右下にある偏微分方程式，つまり「関数の時間発展」も
線形代数的に扱います．はたして，どのように扱うのでしょうか？

要素＝数がならんだベクトル　$\boldsymbol{x}$　　　　**第 1 部**　　　　要素＝関数　　　　$p(\boldsymbol{x})$

行列による 線形写像　　　　$L\boldsymbol{x}$　　　　**第 2 部**　　　　作用素による 線形写像　$\mathcal{L}p(\boldsymbol{x})$

微分方程式による　　　　　　　　　　　　　　　　　　偏微分方程式による
ベクトルの時間発展　　　　　　　　**第 4 部**　　　　　　関数の時間発展

$$\frac{d}{dt}\boldsymbol{x}(t) = L\boldsymbol{x}(t) \qquad\qquad \frac{\partial}{\partial t}p(\boldsymbol{x},t) = \mathcal{L}p(\boldsymbol{x},t)$$

図 19.1　第 4 部で取り組むこと：すべてを線形代数的に眺めます

状態の時間発展は，微分方程式で記述できます

まずは行列やベクトルが出てこない簡単な例から始めましょう．例として図 19.2 に示すような，分子が化学反応で変化していく状況を考えます．まず，分子はとても大量にあるので連続変数の「濃度」で扱うことにしましょう．また，化学反応によってその種類の分子は減っていきます．その減り方ですが，分子一つずつが「ある確率で反応を起こす」とすると，濃度の減り方は濃度そのものに比例することになります．たくさん分子があれば反応もたくさん生じて，濃度 $x(t)$ が急激に減少しますし，分子が少なくなれば生じる反応の数も減るので，減少の幅も小さくなります．そのため，濃度の時間発展は以下のような微分方程式，すなわち時間発展方程式で記述されます．

$$\frac{d}{dt}x(t) = -\alpha x(t) \tag{19.1}$$

α は減少の速さに関係するパラメータです．$x(t)$ が掛け算されていて，濃度に比例して減少するという特徴を表現できていますね．

この微分方程式を解くためには初期条件が必要です．時刻 $t=0$ での濃度 $x(0)$ を与えれば，あとは微分方程式にしたがって濃度 $x(t)$ が変化していきます．具体的に減少のパラメータとして $\alpha = 3$ を使い，初期条件 $x(0)$ をいくつか変えて，濃度の変化をプロットしたものが図 19.3 の [1] です．横軸は時間 t で，縦軸が濃度 $x(t)$ です．濃度は時間の関数であることが見やすいですね．

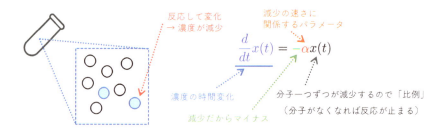

図 19.2　簡単な微分方程式の例

19.1 時間発展方程式の解は関数

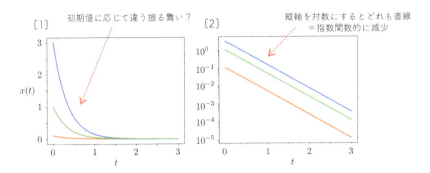

図19.3 時間発展の様子：見た目が違っても，視点を変えれば本質は同じ

「解に指数関数，その肩にパラメータ部分」がポイントです

さて，図 19.3 の [1] を見ると，初期値によって減り方の振る舞いが違うように見えます．ただ，これは視点を変えると本質は同じ振る舞いだとわかります．縦軸を対数プロットしたものが [2] です．すると，どれも直線になります．片対数グラフで直線になるものは，指数関数的な減少，もしくは増加を意味します．今は減少ですね．実際，式 (19.1) の解は

$$x(t) = x(0)e^{-\alpha t} \tag{19.2}$$

で与えられます．式 (19.1) の形の時間発展方程式の解に指数関数が出てくることを，少し意識しておいてください．

これが解かな，と思ったらひとまず代入してみる

微分方程式の解き方として，変数分離法や定数変化法などが知られています．ただ，ここではひとまず解の形を想定できたので，代入してみましょう．

$$\frac{d}{dt}x(t) = \frac{d}{dt}\left(x(0)e^{-\alpha t}\right) = x(0)(-\alpha)e^{-\alpha t} = -\alpha \underbrace{\left(x(0)e^{-\alpha t}\right)}_{x(t)} = -\alpha x(t) \quad (19.3)$$

よって，式 (19.2) が元の時間発展方程式 (19.1) を満たしていることを確認できました．確かに解でしたね．

なお，そもそも解ける微分方程式は限られていますが，解ける方程式がどのようなものかを数学的に議論することもできます．数学のすごさですね．

19.2 変数がたくさんなので行列の出番

一つの微分方程式に見えて，二つの式が出ることもあります

次は，物理の力学の例題としてよく見るバネの話です．図 19.4 に示すように，バネのついたピストンが動きます．出発点は自然長，つまり放っておくとバネがその長さになるところです．そこから引っ張って，手を離します．するとピストンは左に移動しますが，勢いがつくので自然長よりも左側に移動します．今度は逆にバネがピストンを押し戻し……と続きます．さらに，ピストンにはシリンダとの摩擦も作用します．これは速度の反対方向に比例する力です．物理的な詳細はさておき，今は時間発展方程式を考えましょう．ピストンの自然長からのずれの座標を $x(t)$ とすると，その加速度，つまり2階微分は以下の方程式にしたがいます．

$$m\frac{d^2}{dt^2}x(t) = -kx(t) - \gamma v(t) \tag{19.4}$$

m はピストンの質量，k がバネ定数，γ が摩擦係数です．$v(t)$ はピストンの速度で，次の式で与えられます．

$$\frac{d}{dt}x(t) = v(t) \tag{19.5}$$

式 (19.4) には式が一つしかありませんが，式 (19.5) と合わせると，実は次の連立微分方程式と本質は同じです．

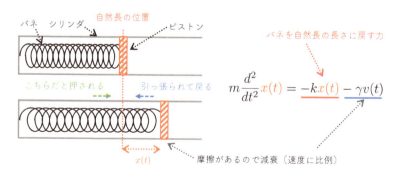

図 **19.4** 物理でよく用いられるバネの例

$$\begin{cases} \frac{d}{dt}x_1(t) = x_2(t) \\ \frac{d}{dt}x_2(t) = -\frac{k}{m}x_1(t) - \frac{\gamma}{m}x_2(t) \end{cases} \tag{19.6}$$

ここで $x_1(t) = x(t)$ および $x_2(t) = v(t)$ と読み替えて，

$$\frac{d^2}{dt^2}x(t) = \frac{d}{dt}\left(\frac{d}{dt}x(t)\right) = \frac{d}{dt}v(t) \tag{19.7}$$

に注意すれば，式 (19.6) と式 (19.4) が等価なことを確認できます．

線形であれば，連立微分方程式を行列で表現できます

$x_1(t)$ と $x_2(t)$ が出てきたので，ならべて書けそうです．式 (19.6) をベクトルと行列を使って書き直しましょう．

$$\boldsymbol{x}(t) = \begin{bmatrix} x_1(t) \\ x_2(t) \end{bmatrix}, \qquad L = \begin{bmatrix} 0 & 1 \\ -(k/m) & -(\gamma/m) \end{bmatrix} \tag{19.8}$$

とおくと

$$\frac{d}{dt}\boldsymbol{x}(t) = \begin{bmatrix} \frac{d}{dt}x_1(t) \\ \frac{d}{dt}x_2(t) \end{bmatrix} = L\boldsymbol{x}(t) \tag{19.9}$$

と書けますね．式 (19.6) の右辺のように，変数の一次結合の形，つまり線形であれば，連立微分方程式を行列とベクトルで表現可能です．

念のための確認と，非線形の場合のコメント

式 (19.9) の右辺は

$$L\boldsymbol{x}(t) = \begin{bmatrix} 0 & 1 \\ -(k/m) & -(\gamma/m) \end{bmatrix} \begin{bmatrix} x_1(t) \\ x_2(t) \end{bmatrix} = \begin{bmatrix} x_2(t) \\ -(k/m)x_1(t) - (\gamma/m)x_2(t) \end{bmatrix} \tag{19.10}$$

なので，$d\boldsymbol{x}(t)/dt$ の要素と比較すると，式 (19.6) が出てきますね．

今後を見すえて，少しだけコメントをしておきます．式 (19.6) の右辺にもし $(x_1(t))^2$ のような項があったとしたらどうでしょうか？ この場合，微分方程式の係数をならべた行列 L とベクトル $\boldsymbol{x}(t)$ には分離できないですよね．微分方程式が状態変数 $\{x_d(t)\}$ の一次結合の形になっているからこそ，行列 L を使って表現できます．

では，一次結合で書けない場合には線形代数を使えないのでしょうか．その点については，第 21 話で少し触れます．

振動する振る舞いを,線形代数的に扱えるでしょうか?

具体例として $m=1, k=3, \gamma=1/2$,初期値 $x(0)=1, v(0)=0$ の場合のバネ運動を見てみましょう.実際に時間変化の様子を示したものが図 19.5 です.長さの座標 $x_1(t)=x(t)$ も,速度を表す $x_2(t)=v(t)$ も,振動しながら減衰していく様子がわかります.

さて,二つの状態変数 $x_1(t)$ および $x_2(t)$ は,どちらも時間の関数です.関数を線形代数的に扱うのが本書のテーマで,そのために基底関数で展開する,という話をこれまで見てきました.振動しながら,さらに減衰をしていくような関数……そのための基底関数とは,いったいどのようなものでしょうか?

さらに,1 変数の場合と対応させて式をならべると

$$(1\text{変数}) \qquad \frac{d}{dt}x(t) = ax(t) \quad \Rightarrow \quad x(t) = x(0)e^{at}$$

$$(\text{行列とベクトル}) \qquad \frac{d}{dt}\boldsymbol{x}(t) = L\boldsymbol{x}(t) \quad \Rightarrow \quad \boldsymbol{x}(t) = \ (?)$$

となります.微分方程式の形が似ているので,解は指数関数と関係するのでしょうか?

その問いに答えるために,まずは次回,第 20 話で「行列の指数関数」を導入します.そして第 21 話で,行列とベクトルで書かれた微分方程式を実際に解いてみましょう.

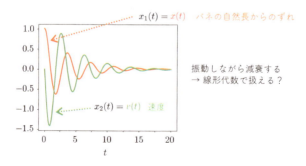

図 19.5 ちょっと複雑な時間発展の振る舞いを,どう扱えばよい?

第 **20** 話

行列を引数にとる関数？

――――――――――――――[行列の指数関数]――――

▌20.1　テイラー展開で定義はできるものの……

手持ちの道具で乗り切りましょう

　微分方程式を扱う準備として，第 20 話では行列を引数にとる関数を考えます．特に**行列の指数関数**が大切です．なお通常はスカラを返すものが「関数」ですが，ここでは行列を引数にとって行列を返すものとして扱います．第 1 部で触れたように，行列を引数にとってスカラを返すものに行列式などがありましたが，それらとは違うものです．

　1 変数の場合の微分方程式の解を指数関数で書けたので，行列とベクトルを使った場合の解も指数関数で書けるのではないか，というのが出発点です．そのためには行列 A に対して

$$e^A \quad (\exp(A) \text{ と書く場合もあります})$$

の形を考える必要がありそうです．ここで，A としてはどのような行列でもよいのでしょうか？ そもそもの定義は？ 定義できたとして計算できるのでしょうか？ これまで行列に対して，和，スカラ倍と積しか導入していませんでした．これら手持ちの道具を使って，どうにかしていきましょう．

べき乗の計算の都合から，引数は正方行列です

　関数の引数として登場するのは，ひとまず行列 A だけです．和とスカラ倍は簡単なので，積を考えましょう．A を n 乗をする，というのも立派な行列の関数ですね．実際，A^n を計算できますが，そのためには A が正方行列である必要があります．そうでないと行列のサイズが揃わず，積を定義できませんね．たとえば A が $D \times D$ 行列であれば，A^2 もまた $D \times D$ 行列になってくれるため，$A^3 = A^2 \times A$ の掛け算を続けることができます．

指数関数のテイラー展開のおさらい

行列の指数関数を定義するために，A の n 乗に加えてもう一つの道具，**テイラー展開**を使います．これは微分積分学で必ず学ぶもので，本書でも第 8 話や第 18 話で少し使いましたね．原点中心の場合は特にマクローリン展開と呼ぶこともあります．マクローリン展開により，無限回微分可能な関数 $f(x)$ に対して

$$f(x) = \sum_{n=0}^{\infty} \frac{1}{n!} \left. \frac{d^n f}{dx^n} \right|_{x=0} x^n \tag{20.1}$$

と書けます．指数関数 e^x は x で微分しても自分自身と一致すること，また $x=0$ における微分係数は $e^0 = 1$ であることから，

$$e^x = \sum_{n=0}^{\infty} \frac{1}{n!} x^n \tag{20.2}$$

が成り立ちます．

テイラー展開で行列の指数関数を定義します

準備が終われば簡単です．図 20.1 のように，通常は指数関数をテイラー展開して無限級数が出てきますが，逆向きに，無限級数で行列の指数関数を定義してしまいます．

$$e^A = \sum_{n=0}^{\infty} \frac{1}{n!} A^n = I + A + \frac{1}{2} A^2 + \cdots \tag{20.3}$$

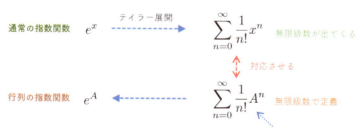

図 20.1 行列の指数関数を，テイラー展開で定義してしまう

ここで A は正方行列です．また，変数 t を追加して以下も成り立ちます．

$$e^{At} = \sum_{n=0}^{\infty} \frac{1}{n!} A^n t^n = I + At + \frac{1}{2} A^2 t^2 + \cdots \tag{20.4}$$

ただ，A^n を具体的にどのように計算するのか，という問題は残りますね．これはこの第 20 話の後半で扱うことにします．

以下，いくつか細かい点と，「一歩先」に向けた大切な概念を補足しておきます．そのあとで，上で定義した指数関数の性質を見てみましょう．

ベクトルのノルムと同様に，行列のノルムもいろいろ

指数関数の定義に無限級数が入っています．数学で無限が出てくる場合には取り扱いに注意する必要があります．もし級数が収束しない場合，つまり値をもたない場合には，指数関数が定義されないことになります．

級数の収束性を議論するために，大きさ，つまりノルムの概念を導入しましょう．ベクトルと同様に，行列に対するノルムも一つではなく，たくさんあり得ます．もちろん，ノルムの性質を満たす必要はあります．その定義の方法について，図 20.2 に示すような二つの視点があります．[1] は素朴なベクトルの定義の拡張，[2] はベクトルのノルムを利用してしまうという，行列が線形写像であることをうまく利用したものです．それぞれ見てみましょう．

まず [1] の視点から．ベクトルのノルム，特に ℓ_2 ノルムは要素の二乗和の負でない平方根，いわゆる高校までに習ったベクトルの大きさに一致していました．同様に，行列の要素の二乗和でノルムを定義することができます．$N \times M$ 行列 A に対して

$$\|A\|_{\mathrm{F}} = \sqrt{\sum_{n=1}^{N} \sum_{m=1}^{M} |a_{nm}|^2} \tag{20.5}$$

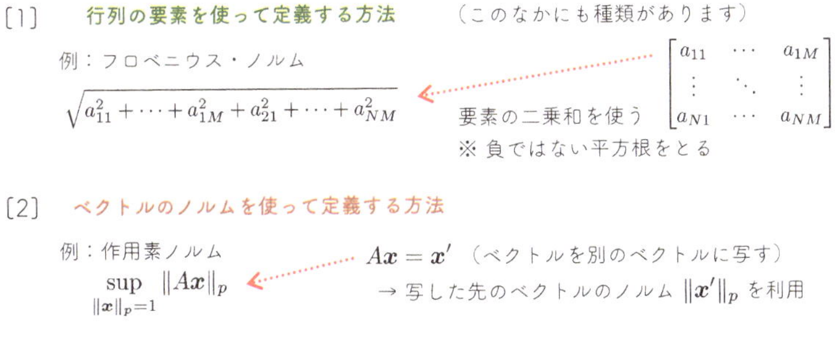

[1] **行列の要素を使って定義する方法** （このなかにも種類があります）

例：フロベニウス・ノルム

$$\sqrt{a_{11}^2 + \cdots + a_{1M}^2 + a_{21}^2 + \cdots + a_{NM}^2}$$

$\begin{bmatrix} a_{11} & \cdots & a_{1M} \\ \vdots & \ddots & \vdots \\ a_{N1} & \cdots & a_{NM} \end{bmatrix}$

要素の二乗和を使う
※ 負ではない平方根をとる

[2] **ベクトルのノルムを使って定義する方法**

例：作用素ノルム

$\sup_{\|\boldsymbol{x}\|_p = 1} \|A\boldsymbol{x}\|_p$

$A\boldsymbol{x} = \boldsymbol{x}'$ （ベクトルを別のベクトルに写す）
→ 写した先のベクトルのノルム $\|\boldsymbol{x}'\|_p$ を利用

図 20.2 行列のノルムを定義するための二つの視点

としたものはノルムの性質を満たします．これは**フロベニウス・ノルム**と呼ばれます．なお，$\|A\|_{\mathrm{F}}^2$ は A の特異値の二乗の和で与えられることも知られています．また，ベクトルのノルムと同様に，二乗ではなく p 乗を使った定義もあります．

次に [2] の視点です．これは**作用素ノルム**と呼ばれるものです．作用素ノルムを理解するうえでのポイントは，行列を線形作用素，すなわち「ベクトルを別のベクトルに写すもの」として捉えることです．写した先の「ベクトルのノルム」を，行列のノルムとして利用します．具体的には以下のように定義します．

$$\|A\|_p = \sup_{\boldsymbol{x} \neq 0} \frac{\|A\boldsymbol{x}\|_p}{\|\boldsymbol{x}\|_p} = \sup_{\|\boldsymbol{x}\|_p = 1} \|A\boldsymbol{x}\|_p \tag{20.6}$$

定義に行列 A が入っていますが，$A\boldsymbol{x}$ の形である点に注目しましょう．これはベクトルです．よって，ベクトルの ℓ_p ノルムを使っているだけですね．このように，ベクトルのノルムから誘導されているので**誘導ノルム**とも呼ばれます．なお，$p = 2$ の場合，つまり $\|A\|_2$ は A の最大特異値と一致することも知られています．

指数関数は任意の行列に対して定義可能

ノルムを定義できたので，指数関数の定義に利用した無限級数の収束性を確認しておきましょう．どれか一つノルムの定義を採用して，$\|A\| = a$ とおきます．a は実数です．すると

$$\left\| \sum_{n=0}^{\infty} \frac{1}{n!} A^n \right\| \leq \sum_{n=0}^{\infty} \frac{1}{n!} \|A\|^n = \sum_{n=0}^{\infty} \frac{a^n}{n!} \tag{20.7}$$

となりますが，最後の級数は任意の実数 a に対して定義され，e^a を与えることがわかっています．というのは，e^a のテイラー展開であり，これは値として存在しますので，きちんと収束します．級数の収束の議論から，ノルムが収束すれば行列の級数も，ある行列に収束することを示せます．よって，行列の指数関数は任意の正方行列 A に対して定義されます．安心して使えますね．

ノルムに関連した，数値計算でとても大切な概念

なお，A が逆行列をもつ場合に，ノルムに対して

$$\mathrm{cond}A = \|A\|\|A^{-1}\| \tag{20.8}$$

とおいたものを**条件数**と呼びます．用いるノルムによって値は変わります．よく見るのは「最大特異値と最小特異値の比」です．これは作用素ノルムで $p = 2$ とした場合に対応します．

この条件数が大きいと，連立方程式や固有値問題を解くときの数値計算が不安定になり，解を求めるのが難しくなります．詳細は「一歩先」で見てみてください．

行列の対数関数では，収束に注意

本書では使いませんが，ほかの関数，たとえば行列の対数関数も定義できます．

通常の対数関数のテイラー展開は

$$\log(1+x) = \sum_{n=1}^{\infty} \frac{(-1)^{n+1}}{n} x^n \tag{20.9}$$

です．これを使って，次の式で行列の対数関数を定義します．

$$\log(I+A) = \sum_{n=1}^{\infty} \frac{(-1)^{n+1}}{n} A^n \tag{20.10}$$

ただし，指数関数の場合と違い，定義のときに注意が必要です．対数関数のテイラー展開の式 (20.9) の右辺は無限級数ですが，収束半径は $|x| < 1$ です．任意の x に対して収束するわけではありません．このことから，式 (20.10) も一般には $\|A\| < 1$ でないと収束しません．つまり，任意の行列 A に対して対数関数を定義できるわけではありません．

ちなみに，$\|A - I\| < 1$ の条件下では $\exp(\log A) = A$ が成立するなど，通常の指数関数や対数関数と似た性質もあります．

行列の指数関数は，基本的には分割不可能です

行列の指数関数を定義したのですが，使用するときに大きな注意が必要です．たとえば通常の指数関数であれば実数 x, y に対して $e^{x+y} = e^x e^y$ のように分解して書くことができますが，行列 A, B に対して一般には

$$e^{A+B} \neq e^A e^B, \qquad e^{A+B} \neq e^B e^A \tag{20.11}$$

です．つまり分解できません．行列の場合，$AB \neq BA$，つまり掛け算の順番を入れ替えると一般には一致しませんでした．これを**非可換性**と呼びましたね．この性質から，通常の指数関数で成立する分解を使えないので，式変形のときに注意しましょう．

利用に注意が必要なものの，指数関数らしい性質も残っています．そのいくつかは式変形のときにとても役立つので，紹介しておきましょう．

まずは先ほどの分解において，もし行列が可換な場合，つまり $AB = BA$ であれば通常の指数関数と同じ性質をもちます．そして，行列は自分自身とはもちろん可換なので，実数 t_1, t_2 に対して

$$e^{At_1 + At_2} = e^{At_1} e^{At_2} = e^{At_2} e^{At_1} \tag{20.12}$$

180　第 20 話　行列を引数にとる関数？

が成立します．また，実数 t に対して以下が成立します．

$$\frac{d}{dt}e^{At} = Ae^{At} = e^{At}A \tag{20.13}$$

$$e^{At}e^{-At} = e^{-At}e^{At} = I \tag{20.14}$$

式 (20.14) から，e^{At} が逆行列をもつこと，つまり以下もわかりますね．

$$(e^{At})^{-1} = e^{-At} \tag{20.15}$$

分解できないことの確認

実際に指数関数を定義通りに計算すると，

$$e^{A+B} = \sum_{n=0}^{\infty}\frac{1}{n!}(A+B)^n = I + A + B + \frac{1}{2}\left(A^2 + AB + BA + B^2\right) + \cdots \tag{20.16}$$

ですが，一方で

$$e^A e^B = (I + A + \frac{1}{2}A^2 + \cdots)(I + B + \frac{1}{2}B^2 + \cdots)$$

$$= I + A + B + AB + \frac{1}{2}A^2 + \frac{1}{2}B^2 + \cdots \tag{20.17}$$

です．$n = 2$ の時点，つまり二乗の時点ですでに一致していませんね……．もし $AB = BA$ であれば $(1/2)(AB + BA) = AB$ となり，$n = 2$ までは式 (20.16) と式 (20.17) が一致します．同様の議論で，行列が可換性を満たせば分解可能であることを示せます．

指数関数の性質の確認

式 (20.12) と式 (20.13) は，可換性を使うと簡単に確認できます．ここでは式 (20.14) を確認しましょう．式 (20.13) の性質を使うと

$$\frac{d}{dt}\left(e^{At}e^{-At}\right) = \left(\frac{d}{dt}e^{At}\right)e^{-At} + e^{At}\left(\frac{d}{dt}e^{-At}\right)$$

$$= Ae^{At}e^{-At} - Ae^{At}e^{-At} = O \tag{20.18}$$

です．O はゼロ行列です．最後に同じものを引き算しているので各要素がゼロですね．微分してゼロということは，もともと $e^{At}e^{-At}$ は t に依存しない定数行列だったことを意味します．ということは，どのような t を使っても $e^{At}e^{-At}$ は同じ値です．そこで $t = 0$ を使えば，級数を用いた定義から

$$e^{A\times 0}e^{-A\times 0} = (I + 0 + \cdots)(I + 0 + \cdots) = I \tag{20.19}$$

がわかります．微分の結果と合わせると，どの t に対しても変わらず単位行列になるため，式 (20.14) を確認できました．

指数関数の分解に関する便利な公式たち

ここでは指数関数の分解に役立つ式を，少しだけですが眺めておきます．これらを使う際に，必要に応じて調べてみてください．

まず紹介するのは，行列の非可換性を調べるための道具です．適切なサイズとして定義された二つの行列に対して

$$[A, B] = AB - BA \tag{20.20}$$

と定義されるものがあります．これは**括弧積**や**交換子**と呼ばれます．もし行列 A, B が可換であれば $[A, B] = 0$ ですね．本書では括弧積を利用しませんが，ベーカー・キャンベル・ハウスドルフ公式やザッセンハウス公式などの行列の指数関数と関係する公式や，量子計算の分野において括弧積が活躍します．

時間発展系との関係においては，次のリーの積公式が便利です．

$$e^{(A+B)t} = \lim_{n \to \infty} \left(\exp\left(\frac{t}{n} A \right) \exp\left(\frac{t}{n} B \right) \right)^n \tag{20.21}$$

これを**トロッター分解**と呼ぶこともあります．また，物理学の分野で高次の分解も含めたものは**鈴木・トロッター分解**と呼ばれ，ミクロの世界を記述する量子力学のシミュレーションなどに利用されています．なお，式 (20.21) を作用素へと拡張したものが**リー・トロッターの積公式**です．

時間発展系を扱うことを念頭におくと，Δt が十分に小さいとして，

$$e^{(A+B)\Delta t} = e^{A\Delta t} e^{B\Delta t} + \mathcal{O}\left((\Delta t)^2 \right) \tag{20.22}$$

は便利で，よく見かけます．右辺最後の項の $\mathcal{O}(\cdot)$ は**ランダウの記号**と呼ばれるものの一つで，**ビッグオー**と呼ばれます．ここでの $\mathcal{O}((\Delta t)^2)$ は，「Δt をゼロに近づけたときに $(\Delta t)^2$ と同じか，もっと速くゼロに近づくので，Δt の項と比べたら小さくて無視できますよ」という意味合いです．これで，近似的にですが A と B の指数関数を分解できます．式 (20.22) を導出するためには，$e^{c_1 A \Delta t} e^{c_2 B \Delta t}$ の指数関数をそれぞれ展開したものと，式 (20.22) の左辺を展開したものとの係数比較を利用します．つまり，

$$e^{(A+B)\Delta t} = I + (A + B)\Delta t + \mathcal{O}\left((\Delta t)^2 \right) \tag{20.23}$$

および

$$\begin{aligned}
e^{c_1 A \Delta t} e^{c_2 B \Delta t} &= \left(I + c_1 A \Delta t + \mathcal{O}\left((\Delta t)^2 \right) \right) \left(I + c_2 B \Delta t + \mathcal{O}\left((\Delta t)^2 \right) \right) \\
&= I + (c_1 A + c_2 B)\Delta t + \mathcal{O}\left((\Delta t)^2 \right)
\end{aligned} \tag{20.24}$$

一番大切なこと　　$e^{A+B} \neq e^A e^B$

$\triangle t$ が小さい場合に「近似」として有用な式たち

（1次まで一致）　$e^{(A+B)\Delta t} \simeq e^{A\Delta t} e^{B\Delta t}$

（2次まで一致）　$e^{(A+B)\Delta t} \simeq e^{A(\Delta t/2)} e^{B\Delta t} e^{A(\Delta t/2)}$

自分自身とは可換 → 以下は「厳密に」成立　$(t = N\Delta t)$

$$e^{Lt} = \underbrace{e^{L\Delta t} e^{L\Delta t} \cdots e^{L\Delta t}}_{N \text{ 分割}}$$

図 **20.3**　行列の指数関数の，利用上の注意

の係数を比較することで，$c_1 = 1, c_2 = 1$ が出てきます．次の高次近似

$$e^{\Delta t(A+B)} = e^{A(\Delta t/2)} e^{B\Delta t} e^{A(\Delta t/2)} + \mathcal{O}\left((\Delta t)^3\right) \tag{20.25}$$

も数値計算でよく使われます．今度は $e^{c_1 A\Delta t} e^{c_2 B\Delta t} e^{c_3 A\Delta t} e^{c_4 B\Delta t}$ を展開して係数を決めます．すると $c_1 = 1/2, c_2 = 1, c_3 = 1/2, c_4 = 0$ を出せます．

　指数関数の近似的な分解によって，計算しやすい空間を選んだ数値計算も可能になります．この分解を使った**分割演算子法**はミクロな世界，量子系のダイナミクスの数値計算に使われます．運動量と呼ばれる量はフーリエ変換後の基底と相性がよいので，関係する部分だけ取り出して指数関数を分解し，高速フーリエ変換をしてから演算子を作用させます．その後，また元の座標空間に戻して演算をすると，全体としての計算効率がよくなります．また，分解の方法によっては，**シンプレクティック法**と呼ばれる性質のよい数値計算方法が生み出されています．

　図 20.3 に，行列の指数関数を利用するときに注意すべきものを載せておきました．「一歩先」の学びにおいてこれらを頭の片隅にとどめておくと，つまずくことが少なくなるはずです．

20.2　冴えたやりかた

無限回のべき乗計算も，対角化を使えば大丈夫です

　さて，行列の指数関数を定義できました．でも，定義のなかに A^n が入っています．しかもこの n を無限大にします．これを実際に計算しようとすると，大変ですね．

20.2　冴えたやりかた　　**183**

　ここでは特別な場合，A の固有値がすべて異なる場合に限定して，具体的な計算方法を紹介しておきます．

　もし A の固有値がすべて異なれば，対角項に A の固有値をならべた対角行列 Λ，および対応する固有ベクトルをならべた行列 P によって

$$P^{-1}AP = \Lambda \quad \Rightarrow \quad A = P\Lambda P^{-1} \tag{20.26}$$

の関係が成り立つことを示せます．つまり，正方行列 A を，対角行列 Λ を使った表現へと変換できます．これを利用すると次の形で A の指数関数を具体的に求められます．

$$e^{A} = Pe^{\Lambda}P^{-1} \tag{20.27}$$

なお，A を $N \times N$ 行列として N 個の固有値を $\{\lambda_n\}$ としたとき，

$$e^{\Lambda} = \sum_{n=0}^{\infty} \frac{1}{n!}\Lambda^n = \begin{bmatrix} e^{\lambda_1} & 0 & 0 & \cdots & 0 \\ 0 & e^{\lambda_2} & 0 & \cdots & 0 \\ \vdots & \vdots & \vdots & \ddots & \vdots \\ 0 & 0 & 0 & \cdots & e^{\lambda_N} \end{bmatrix} \tag{20.28}$$

です．この対角部分は単なるスカラ量の指数関数なので計算できますし，P は固有ベクトルから具体的に作れます．これで，A^n の掛け算を実際に計算する必要はなくなりましたね．第 21 話では指数関数を使って，行列とベクトルを使った時間発展系に取り組みます．

対角行列の指数関数の式の確認

　対角行列 Λ の指数関数から出発すると，以下のように導出は簡単です．

$$e^{\Lambda} = \exp\left(P^{-1}AP\right) = \sum_{n=0}^{\infty} \frac{1}{n!}\left(P^{-1}AP\right)^n$$

$$= \sum_{n=0}^{\infty} \frac{1}{n!}\underbrace{\left(P^{-1}AP\right)\left(P^{-1}AP\right)\cdots\left(P^{-1}AP\right)}_{n\ \text{回繰り返し}}$$

$$= \sum_{n=0}^{\infty} \frac{1}{n!}P^{-1}A\left(PP^{-1}\right)A\left(PP^{-1}\right)\cdots\left(PP^{-1}\right)AP$$

$$= P^{-1}\left(\sum_{n=0}^{\infty} \frac{1}{n!}A^n\right)P = P^{-1}e^{A}P \tag{20.29}$$

出発点の e^Λ と最後に得られた $P^{-1}e^A P$ に対して，それぞれ左から P を，右から P^{-1} を掛け算すれば，

$$Pe^\Lambda P^{-1} = e^A \tag{20.30}$$

が出てきます．なお，対角行列 Λ の n 乗は，それぞれの対角成分 λ_i を n 乗するだけでよいことを数学的帰納法で示せます．実際，1 回の掛け算で

$$\Lambda \times \Lambda^n = \begin{bmatrix} \lambda_1 & 0 & 0 & \cdots & 0 \\ 0 & \lambda_2 & 0 & \cdots & 0 \\ \vdots & \vdots & \vdots & \ddots & \vdots \\ 0 & 0 & 0 & \cdots & \lambda_N \end{bmatrix} \begin{bmatrix} \lambda_1^n & 0 & 0 & \cdots & 0 \\ 0 & \lambda_2^n & 0 & \cdots & 0 \\ \vdots & \vdots & \vdots & \ddots & \vdots \\ 0 & 0 & 0 & \cdots & \lambda_N^n \end{bmatrix}$$

$$= \begin{bmatrix} \lambda_1^{n+1} & 0 & 0 & \cdots & 0 \\ 0 & \lambda_2^{n+1} & 0 & \cdots & 0 \\ \vdots & \vdots & \vdots & \ddots & \vdots \\ 0 & 0 & 0 & \cdots & \lambda_N^{n+1} \end{bmatrix} = \Lambda^{n+1} \tag{20.31}$$

ですね．さらに，行列を足し合わせることは，対応する要素ごとの足し算のことです．これらを使うと次のように計算できます．

$$e^\Lambda = \sum_{n=0}^\infty \frac{1}{n!}\Lambda^n = \begin{bmatrix} \sum_{n=0}^\infty \frac{1}{n!}\lambda_1^n & 0 & 0 & \cdots & 0 \\ 0 & \sum_{n=0}^\infty \frac{1}{n!}\lambda_2^n & 0 & \cdots & 0 \\ \vdots & \vdots & \vdots & \ddots & \vdots \\ 0 & 0 & 0 & \cdots & \sum_{n=0}^\infty \frac{1}{n!}\lambda_N^n \end{bmatrix} \tag{20.32}$$

対角成分は，それぞれ指数関数 e^{λ_i} のテイラー展開そのものですね．

以下では補足として，上の議論に関係する基礎事項を眺めておきます．

補足その 1 ：固有ベクトルと対角化の関係の確認

A を $N \times N$ 行列として，すべての固有値が異なるものとしましょう．すると，N 個の固有値 $\{\lambda_n\}$ と固有ベクトル $\{\boldsymbol{v}_n\}$ は，以下を満たします．

$$A\boldsymbol{v}_1 = \lambda_1\boldsymbol{v}_1, \quad A\boldsymbol{v}_2 = \lambda_2\boldsymbol{v}_2, \quad \cdots, \quad A\boldsymbol{v}_N = \lambda_N\boldsymbol{v}_N \tag{20.33}$$

ここで，固有ベクトル $\{\boldsymbol{v}_n\}$ をならべた行列 P を考えましょう．

$$P = \begin{bmatrix} \boldsymbol{v}_1 & \cdots & \boldsymbol{v}_N \end{bmatrix} \tag{20.34}$$

そして，行列 P に左から A を掛け算します．このとき，行列 P を形式的に「要素を $\boldsymbol{v}_n$ とする行ベクトル」と捉えましょう．

$$A\underbrace{\begin{bmatrix} \boldsymbol{v}_1 & \boldsymbol{v}_2 & \cdots & \boldsymbol{v}_N \end{bmatrix}}_{P} = \begin{bmatrix} A\boldsymbol{v}_1 & A\boldsymbol{v}_2 & \cdots & A\boldsymbol{v}_N \end{bmatrix}$$

$$= \begin{bmatrix} \lambda_1\boldsymbol{v}_1 & \lambda_2\boldsymbol{v}_2 & \cdots & \lambda_N\boldsymbol{v}_N \end{bmatrix}$$

$$= \underbrace{\begin{bmatrix} \boldsymbol{v}_1 & \boldsymbol{v}_2 & \cdots & \boldsymbol{v}_N \end{bmatrix}}_{P} \underbrace{\begin{bmatrix} \lambda_1 & 0 & \cdots & 0 \\ 0 & \lambda_2 & \cdots & 0 \\ \vdots & \vdots & \ddots & \vdots \\ 0 & 0 & \cdots & \lambda_N \end{bmatrix}}_{\Lambda}$$

$$\tag{20.35}$$

途中で固有値と固有ベクトルの関係性，つまり式 (20.33) を使いました．また，対角成分に固有値 $\{\lambda_n\}$ をならべた対角行列を Λ とおきました．すると

$$AP = P\Lambda \quad \Rightarrow \quad P^{-1}AP = \Lambda \tag{20.36}$$

ですね．よって，行列 A の固有ベクトルを使って対角化できます．

補足その 2 ：対角化可能性について

式 (20.36) において，対角化に使う P に逆行列 P^{-1} がないと，議論が成り立たず，対角化できません．そこに「互いに異なる固有値に属する固有ベクトルは一次独立である」という性質が活きてきます．一次独立ならば P の階数は N，すなわちフルランクです．よって，逆行列が存在します．大丈夫ですね．

さて，今回は固有値に重複がないとしました．重複する固有値がある場合でも，やはり N 個の一次独立な固有ベクトルを用意できる場合もあります．しかし，一般には N 個の一次独立な固有ベクトルを準備できるとは限りません．すると，P^{-1} が存在しない場合も出てきますね．よって，必ずしも対角化できるわけではない，とわかります．

対角化できない場合に出てくるのが，第 6 話の幕間で紹介したジョルダン標準形です．本書ではジョルダン標準形を扱わないので，必要に応じて各自で確認をお願いします．

補足その 3 ： 「互いに異なる固有値に属する固有ベクトルは一次独立」の件

見出しの「一次独立」の件は，つい先ほども使いましたし，これまでにも何回か出てきました．重要な性質なので，証明の概略を見ておきましょう．詳細は線形代数の教科書で確認してください．

まず A の二つの固有ベクトル $\boldsymbol{v}_1$ と $\boldsymbol{v}_2$ が「一次独立ではない」と仮定します．すると，実数 k を用いて $\boldsymbol{v}_1 = k\boldsymbol{v}_2$ と書けます．この両辺に左から A を掛け算する

と，次のように矛盾を示せます．

$$（左辺）\quad A\boldsymbol{v}_1 = \lambda_1 \boldsymbol{v}_1, \qquad （右辺）\quad A(k\boldsymbol{v}_2) = k\lambda_2 \boldsymbol{v}_2 = \lambda_2(k\boldsymbol{v}_2) = \lambda_2 \boldsymbol{v}_1 \tag{20.37}$$

得られた式 $\lambda_1 \boldsymbol{v}_1 = \lambda_2 \boldsymbol{v}_1$ は「異なる固有値」の前提 $\lambda_1 \neq \lambda_2$ と矛盾するので，「一次独立ではない」の仮定が間違いですね．よって，$\boldsymbol{v}_1$ と $\boldsymbol{v}_2$ は一次独立です．

次に，一次独立な n 個の固有ベクトル $\boldsymbol{v}_1, \ldots, \boldsymbol{v}_n$ を考えます．これに固有ベクトル $\boldsymbol{v}_{n+1}$ を含めたときに，これらが「一次独立ではない」と仮定します．すると，固有ベクトル $\boldsymbol{v}_{n+1}$ をほかの固有ベクトルの一次結合 $\boldsymbol{v}_{n+1} = c_1 \boldsymbol{v}_1 + \cdots + c_n \boldsymbol{v}_n$ で書けます．ここで $A\boldsymbol{v}_{n+1}$ を計算すると，次のようになります．

$$A\boldsymbol{v}_{n+1} = A\big(c_1 \boldsymbol{v}_1 + \cdots + c_n \boldsymbol{v}_n\big) = c_1 \lambda_1 \boldsymbol{v}_1 + \cdots + c_n \lambda_n \boldsymbol{v}_n \tag{20.38}$$

途中で，各項に固有値と固有ベクトルの関係 $A\boldsymbol{v}_i = \lambda_i \boldsymbol{v}_i$ を使いました．一方，$A\boldsymbol{v}_{n+1}$ の固有値を出してから $\boldsymbol{v}_{n+1}$ を一次結合で展開すると

$$A\boldsymbol{v}_{n+1} = \lambda_{n+1} \boldsymbol{v}_{n+1} = c_1 \lambda_{n+1} \boldsymbol{v}_1 + \cdots + c_n \lambda_{n+1} \boldsymbol{v}_n \tag{20.39}$$

なので，式 (20.38) と式 (20.39) の辺同士の引き算で以下が得られます．

$$\boldsymbol{0} = c_1(\lambda_1 - \lambda_{n+1})\boldsymbol{v}_1 + \cdots + c_n(\lambda_n - \lambda_{n+1})\boldsymbol{v}_n \tag{20.40}$$

ここで，「異なる固有値」の前提があるので $\lambda_i - \lambda_{n+1} \neq 0$ です．すると，たとえば $c_i \neq 0$ の場合，$\boldsymbol{v}_i$ をほかの固有ベクトルの一次結合で書けてしまいます．一次結合で書けてしまったら，$\boldsymbol{v}_1, \ldots, \boldsymbol{v}_n$ が一次独立という前提に矛盾しますね．もしくは $\boldsymbol{v}_i = \boldsymbol{0}$ かもしれませんが，これは固有ベクトルの性質に反します．よって，$\boldsymbol{v}_{n+1}$ を含めたときに「一次独立ではない」の仮定が間違いです．この流れで，数学的帰納法を使って証明できます．

なお，A が対称行列だと $A = A^\top$ なので，異なる固有値 λ_r と $\lambda_{r'}$ に対して

$$A|\boldsymbol{v}_r\rangle = \lambda_r |\boldsymbol{v}_r\rangle \tag{20.41}$$

$$A|\boldsymbol{v}_{r'}\rangle = A^\top |\boldsymbol{v}_{r'}\rangle = \lambda_{r'}|\boldsymbol{v}_{r'}\rangle \overset{\text{転置する}}{\Longrightarrow} \langle \boldsymbol{v}_{r'}|A = \lambda_{r'}\langle \boldsymbol{v}_{r'}| \tag{20.42}$$

です．見やすさのため，ブラケット表記を使いました．ここで，式 (20.41) の左から $\langle \boldsymbol{v}_{r'}|$ を，転置後の式 (20.42) の右から $|\boldsymbol{v}_r\rangle$ を掛け算すると

$$\langle \boldsymbol{v}_{r'}|A|\boldsymbol{v}_r\rangle = \lambda_r \langle \boldsymbol{v}_{r'}|\boldsymbol{v}_r\rangle, \quad \langle \boldsymbol{v}_{r'}|A|\boldsymbol{v}_r\rangle = \lambda_{r'}\langle \boldsymbol{v}_{r'}|\boldsymbol{v}_r\rangle \tag{20.43}$$

なので，辺同士の引き算で $0 = (\lambda_r - \lambda_{r'})\langle \boldsymbol{v}_{r'}|\boldsymbol{v}_r\rangle$ が出てきます．$\lambda_r \neq \lambda_{r'}$ が前提なので，$\langle \boldsymbol{v}_{r'}|\boldsymbol{v}_r\rangle = 0$ です．つまり，対称行列の場合には，固有値が異なれば一次独立というだけではなく，「互いに直交」まで言えます．

第 21 話
いくつかの時間発展を一度に解く.

――――――――――――――――――― ［連立微分方程式］ ―――

■ 21.1　固有値を使って解く方法

紙とペンで解ける場合，計算機で解くべき場合

　第19話で導入した時間発展系を解くのが今回の第21話です．なお，行列を用いて時間発展方程式が記述されている場合，形式的には紙とペンで解けます．これから見るように，固有値と固有ベクトルさえ求まれば，任意の時間の状態変数を計算できてしまいます．もちろん，固有値と固有ベクトルを求めるために計算機を使う場合もあります．

　一方，もし時間発展方程式が非線形の場合には，特殊な例を除いて，紙とペンで解くことはできません．この場合は本質的に計算機を使って，方程式を近似的に解く必要があります．現実的な問題には行列で記述できる場合，つまり線形の時間発展方程式の場合はあまりなく，非線形なものを扱うことがほとんどでしょう．

　では，ここでの議論は使えないものかというと，そんなことはありません．まず，線形の時間発展方程式に帰着できるのであれば，以下で見ていく方法で解くことをおすすめします．計算速度と精度が大きく違います．もう一つ，本書でも少しだけ見ていきますが，線形の話の拡張をしていくことで非線形の話の理解がとても深まります．非線形とはいえ，局所的に見れば線形です．どんな関数でもテイラー展開の1次までで近似すれば，必ず線形ですね．この考え方は「一歩先」の学びを進めるときに役立ちます．今回の後半では，非線形のことを意識した議論にも，少しだけですが触れてみます．これまでの議論を使えそう，と感じてもらえるはずです．

行列の場合も指数関数で時間発展を記述できます

　最初に紙とペンで解く方法を見ていきましょう．第20話では行列に対する指数関数を導入しました．指数関数がベクトルに対する時間発展方程

第 21 話 いくつかの時間発展を一度に解く.

式の解の記述に役立つのではないか，ということが動機でしたね．確認してみるために，ここでは以下の時間発展方程式を考えます．

$$\frac{d}{dt}\boldsymbol{x}(t) = L\boldsymbol{x}(t) \tag{21.1}$$

状態変数を表す D 次元ベクトルを $\boldsymbol{x}(t)$，時間発展を与える $D \times D$ 行列を L としました．また，ここでは議論を簡単にするため，L は互いに異なる D 個の固有値 $\{\lambda_d\}$ をもつと仮定します．また，固有値 λ_d に対応する固有ベクトルを $\boldsymbol{v}_d$ と書きましょう．

もう予想はつくかもしれませんが，式 (21.1) の解は以下で与えられます．

$$\boldsymbol{x}(t) = e^{Lt}\boldsymbol{x}(0) \tag{21.2}$$

1 変数の場合の議論を自然に拡張した感じがしてよいですね．逆に，今の議論で $D = 1$ とすれば，当然のことながら 1 変数の場合を再現できます．

解になっていることの確認

行列の指数関数の定義から以下を示せます．

$$\frac{d}{dt}e^{Lt} = \frac{d}{dt}\left(\sum_{n=0}^{\infty}\frac{1}{n!}L^n t^n\right) = \sum_{n=1}^{\infty}\frac{1}{n!}L^n n t^{n-1}$$

$$= L\sum_{n=1}^{\infty}\frac{1}{(n-1)!}L^{n-1}t^{n-1} = Le^{Lt} = e^{Lt}L \tag{21.3}$$

自分自身は可換なので，$L \times L^{n-1} = L^{n-1} \times L$ であり，最後の等式も成立です．

よって，式 (21.2) を実際に時間微分してみると

$$\frac{d}{dt}\boldsymbol{x}(t) = \frac{d}{dt}\left(e^{Lt}\boldsymbol{x}(0)\right) = L\underbrace{e^{Lt}\boldsymbol{x}(0)}_{\boldsymbol{x}(t)} \tag{21.4}$$

となるので，確かに元の時間発展方程式 (21.1) を満たしていますね．

固有ベクトルを解の基底として使えます

次に，行列の対角化を使います．時間発展を与える行列 L を，

$$P^{-1}LP = \Lambda \tag{21.5}$$

と対角化します．ここで Λ は対角成分に L の固有値をならべた対角行列，P は対応する固有ベクトルを列ベクトルとしてならべて作った正方行列です．議論を進めていくと，解 $\boldsymbol{x}(t)$ は，固有ベクトルを基底として以下のように書けることを示せます．

$$\boldsymbol{x}(t) = c_1 e^{\lambda_1 t} \boldsymbol{v}_1 + \cdots + c_D e^{\lambda_D t} \boldsymbol{v}_D = \sum_{d=1}^{D} c_d e^{\lambda_d t} \boldsymbol{v}_d \tag{21.6}$$

ここで係数 $\{c_d\}$ は，時刻 $t = 0$ での初期値に応じて決まります．求め方は簡単です．式 (21.6) に $t = 0$ を代入すると

$$\boldsymbol{x}(0) = c_1 \boldsymbol{v}_1 + \cdots + c_D \boldsymbol{v}_D = \begin{bmatrix} \boldsymbol{v}_1 & \cdots & \boldsymbol{v}_D \end{bmatrix} \begin{bmatrix} c_1 \\ \vdots \\ c_D \end{bmatrix} = P \begin{bmatrix} c_1 \\ \vdots \\ c_D \end{bmatrix} \tag{21.7}$$

となります．ベクトル $\boldsymbol{x}(0)$ は初期状態として与えられていますし，P は固有ベクトルをならべたものなので，これは $\{c_d\}$ に対する連立方程式ですね．そのため，連立方程式を解くと係数 $\{c_d\}$ が求まります．ちなみに，「互いに異なる固有値に対する固有ベクトルは一次独立」の性質から，固有ベクトルを集めたものが基底を構成していることもわかりますね．

さて，式 (21.6) を見ると，時間に依存する部分は固有値を使った指数関数の部分 $e^{\lambda_d t}$ だけです．よって，時間発展の基本となる挙動は，固有ベクトルに含まれているはずです．その一次結合の係数が時間的に変化するだけ，ということですね．実際の例を見ると理解が進みます．今の議論の詳細を眺めたあとで，具体例に進みましょう．

行列の対角化の話を駆使する

第 20 話の議論を使えば，式 (21.5) の対角化の形から次のように書けます．

$$e^{Lt} = P e^{\Lambda t} P^{-1} \tag{21.8}$$

よって，初期値を $\boldsymbol{x}(0)$ として，式 (21.1) の解は次で与えられます．

$$\boldsymbol{x}(t) = P e^{\Lambda t} P^{-1} \boldsymbol{x}(0) \tag{21.9}$$

続いて，行列 P について，列ベクトルを要素のように扱うと

$$P = \begin{bmatrix} \boldsymbol{v}_1 & \cdots & \boldsymbol{v}_D \end{bmatrix} \tag{21.10}$$

と書けるので，次のように計算できます．

$$Pe^{\Lambda t} = \begin{bmatrix} \boldsymbol{v}_1 & \cdots & \boldsymbol{v}_D \end{bmatrix} \begin{bmatrix} e^{\lambda_1 t} & \cdots & 0 \\ \vdots & \ddots & \vdots \\ 0 & \cdots & e^{\lambda_D t} \end{bmatrix} = \begin{bmatrix} e^{\lambda_1 t}\boldsymbol{v}_1 & \cdots & e^{\lambda_d t}\boldsymbol{v}_D \end{bmatrix}$$

$$\tag{21.11}$$

これで式 (21.9) の前半の因子，つまり

$$\underbrace{Pe^{\Lambda t}}_{[1]} \underbrace{P^{-1}\boldsymbol{x}(0)}_{[2]}$$

の [1] の部分は計算できました． [2] のところの $P^{-1}\boldsymbol{x}(0)$ ですが，初期値 $\boldsymbol{x}(0)$ によって変わりますね．ただ，時間に依存していません．よって定数になります．$D \times D$ 行列と $D \times 1$ 行列との積なので，結果は $D \times 1$ 行列，つまり列ベクトルです．そこで

$$P^{-1}\boldsymbol{x}(0) = \begin{bmatrix} c_1 \\ \vdots \\ c_D \end{bmatrix} \tag{21.12}$$

とおきましょう．ここに左から P を掛け算すれば，式 (21.7) と一致しますね．これらの計算から，式 (21.6) が出てきます．

もっと一般的に議論をするために

ここでは L が互いに異なる固有値をもつと仮定していました．もちろん一般の場合では，固有値は重複する場合もあります．さらには対角化できない場合もあります．

そのような場合でも解を求めることはできます．そのときに重要な役割を果たすのが，第 6 話で紹介した**ジョルダン標準形**です．対角化できない行列に対しても，ジョルダン標準形を求めることができ，ここと似たような議論を進められます．解の形は式 (21.6) を一般化したものになります．「一歩先」としてこれらについても取り組みたい人は，第 24 話で紹介する文献などを参照してください．

振動する振る舞いは「複素数にあり」です

第 19 話で見た具体例を計算してみましょう．$m = 1, k = 3, \gamma = 1/2$ として，次の例でしたね．

$$\boldsymbol{x}(t) = \begin{bmatrix} x_1(t) \\ x_2(t) \end{bmatrix}, \quad L = \begin{bmatrix} 0 & 1 \\ -3 & -1/2 \end{bmatrix} \quad (21.13)$$

結果として，$x_1(t)$ と $x_2(t)$ が両方とも振動するような振る舞いを見せていました．先ほどの一次結合の式 (21.6) で振動を記述できるのでしょうか？そのポイントは複素数です．

行列 L の要素は実数だけですが，固有値と固有ベクトルを計算すると複素数が出てきます．二つの固有値は

$$\lambda_1 = \frac{1}{4}(-1 + i\sqrt{47}), \quad \lambda_2 = \frac{1}{4}(-1 - i\sqrt{47}) \quad (21.14)$$

で，対応する固有ベクトルはそれぞれ以下のようになります．

$$\boldsymbol{v}_1 = \begin{bmatrix} \frac{\sqrt{3}}{24}(-1 - i\sqrt{47}) \\ \sqrt{3}/2 \end{bmatrix}, \quad \boldsymbol{v}_2 = \begin{bmatrix} \frac{\sqrt{3}}{24}(-1 + i\sqrt{47}) \\ \sqrt{3}/2 \end{bmatrix} \quad (21.15)$$

これで必要な道具は揃ったので，先ほどの議論に沿って計算をすることができます．初期値を $x_1(0) = 1, x_2(0) = 0$ として計算した結果が図 21.1 です．第 19 話で見たものと同じですが，添えてある数式から，一次結合，つまり線形代数的に捉えていること，そして振動の振る舞いも固有値の部分から出てくることを説明できるようになりました．複素数 z に対するオイラーの公式 $e^{iz} = \cos(z) + i\sin(z)$ から $\sin$ と $\cos$ が出てきて，ここが振動の振る舞いに寄与します．また，固有値の実部が $-1/4$ なので，$e^{-1/4}$ の部分で全体が減衰していくこともわかります．

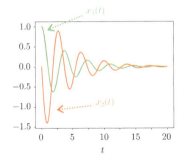

$$\boldsymbol{x}(t) = c_1 e^{(a+ib)t} \boldsymbol{v}_1 + c_2 e^{(a-ib)t} \boldsymbol{v}_2$$

e^a → 減衰
$(a < 0)$

$e^{ibt} = \cos(bt) + i\sin(bt)$
→ 振動

Q. 虚数が出てしまっても大丈夫？

図 21.1 減衰と振動は，固有値から理解可能

第 21 話 いくつかの時間発展を一度に解く.

虚数が出てしまっても，最終的な解は実数

気になる人もいると思うので，確認しておきましょう．まず，一つ目の固有値と固有ベクトルの関係から

$$Lv_1 = \lambda_1 v_1 \tag{21.16}$$

です．この両辺の複素共役をとります．二つ目の固有値 λ_2 は λ_1 に対して複素共役です．つまり $\lambda_2 = \overline{\lambda}_1$ なので，上の式の複素共役から

$$L\overline{v}_1 = \overline{\lambda}_1 \overline{v}_1 = \lambda_2 \overline{v}_1 \tag{21.17}$$

が得られます．ということは固有ベクトルも複素共役の関係にあり，$\overline{v}_1 = v_2$ ですね．そこで，$v_1 = a + ib$ と $v_2 = a - ib$ とおくことにしましょう．また，$\lambda_1 = a + ib, \lambda_2 = a - ib$ とします．ベクトル a, b の要素はすべて実数，a, b は実数です．

次に $t = 0$ のときを考えます．すると，以下が得られます．

$$
\begin{aligned}
x(0) &= c_1(a + ib) + c_2(a - ib) \\
&= \big(\mathrm{Re}(c_1) + i\mathrm{Im}(c_1)\big)(a + ib) + \big(\mathrm{Re}(c_2) + i\mathrm{Im}(c_2)\big)(a - ib) \\
&= \Big(\big(\mathrm{Re}(c_1) + \mathrm{Re}(c_2)\big)a + \big(-\mathrm{Im}(c_1) + \mathrm{Im}(c_2)\big)b\Big) \\
&\quad + i\Big(\big(\mathrm{Im}(c_1) + \mathrm{Im}(c_2)\big)a + \big(\mathrm{Re}(c_1) - \mathrm{Re}(c_2)\big)b\Big)
\end{aligned} \tag{21.18}
$$

ここで，複素数 c_1 の実部を $\mathrm{Re}(c_1)$，虚部を $\mathrm{Im}(c_1)$ で表しました．c_2 についても同様です．さて，初期状態のベクトル $x(0)$ の要素は実数のはずです．よって，虚部が消えることから，c_1 と c_2 は実部が同じで虚部が逆符号，すなわち複素共役だとわかります．つまり $c_2 = \overline{c}_1$ です．

以上の結果を解の表記に使うと，以下のようになります．

$$x(t) = c_1 e^{(a+ib)t}(a + ib) + \overline{c}_1 e^{(a-ib)t}(a - ib) \tag{21.19}$$

右辺の第 1 項目と第 2 項目は複素共役の関係にありますね．ということは，虚部が打ち消しあって，結果が実数になることがわかります．なお，オイラーの公式を使えば，式 (21.19) を sin と cos を用いて書き下せます．

念のため，減衰しない例も見ておきます

先ほどの時間発展方程式の L の代わりに，

$$L' = \begin{bmatrix} 0 & 1 \\ -3 & 0 \end{bmatrix} \tag{21.20}$$

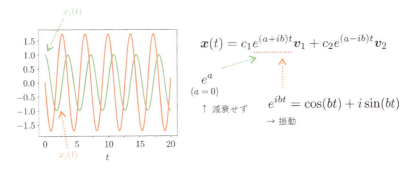

図 21.2 減衰しない場合は固有値の実部がゼロ

を考えてみましょう．第 19 話のバネの例に当てはめると，シリンダとの摩擦がない状況です．計算してみると，固有値は $i\sqrt{3}$ および $-i\sqrt{3}$ です．今度は実部がありませんね．固有値の実部が負だと減衰でした．今回の解を描くと図 21.2 のようになります．予想通り，減衰せずに振動し続けていますね．

なお，固有値の実部が正だと，減衰ではなく，逆に値がどんどん大きくなっていきます．

21.2 数値的に解く方法

非線形の場合を見越して，線形の場合で議論を見ておきます

時間発展方程式が非線形な場合には，数値計算が必要になります．また，線形の場合でも数値計算をすることもあります．時間発展を与える行列 L を $D \times D$ 行列とすると，固有値の計算にかかる計算量は通常 D^3 に比例します．つまり，D が 10 倍になると 1000 倍時間がかかることになります．それくらいなら別の方法で解きたいですよね．

ここでは，数値的に時間発展方程式を解く方法を，線形の場合を通して見てみましょう．そのとき，行列の指数関数を意識すると，見通しよく議論できます．また，この議論は非線形の場合にも通じるものがあるので，「半歩先」の今の時点で眺めておくことにしましょう．

194 第21話 いくつかの時間発展を一度に解く.

細かい時間刻みで少しずつ時間発展させるのが基本です

時間発展のための連立微分方程式を数値的に解く方法としてよく利用されるのが，4次の**ルンゲ・クッタ法**です．4次とついているからには，ほかの次数のものもあります．ただ，4次が精度と計算量の兼ね合いからよく使われます．これは数値計算を学ぶと必ず出てきますので，あえてここでは別の話題，指数関数との関係を見てみましょう．

非線形の時間発展方程式として，以下のものを考えます．

$$\frac{d}{dt}\boldsymbol{x}(t) = \boldsymbol{f}\big(\boldsymbol{x}(t)\big) \tag{21.21}$$

なお，ベクトルを返す関数のことをベクトル値関数と呼びます．式 (21.21) 右辺の $\boldsymbol{f}\big(\boldsymbol{x}(t)\big)$ はベクトル値関数で，ベクトル $\boldsymbol{x}(t)$ の各要素の時間発展の様子を記述します．もし $\boldsymbol{f}\big(\boldsymbol{x}(t)\big) = L\boldsymbol{x}(t)$ であれば，行列を使って書けているので，これまで見てきたものですね．なお，$\boldsymbol{f}\big(\boldsymbol{x}(t), t\big)$ のように，時間発展を与えるベクトル値関数そのものが時間 t にも依存して変わることもあります．これは朝昼晩などの環境変化を扱うときに出てきますが，ここではベクトル値関数が時間に依存しない $\boldsymbol{f}\big(\boldsymbol{x}(t)\big)$ の形を考えましょう．

基本的な考え方は細かい時間刻み Δt の導入です．これで少しずつ時間発展させます．その素朴な方法が，次の**オイラー法**です．

$$(\text{オイラー法}) \quad \boldsymbol{x}(t + \Delta t) = \boldsymbol{x}(t) + \boldsymbol{f}\big(\boldsymbol{x}(t)\big)\Delta t \tag{21.22}$$

時刻 t での状態変数 $\boldsymbol{x}(t)$ を使って，左辺の時刻 $t + \Delta t$ での状態変数 $\boldsymbol{x}(t + \Delta t)$ を与える式です．これを繰り返すことで，ほしい時刻の状態変数が得られます．

実はオイラー法はあまり近似精度が高くはなく，1次のオーダー，と呼ばれます．この意味はあとでわかります．もう少し精度の高い，2次のオーダーの方法として以下の**ホイン法**があります．

(ホイン法)

$$\widetilde{\boldsymbol{x}}(t + \Delta t) = \boldsymbol{x}(t) + \boldsymbol{f}\big(\boldsymbol{x}(t)\big)\Delta t \tag{21.23}$$

$$\boldsymbol{x}(t + \Delta t) = \boldsymbol{x}(t) + \frac{\Delta t}{2}\Big(\boldsymbol{f}\big(\boldsymbol{x}(t)\big) + \boldsymbol{f}\big(\widetilde{\boldsymbol{x}}(t + \Delta t)\big)\Big) \tag{21.24}$$

式 (21.23) で求めた中間的な $\widetilde{\boldsymbol{x}}(t + \Delta t)$ を使って，式 (21.24) でさらに時

間発展させることにより，ようやく次の時刻，$t + \Delta t$ の状態変数が求まります．精度が上がる分だけ，手間は増えていますね．

オイラー法，ホイン法とも，現在の状態を使って次の時刻の状態を求めています．このような方法を**陽的解法**と言います．時間の流れに沿っているので自然に思えますが，**後退オイラー法**や**陰的オイラー法**と呼ばれる方法では，以下のように異なる視点で計算をします．

$$\boldsymbol{x}(t + \Delta t) = \boldsymbol{x}(t) + \boldsymbol{f}\big(\boldsymbol{x}(t + \Delta t)\big)\Delta t \tag{21.25}$$

右辺の第 2 項目を見ると，引数に時間発展後のものが使われています．求めたいものを使うことはできないので，左辺と右辺でつじつまが合うように計算を工夫する必要があります．このような計算方法を**陰的解法**と呼びます．その手間はものすごく大きいのですが，陽的解法に比べて数値計算が安定するなどのメリットがあります．

精度の違いを簡単に確認できます

先ほどは非線形の場合を想定して数値計算方法を紹介しましたが，もちろん線形の場合にも使えます．以下では，近似精度のオーダーを考えるために，時間発展が行列で与えられる線形の場合を考えましょう．

$$\frac{d}{dt}\boldsymbol{x}(t) = L\boldsymbol{x}(t) \tag{21.26}$$

このとき，オイラー法とホイン法に $\boldsymbol{f}(\boldsymbol{x}(t)) = L\boldsymbol{x}(t)$ を代入すると，以下の更新方法が出てきます．

$$（オイラー法）\quad \boldsymbol{x}(t + \Delta t) = \boldsymbol{x}(t) + L\boldsymbol{x}(t)\Delta t \tag{21.27}$$

$$（ホイン法）\quad \boldsymbol{x}(t + \Delta t) = \boldsymbol{x}(t) + \frac{\Delta t}{2}\Big(L\boldsymbol{x}(t) + L\big(\boldsymbol{x}(t) + L\boldsymbol{x}(t)\Delta t\big)\Big)$$

$$= \boldsymbol{x}(t) + L\boldsymbol{x}(t)\Delta t + L^2\boldsymbol{x}(t)\frac{(\Delta t)^2}{2} \tag{21.28}$$

なお，ホイン法は一つの式にまとめてしまいました．

数値計算の振る舞いを見てみましょう．これまでも使ってきた減衰振動を示すシリンダとピストンの例である式 (21.13) を使います．実際にオイ

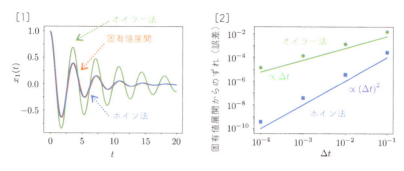

図 21.3 手法を変えると大幅に精度が変わる

ラー法とホイン法を用いて，$\Delta t = 0.1$ として計算した結果が図 21.3 の [1] です．$x_1(t)$ と $x_2(t)$ の二つの変数がありましたが，今回は $x_1(t)$ のみを描いています．固有値展開，つまり固有ベクトルを基底として計算した様子も描いておきました．結果を見ると，ホイン法は固有値展開の方法とほぼ一致していますが，オイラー法は振動と減衰を示しているものの，固有値展開の方法と大きくずれてしまっていますね．

固有値展開の方法は，数値的な誤差を除いて正しい解を与えていると考えて大丈夫です．そこで，この解との誤差を見てみましょう．時間刻み Δt を小さくしていくほど正しい解に近づくはずなので，Δt をいくつか変えて，$t = 0.1$ の時点での誤差を計算してみます．なお，誤差は「差の絶対値」としました．図 21.3 の [2] が結果です．横軸と縦軸，両方とも対数プロットをしています．オイラー法での誤差は Δt に比例し，両対数プロットでは傾きが 1 の直線になります．図中にガイドとなる直線も描いておきました．この場合，Δt を 1/10 にすると誤差も 1/10 になりますね．一方，ホイン法での誤差は $(\Delta t)^2$ に比例し，両対数プロットで傾きが 2 の直線を与えます．つまり，Δt を 1/10 にすると誤差は 1/100 になります．時間刻みに対して誤差の減り方が「2 乗」になっていますね．これが「オイラー法は 1 次のオーダー」「ホイン法は 2 次のオーダー」という意味合いです．

オイラー法でも時間刻み Δt を小さくすればそれなりの精度は出ます．また，Δt の時間発展に必要なのは，行列とベクトルの掛け算と，ベクトル同士の足し算だけです．行列とベクトルの掛け算は，行列のサイズを D とすると D^2 回です．行列の掛け算は並列計算向きなので，その点でも高速化

できます.もちろん時間発展ステップごとに計算が必要なので,Δt の選び方にも注意が必要です.このあたりは「一歩先」での数値計算の勉強のときに学ぶことになるでしょう.

行列の指数関数で,近似の精度を理解できます

せっかく行列の指数関数について学んだので,これを数値計算方法の誤差の話と結びつけてみましょう.オイラー法とホイン法の精度の違いがはっきりしますし,さらに非線形の場合の議論にもつながる視点です.

考え方の基本は図 21.4 です.今は線形の場合を考えているため,指数関数を用いて時間発展を厳密に記述できます.ただ,行列の指数関数を計算しづらいときには,この指数関数の部分に何らかの近似を導入する必要があります.その基本はテイラー展開で,その展開の次数がまさに数値計算方法の精度に対応します.

一番簡単な例として,テイラー展開を 1 次まで考えましょう.つまり,

$$\boldsymbol{x}(t+\Delta t) = e^{L\Delta t}\boldsymbol{x}(t) \tag{21.29}$$

において,指数関数を展開し,1 次の項まで残します.すると

$$\boldsymbol{x}(t+\Delta t) = (I + L\Delta t)\,\boldsymbol{x}(t) = \boldsymbol{x}(t) + L\boldsymbol{x}(t)\Delta t \tag{21.30}$$

となりますが,これはまさにオイラー法そのものです.式 (21.27) ですね.よってオイラー法は 1 次の精度での近似だとわかります.

ホイン法とほかの方法,さらに非線形とのつながりについては,以下の

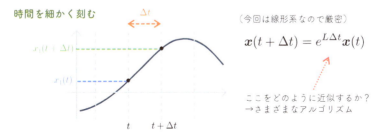

図 21.4 指数関数をどのように近似するかで手法が変わる

第 21 話　いくつかの時間発展を一度に解く.

補足で触れていきます. そして第 22 話では, 状態変数ではなく関数の時間発展の話に入ります.

テイラー展開の 2 次までで, ホイン法

オイラー法と同様に, ホイン法について指数関数の立場から検討してみましょう. ホイン法の時間発展の式 (21.28) を少し書き直すと

$$\boldsymbol{x}(t + \Delta t) = \boldsymbol{x}(t) + L\boldsymbol{x}(t)\Delta t + L^2\boldsymbol{x}(t)\frac{(\Delta t)^2}{2} \quad \text{(式 (21.28) の再掲)}$$

$$= \left(I + L\Delta t + \frac{1}{2}L^2(\Delta t)^2\right)\boldsymbol{x}(t) \tag{21.31}$$

となります. すぐにわかると思いますが, 右辺の括弧内は, $e^{L\Delta t}$ のテイラー展開を 2 次までで打ち切った形ですね. よって, ホイン法は 2 次精度です.

陰的オイラー法は, 指数関数を左辺に移すことに対応

陰的オイラー法について, 先ほど紹介だけしました. 陰的オイラー法の式 (21.25) を線形の場合に使うと, 次のようになります.

$$\boldsymbol{x}(t + \Delta t) = \boldsymbol{x}(t) + L\boldsymbol{x}(t + \Delta t)\Delta t \tag{21.32}$$

右辺の第 2 項目を左辺にもっていって整理すると

$$(I - L\Delta t)\,\boldsymbol{x}(t + \Delta t) = \boldsymbol{x}(t) \tag{21.33}$$

ですね. 求めたいものが $\boldsymbol{x}(t + \Delta t)$ で, 行列 $(I - L\Delta t)$ とベクトル $\boldsymbol{x}(t)$ はわかっているので, これは連立方程式です. つまり, 陰的オイラー法を実際に計算するためには, この連立方程式を解きます. 通常のオイラー法と比べると計算量は増えてしまいますが, 代わりに安定性が手に入ります. なお, 左辺は次の式において, 指数関数を 1 次まで展開したものですね.

$$e^{-L\Delta t}\boldsymbol{x}(t + \Delta t) = \boldsymbol{x}(t) \tag{21.34}$$

つまり, 右辺にあった $e^{L\Delta t}$ を $e^{-L\Delta t}$ の形で左辺にもっていき, テイラー展開すると陰的オイラー法が出てきます. 展開の次数から, これも 1 次精度です.

陰的解法で 2 次精度を出すためには, 少しの工夫で大丈夫

陰的オイラー法のように指数関数を左辺にもっていくのですが, 少し方法を変えてみましょう. $e^{L\Delta t} = e^{L(\Delta t/2)}e^{L(\Delta t/2)}$ を使って半分だけ左辺に移します.

$$e^{-L(\Delta t/2)}\boldsymbol{x}(t + \Delta t) = e^{L(\Delta t)/2}\boldsymbol{x}(t) \tag{21.35}$$

この両辺の指数関数を 1 次まで展開すると, **クランク・ニコルソン法**と呼ばれるも

のに対応する式が出てきます.

$$\left(I - \frac{L\Delta t}{2}\right)\boldsymbol{x}(t + \Delta t) = \left(I + \frac{L\Delta t}{2}\right)\boldsymbol{x}(t) \tag{21.36}$$

実はこれは 2 次精度です. 1 次までの展開でなぜ 2 次精度が出るのでしょうか？本来であれば, 2 次精度なら指数関数をそれぞれ 2 次まで展開する必要がありますね. つまり, 次のようにすべきです.

$$\left(I - \frac{L\Delta t}{2} + \frac{L^2(\Delta t)^2}{8}\right)\boldsymbol{x}(t + \Delta t) = \left(I + \frac{L\Delta t}{2} + \frac{L^2(\Delta t)^2}{8}\right)\boldsymbol{x}(t) \tag{21.37}$$

ここで $\boldsymbol{x}(t + \Delta t) = \boldsymbol{x}(t) + \Delta\boldsymbol{x}$ とおきます. Δt を小さくすれば変化量 $\Delta\boldsymbol{x}$ も小さくなるので, $\Delta\boldsymbol{x}$ は Δt に依存します. すると式 (21.37) の左辺は

$$\left(I - \frac{L\Delta t}{2} + \frac{L^2(\Delta t)^2}{8}\right)(\boldsymbol{x}(t) + \Delta\boldsymbol{x})$$
$$= \left(I - \frac{L\Delta t}{2}\right)(\boldsymbol{x}(t) + \Delta\boldsymbol{x}) + \frac{L^2(\Delta t)^2}{8}\boldsymbol{x}(t) + \frac{L^2(\Delta t)^2}{8}\Delta\boldsymbol{x} \tag{21.38}$$

となります. 右辺の最後の項は $\Delta\boldsymbol{x}$ が Δt に依存することを考えると, 少なくとも Δt の 3 次以上です. よって, 2 次までの近似であれば無視できます. さらに, その手前の Δt の 2 次の項は式 (21.37) の右辺に同じ形の項があるので, 打ち消しあいます. 結果として式 (21.36) が出てきます. クランク・ニコルソン法も陰的解法なので, 陰的オイラー法と同様に連立方程式を解く必要があります. ただ, L^2 の計算は不要なのに 2 次精度が出るので, お得ですね.

非線形の場合に向けた議論をイメージする

非線形の時間発展には行列を使えませんが, 行列をイメージした形式的な議論は理解に役立ちます. 簡単にだけ眺めてみましょう. まず, 状態変数ベクトル $\boldsymbol{x}(t)$ は t の関数ですね. そこで時間微分を与える作用素 $\mathcal{L}$ を導入しましょう.

$$\mathcal{L}\boldsymbol{x}(t) = \frac{d}{dt}\boldsymbol{x}(t) = \boldsymbol{f}\big(\boldsymbol{x}(t)\big) \tag{21.39}$$

さて, 行列と同様に, この作用素に対する指数関数を次のように定義します.

$$e^{\mathcal{L}\Delta t} = \sum_{n=0}^{\infty} \frac{1}{n!}\mathcal{L}^n(\Delta t)^n \tag{21.40}$$

これは作用素なので, 何かに作用しないと意味がないことにも注意しましょう. この $\mathcal{L}$ に対する指数関数を使った形式的な議論で, オイラー法とホイン法が出てくることを見ていきます.

まず指数関数を 1 次まで展開してみます.

$$e^{\mathcal{L}\Delta t}\boldsymbol{x}(t) \simeq (I + \mathcal{L}\Delta t)\,\boldsymbol{x}(t)$$
$$= \boldsymbol{x}(t) + \mathcal{L}\boldsymbol{x}(t)\Delta t$$
$$= \boldsymbol{x}(t) + \boldsymbol{f}\big(\boldsymbol{x}(t)\big)\Delta t \tag{21.41}$$

オイラー法で時間発展を与える式 (21.22) と一致していますね. なお, 2 行目から 3 行目の式変形で, 時間発展の作用素 $\mathcal{L}$ を $\boldsymbol{x}(t)$ に作用させると $\boldsymbol{f}\big(\boldsymbol{x}(t)\big)$ になること, つまり式 (21.39) を使いました.

続いて, 2 次までの展開です.

$$e^{\mathcal{L}\Delta t}\boldsymbol{x}(t) \simeq \left(I + \mathcal{L}\Delta t + \frac{\mathcal{L}^2(\Delta t)^2}{2}\right)\boldsymbol{x}(t)$$
$$= \boldsymbol{x}(t) + \mathcal{L}\boldsymbol{x}(t)\Delta t + \frac{\mathcal{L}\Delta t}{2}\big(\mathcal{L}\boldsymbol{x}(t)\Delta t\big) \tag{21.42}$$

ここで, 次のように定義される記号 $\widetilde{\boldsymbol{x}}(t + \Delta t)$ を導入します.

$$\widetilde{\boldsymbol{x}}(t + \Delta t) = \boldsymbol{x}(t) + \mathcal{L}\boldsymbol{x}(t)\Delta t \tag{21.43}$$

この右辺の第 1 項目を左辺に移して, 両辺をひっくり返せば

$$\mathcal{L}\boldsymbol{x}(t)\Delta t = \widetilde{\boldsymbol{x}}(t + \Delta t) - \boldsymbol{x}(t) \tag{21.44}$$

なので, これを式 (21.42) に代入すると, 以下のようになります.

$$e^{\mathcal{L}\Delta t}\boldsymbol{x}(t) \simeq \boldsymbol{x}(t) + \mathcal{L}\boldsymbol{x}(t)\Delta t + \frac{\mathcal{L}\Delta t}{2}\big(\widetilde{\boldsymbol{x}}(t + \Delta t) - \boldsymbol{x}(t)\big)$$
$$= \boldsymbol{x}(t) + \boldsymbol{f}\big(\boldsymbol{x}(t)\big)\Delta t + \boldsymbol{f}\big(\widetilde{\boldsymbol{x}}(t + \Delta t)\big)\frac{\Delta t}{2} - \boldsymbol{f}\big(\boldsymbol{x}(t)\big)\frac{\Delta t}{2}$$
$$= \boldsymbol{x}(t) + \frac{\Delta t}{2}\Big(\boldsymbol{f}\big(\boldsymbol{x}(t)\big) + \boldsymbol{f}\big(\widetilde{\boldsymbol{x}}(t + \Delta t)\big)\Big) \tag{21.45}$$

ここで $\mathcal{L}$ を $\widetilde{\boldsymbol{x}}(t + \Delta t)$ に作用させると $\boldsymbol{f}\big(\widetilde{\boldsymbol{x}}(t + \Delta t)\big)$ となる点にも注意しましょう. これでホイン法の時間発展の式 (21.24) が出てきました.

指数関数の定義を拡張すると, とても見通しがよくなりますね. すごいです……. ただ, もともと $\boldsymbol{f}\big(\boldsymbol{x}(t)\big)$ が非線形, つまり $(x_1(t))^2$ のような項を含む場合もあるのに, 線形の技術で議論できてしまっているのも, 考えてみればちょっと不思議です. この点については, 今後の話をふまえたうえで, 第 24 話の最後に補足します.

第22話

関数の時間変化を考える．

[偏微分方程式]

22.1 水面をたゆたう粒子の記述

確率的な挙動を，関数の時間発展方程式で表現できます

　第21話では，状態変数の時間発展を扱いました．今回は関数の時間発展を扱います．今後の展開のために確率的な場合で話を進めますが，確率的ではない場合も含めて，さまざまな分野で関数の時間発展は使われます．

　図22.1のように，水面にとても小さな粒子をそっと落とすと，粒子が時間とともに動きます．**ブラウン運動**と呼ばれる現象です．何回も同じ実験をすれば，ある時刻 t に粒子がいる位置の確率を求められます．

　簡単のため一つの軸に沿った座標 x を考えましょう．ここで，時刻 t で粒子が x の位置にいる確率と関係する関数として，関数 $p(x,t)$ を導入します．これは**確率密度関数**と呼ばれます．ここで，この $p(x,t)$ は確率そのものではないことに注意が必要です．確率なら正の値で，さらに1を超すことはありませんが，確率密度関数は1を超すことがあります．また，座標

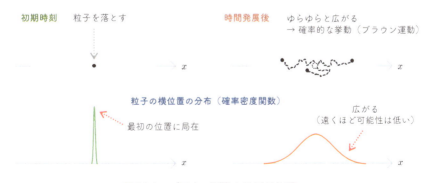

図 **22.1** ブラウン運動と粒子の位置

202 第22話 関数の時間変化を考える.

x は実数なので，ある一点に粒子がいる確率は「ゼロ」です．不思議かもしれませんが，サイコロ投げを考えるとわかります．6個の目のあるサイコロで1の目が出る確率は 1/6 ですね．では100個の目のあるサイコロだとどうなるでしょう．1の目が出る確率は 1/100 になります．では1億個の目があったら……としていくと，確率が減っていき，極限ではゼロになりますね．そのため「ある領域に粒子が存在する確率」を考えます．

実際に計算してみましょう．粒子の位置が a から b の範囲に入る確率は以下のように計算できます．なお $a < b$ としています．

$$\text{Prob}(a \leq X \leq b) = \int_{\infty}^{\infty} \mathbf{1}_{[a,b]}(x)\, p(x,t)dx = \int_a^b p(x,t)dx \qquad (22.1)$$

ここで X は**確率変数**と呼ばれるもので，粒子の位置に対応します．これは深い概念なのですが，本書では素朴に，確率的に値が決まる量だと考えておきましょう．この X が $[a,b]$ の範囲に入る確率が式 (22.1) です．途中に出てくる $\mathbf{1}_{[a,b]}(x)$ は，x が $[a,b]$ に入っていれば1，それ以外はゼロを返す**指示関数**と呼ばれるものです．結果として a から b の範囲の積分が出てきます．この確率が1を超すことはありません．また，積分範囲で $b = a$ なら結果はゼロですね．つまり，「ある一点」にいる確率はゼロです．

粒子の確率的な動きの情報は，すべて関数 $p(x,t)$ に含まれています．そこで，この関数 $p(x,t)$ の時間発展を与える式を考えていきましょう．

広がる様子を表すための式を見つけた，としましょう

粒子が広がる様子を，次の式で表現できることが知られています．

$$\frac{\partial}{\partial t} p(x,t) = \frac{D}{2} \frac{\partial^2}{\partial x^2} p(x,t) \qquad (22.2)$$

ここで D は**拡散係数**と呼ばれる正の定数です．粒子の確率的な動きを記述するための時間発展方程式から，その確率密度関数 $p(x,t)$ がしたがう式 (22.2) を導出することもできるのですが，これはちょっと「半歩先」とは言えなくなってしまいます．そのため，ここでは粒子が広がる様子をうまく記述できる式を見つけた，という立場で，式 (22.2) を扱うことにしておきます．細かいレベルの議論から導かれたものではなく，現象の本質を記述することを**現象論的**な議論と呼ぶ場合もあります．

図 **22.2** 広がること，つまり拡散は 2 階微分で表現できる

念のため，式 (22.2) が粒子の広がる様子を記述できているか，確認しておきましょう．図 22.2 の場合，2 階微分が負となる「上に凸」の領域では $p(x,t)$ が減ります．「ふくらみ」が小さくなり，「平ら」に近づくわけですね．その代わりに 2 階微分が正となる「下に凸」の領域へと「流れて」いき，結果として広がっていきます．この動きを拡散と呼びます．

風が吹けば横にずれることも記述できます

広がることだけではなく，関数を横にずらすことも記述できます．一定方向に風がずっと吹き続けるなどにより粒子がそちらに流される効果で，ドリフトと呼ばれます．この部分だけを取り出すと，γ を実数として

$$\frac{\partial}{\partial t}p(x,t) = -\gamma \frac{\partial}{\partial x}\bigl(p(x,t)\bigr) \tag{22.3}$$

で記述できます．式 (22.3) の意味は図 22.3 の記述を見ればわかりますね．今回は γ は負の値でもよく，この符号で右向きか左向きかが変わります．

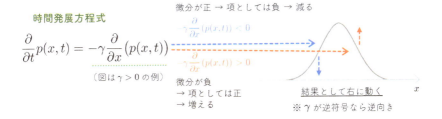

図 **22.3** ずれること，つまりドリフトは 1 階微分で表現できる

確率系を考える場合は，確率保存の性質も忘れずに

拡散とドリフトの影響を二つ合わせると，時間発展によって図 22.4 のように確率密度関数，つまり関数が変化していきます．初期時刻の形としては，通常は細長いものを使います．粒子を落とした場所の近くに分布している意味合いです．ちょっと時間が経つと，ドリフトによって全体が横にずれていきます．また，拡散は広げる効果でしたね．高さが変わっているのは，確率密度関数は空間全体で積分すると確率が 1 になるためです．つまり

$$\int_{-\infty}^{\infty} p(x,t)\,dx = 1 \tag{22.4}$$

です．関数の形が広がれば，その分だけ，高さを下げないと積分値が 1 を超してしまいます．これが，確率保存の性質でしたね．

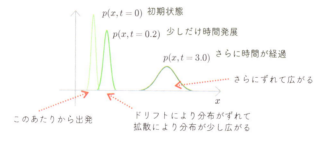

図 22.4 　時間経過とともに，分布は，ずれながら広がる

「一点」からの出発を表すためのディラックのデルタ関数

初期時刻 $t=0$ において，ある一点 x_0 に粒子をおいて，そこから出発すると想定するのは自然です．この初期状態を記述するためには，$p(x,t=0)$ を「ある一点に局在するような関数」にする必要があります．そのような関数はあるのでしょうか？

実際にはそのような関数はないのですが，第 10 話で触れたディラックのデルタ関数を使えます．超関数と呼ばれるものなので，本当は関数ではありませんが，確率の議論ではとても便利です．ある点 x_0 に対して

$$\int_{-\infty}^{\infty} \delta(x-x_0) f(x)\,dx = f(x_0) \tag{22.5}$$

を与える関数 $\delta(x)$ がディラックのデルタ関数です．多変数の場合には $\bm{x}_0$ として

$$\int \delta(\bm{x}-\bm{x}_0)f(\bm{x})d\bm{x} = f(\bm{x}_0) \tag{22.6}$$

のように書きます．積分範囲を省略し，さらに積分記号を一つしか書いていませんが，実際には $\bm{x}$ の次元の数だけ積分記号がならびます．引数がゼロになる点の関数値を返して，積分記号とともに消え去るのがディラックのデルタ関数です．

式 (22.5) を $f(x)=1$ に対して使えば，

$$\int_{-\infty}^{\infty} \delta(x-x_0)\,dx = 1 \tag{22.7}$$

なので，積分すると 1，つまり確率として解釈できます．ディラックのデルタ関数そのものは，形式的には x_0 で無限大の値をとっているとみなせます．ただ，限りなく細いので，積分をすると 1 を与えます．そのため，初期時刻において x_0 に局在している確率密度関数を

$$p(x, t=0) = \delta(x-x_0) \tag{22.8}$$

と書けます．そのイメージを図 22.5 に描きました．初期状態がディラックのデルタ関数でも，時間が経過すれば拡散によって分布は広がります．実際の数学的な操作には少し注意が必要ですが，ディラックのデルタ関数は，**正規分布**もしくは**ガウス分布**と呼ばれる分布の分散をゼロに近づける極限として得られることも知られています．正規分布は確率論の基本的な道具で，その確率密度関数も扱いやすいものです．このあたりは確率や統計を学ぶときに意識してみてください．

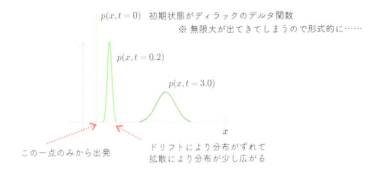

図 22.5 最初に一点から始まる場合も扱える

206 第 22 話 関数の時間変化を考える.

多変数の場合をまとめて書きましょう

これまでの議論を少し拡張すると，多変数の場合の $p(\boldsymbol{x}, t)$ の時間発展を記述できます．$\boldsymbol{x}(t)$ が D 個の変数で作られているとしましょう．このとき，時間発展は以下で記述できることが知られています．

$$
\frac{\partial}{\partial t} p(\boldsymbol{x}, t) = -\sum_{d=1}^{D} \frac{\partial}{\partial x_d} \left(a_d(\boldsymbol{x}) p(\boldsymbol{x}, t)\right)
$$
$$
+ \frac{1}{2} \sum_{d,d'} \frac{\partial^2}{\partial x_d \partial x_{d'}} \left(\left[B(\boldsymbol{x}) B(\boldsymbol{x})^\top\right]_{dd'} p(\boldsymbol{x}, t)\right) \qquad (22.9)
$$

この式は**フォッカー・プランク方程式**と呼ばれます．なお，$\displaystyle\sum_{d,d'}$ は $\displaystyle\sum_{d=1}^{D}\sum_{d'=1}^{D}$ のことです．右辺第 1 項目が $p(\boldsymbol{x}, t)$ を横方向にずらす効果を与え，**ドリフト項**と呼ばれます．ここでは一般化を見すえて，$a_d(\boldsymbol{x})$ のように係数が $\boldsymbol{x}$ に依存するものとします．右辺第 2 項目は**拡散項**と呼ばれ，$p(\boldsymbol{x}, t)$ を広げる効果に対応します．その係数に当たる部分も $\boldsymbol{x}$ に依存する形にしてあり，行列 $B(\boldsymbol{x})$ の掛け算の形で書いています．これは $\boldsymbol{x}(t)$ の時間発展を直接記述する式との対応のためで，第 24 話で補足します．今は式 (22.9) を出発点として，線形代数とのつながりの部分を見ていきましょう．なお，ここでは簡単のため，係数の部分が時刻 t に依存しない形としています．

22.2 時間発展が線形なので

時間発展を与える線形作用素を使うと，このあとの議論が便利です

このあとの議論のために，フォッカー・プランク方程式を線形作用素を使って書いておくと便利です．つまり，

$$
\mathcal{L} = -\sum_{d=1}^{D} \frac{\partial}{\partial x_d} a_d(\boldsymbol{x}) + \frac{1}{2} \sum_{d,d'} \frac{\partial^2}{\partial x_d \partial x_{d'}} \left[B(\boldsymbol{x}) B(\boldsymbol{x})^\top\right]_{dd'} \qquad (22.10)
$$

とおけば，式 (22.9) の時間発展方程式を次の形で簡単に書けます．

$$
\frac{\partial}{\partial t} p(\boldsymbol{x}, t) = \mathcal{L} p(\boldsymbol{x}, t) \qquad (22.11)
$$

$\mathcal{L}$ は時間発展作用素と呼ばれます．$\mathcal{L}$ 中には微分作用素が使われていますが，これは線形性を満たすので，$\mathcal{L}$ にも線形性があります．なお，線形作用素は関数に作用して意味をなすものなので，$a_d(\boldsymbol{x})$ だけを微分するわけにはいきません．必ず，右側に $p(\boldsymbol{x},t)$ をおいてから，$a_d(\boldsymbol{x})p(\boldsymbol{x},t)$ を微分するように注意してください．

指数関数を使った，形式的な解

前回までの議論を使えば，形式的に

$$p(\boldsymbol{x},t) = e^{\mathcal{L}t}p(\boldsymbol{x},0) \tag{22.12}$$

と書けます．作用素の指数関数は第 21 話の最後で導入しましたね．この作用素の指数関数を使った表記は，ミクロな世界を記述する量子力学など，いろいろな分野でよく用いられます．

期待値の計算が基本です

確率の議論の場合，平均値などの**期待値**に注目することが基本です．簡単に確率の議論を見ておきましょう．確率変数は，確率的に値が決まるものでした．ここで，**統計量**を導入します．平均や分散も統計量の一種で，これらは確率変数を引数にとる関数です．そのため，注目している統計量を $A(\boldsymbol{X})$ と書くことにしましょう．引数の $\boldsymbol{X}$ は多変数の場合の確率変数です．確率的に値が決まるベクトルですね．

統計量 $A(\boldsymbol{X})$ の期待値は，以下で定義されます．

$$\mathbb{E}\left[A(\boldsymbol{X})\right] = \int A(\boldsymbol{x})p(\boldsymbol{x},t)d\boldsymbol{x} \tag{22.13}$$

たとえば一つ目の確率変数 X_1 の期待値は

$$\mathbb{E}\left[X_1\right] = \int x_1 p(\boldsymbol{x},t)d\boldsymbol{x} \tag{22.14}$$

です．もし X_1 の期待値が μ_1，X_2 の期待値が μ_2 として計算されていた場合，X_1 と X_2 の共分散は

$$\mathbb{E}\left[(X_1 - \mu_1)(X_2 - \mu_2)\right] = \int (x_1 - \mu_1)(x_2 - \mu_2)p(\boldsymbol{x},t)d\boldsymbol{x} \tag{22.15}$$

で計算されます. また X_d の n 次の**モーメント**と呼ばれる量は次で与えられます.

$$\mathbb{E}[X_d^n] = \int x_d^n p(\boldsymbol{x}, t) d\boldsymbol{x} \tag{22.16}$$

モーメントがわかれば, 平均や共分散などさまざまな統計量を計算できます.

実際に観測されるデータからは, 期待値の近似値を求めることができます. 標本平均や標本分散などと呼ばれるものですね. なお, 確率密度関数 $p(\boldsymbol{x}, t)$ そのものを観測することはできません. 粒子のいる位置を調べればわかるのではないか, と思うかもしれませんが, これも実は期待値です. 「どの位置に粒子がいるのか」をデータから調べる方法としてヒストグラムを使えます. ヒストグラムの本質は「ある領域 $\mathcal{C}$ に粒子がいるときに 1 をとる統計量 $\mathbf{1}_{\mathcal{C}}(\boldsymbol{X})$」の期待値の近似値です. つまり

$$\mathbb{E}[\mathbf{1}_{\mathcal{C}}(\boldsymbol{X})] = \int \mathbf{1}_{\mathcal{C}}(\boldsymbol{x})\, p(\boldsymbol{x}, t) d\boldsymbol{x} \tag{22.17}$$

という統計量の期待値をデータを通じて見ています. 領域 $\mathcal{C}$ を小さくしていけば, 近似的に $p(\boldsymbol{x}, t)$ の推定になりますね. このような「期待値を通して現象を見る」視点も, 「一歩先」に進むときに意識してみましょう.

時間発展を指数関数で形式的に記述する

初期状態 $\boldsymbol{x}_0$ をディラックのデルタ関数で与えた場合に, 時刻 t における統計量 $A(\boldsymbol{x})$ の期待値を, 形式的に以下のように書き直せます.

$$\begin{aligned}
\mathbb{E}[A(\boldsymbol{X})] &= \int A(\boldsymbol{x}) p(\boldsymbol{x}, t) d\boldsymbol{x} \\
&= \int A(\boldsymbol{x}) \underbrace{e^{\mathcal{L}t} p(\boldsymbol{x}, 0)}_{\text{初期状態から時間発展}} d\boldsymbol{x} \\
&= \int A(\boldsymbol{x}) \underbrace{e^{\mathcal{L}t} \delta(\boldsymbol{x} - \boldsymbol{x}_0)}_{\boldsymbol{x}_0\text{から時間発展}} d\boldsymbol{x}
\end{aligned} \tag{22.18}$$

この表記も, 「一歩先」の議論を見通しよくしてくれるものです. 本書でも, 式 (22.18) を使った議論を第 5 部で少しだけ紹介します.

第 23 話
偏微分方程式を解く．

―――――――――［基底展開・固有関数・差分近似］―――――――――

23.1 基底を使ってうまく表現

関数の時間発展をベクトルの時間発展に書き換えます

第 23 話で扱うのは，関数の時間発展方程式と線形代数とのつながりです．時間発展を解く話については，「一歩先」に広大な世界が広がっています．今回は関数の時間発展をベクトルの時間発展に置き換えること，そして行列の固有ベクトルと関係する概念が出てくることに話を限定します．少し発展的で難しい内容なので，じっくりと，ゆっくりと取り組んでみましょう．

関数をベクトルに置き換える方法は，すでに第 2 部で見ましたね．基底関数で関数を展開して，その係数をベクトルとみなすのでした．図 23.1 が時間発展系を扱うための流れです．基底展開によって，扱いづらい偏微分方程式を，基底展開した係数をならべたベクトル $c(t)$ に対する時間発展方程式へと書き換えられます．これは連立微分方程式なので解くのが簡単です．この書き換えが少しわかりづらいので，具体例で見ていきましょう．

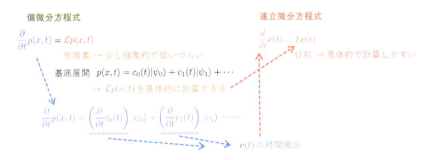

図 23.1 関数の時間発展をベクトルの時間発展に書き換える

新しい基底関数を使って,左辺と右辺を比較してみましょう

考え方のポイントを見やすくするために,1変数系の例を考えます.時間発展方程式が次の式で与えられるとしましょう.

$$\frac{\partial}{\partial t}p(x,t) = \gamma \frac{\partial}{\partial x}(xp(x,t)) + \frac{D}{2}\frac{\partial^2}{\partial x^2}p(x,t) \tag{23.1}$$

ここで γ と D はパラメータです.式 (23.1) は,第22話に出てきたフォッカー・プランク方程式において,1変数系を考えて

$$a(x) = -\gamma x, \qquad B(x) = \sqrt{D} \tag{23.2}$$

とおいたものです.これは**オルンシュタイン・ウーレンベック過程**と呼ばれる有名な例です.実は,紙とペンで解ける例ですが,今回は行列とベクトルで記述して,数値的に性質を調べてみます.なお,議論の都合のため,以下の線形作用素を使った形に書き換えておきます.

$$\mathcal{L} = \gamma \frac{\partial}{\partial x}x + \frac{D}{2}\frac{\partial^2}{\partial x^2}, \qquad \frac{\partial}{\partial t}p(x,t) = \mathcal{L}p(x,t) \tag{23.3}$$

ひとまず基底関数として,**エルミート関数**と呼ばれるものを使ってみましょう.次の形で定義されます.

$$\psi_n(x) = \left(2^n n! \sqrt{\pi}\right)^{-1/2} e^{-x^2/2} H_n(x) \tag{23.4}$$

右辺にエルミート多項式 $H_n(x)$ が使われていますね.つまり,エルミート

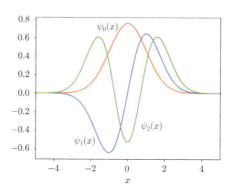

図 23.2 エルミート多項式ではなく,エルミート関数

多項式を少し変えたものがエルミート関数ですが,

$$\int_{-\infty}^{\infty} \psi_n(x)\psi_m(x)dx = \delta_{nm} \tag{23.5}$$

が成り立ち,関数同士の掛け算の積分を使った素朴な内積の定義において,正規直交性があります.また,図23.2のように,原点から離れると関数の値がゼロに近づきます.確率密度関数を表すときに自然な感じですね.

エルミート関数に対しては,以下の性質が知られています.

$$\frac{d}{dx}\psi_n(x) = \sqrt{\frac{n}{2}}\psi_{n-1}(x) - \sqrt{\frac{n+1}{2}}\psi_{n+1}(x) \tag{23.6}$$

$$x\psi_n(x) = \sqrt{\frac{n}{2}}\psi_{n-1}(x) + \sqrt{\frac{n+1}{2}}\psi_{n+1}(x) \tag{23.7}$$

つまり,微分作用素を作用させたり,「xを掛け算する」作用素を作用させると,一つ上や下の基底が出てきます.何でもないように思えるかもしれませんが,これらの作用素を使ったあとも,やはりエルミート関数でシンプルに表現できている点が大切です.

エルミート関数の性質は,実際に関数の微分を計算せずに済ませるルールとして使えます.このルールを使えば,式 (23.3) の線形作用素 $\mathcal{L}$ が基底にどのように作用するかを頑張って計算できます.ここでは結果だけ示します.表記を簡単にするために次の記号

$$\alpha_n = \frac{1}{2}\sqrt{n(n-1)} \tag{23.8}$$

を導入すると,ドリフト項および拡散項はそれぞれ以下のようになります.

$$\frac{\partial}{\partial x}\big(x\psi_n(x)\big) = \alpha_n\psi_{n-2}(x) + \frac{1}{2}\psi_n(x) - \alpha_{n+2}\psi_{n+2}(x) \tag{23.9}$$

$$\frac{\partial^2}{\partial x^2}\psi_n(x) = \alpha_n\psi_{n-2}(x) + \left(-n-\frac{1}{2}\right)\psi_n(x) + \alpha_{n+2}\psi_{n+2}(x) \tag{23.10}$$

これで時間発展方程式の右辺の計算を進めることができて,最終的に次の形の連立微分方程式が得られます(なお,$n = 0, 1, 2, \ldots$,です).

$$\begin{aligned}
\frac{d}{dt}c_n(t) =\, & \gamma\alpha_{n+2}c_{n+2}(t) + \frac{\gamma}{2}c_n(t) - \gamma\alpha_n c_{n-2}(t) \\
& + \frac{D\alpha_{n+2}}{2}c_{n+2}(t) + \frac{D}{2}\left(-n-\frac{1}{2}\right)c_n(t) + \frac{D\alpha_n}{2}c_{n-2}(t)
\end{aligned}$$

$$\tag{23.11}$$

212 第 23 話 偏微分方程式を解く.

右辺の係数をまとめ直して行列 L を作ると,次の形に書けます.

$$\frac{d}{dt}\boldsymbol{c}(t) = L\boldsymbol{c}(t) \tag{23.12}$$

これならベクトルの時間発展の形なので,第 21 話で見てきたようにすれば解けますね.ただ,関数を展開すると無限個の基底が必要なので,実際には有限個で打ち切ります.また,初期状態 $p(x, t = 0)$ をうまく近似するように $\boldsymbol{c}(0)$ を選ぶ必要もあります.

連立微分方程式の導出の詳細

以下では,関数 $\psi_n(x)$ の代わりにケット $|\psi_n\rangle$ を使います.ドリフト項と拡散項に対する式 (23.9) と式 (23.10) を使うと,線形作用素 $\mathcal{L}$ を $p(x, t)$ に作用させる計算を次のように書けます.

$$
\begin{aligned}
\mathcal{L}p(x, t) &= \left(\gamma \frac{\partial}{\partial x} x + \frac{D}{2}\frac{\partial^2}{\partial x^2}\right)\left(\sum_{n=0}^{\infty} c_n(t)|\psi_n\rangle\right) \\
&= \gamma \frac{\partial}{\partial x} x \sum_{n=0}^{\infty} c_n(t)|\psi_n\rangle + \frac{D}{2}\frac{\partial^2}{\partial x^2}\sum_{n=0}^{\infty} c_n(t)|\psi_n\rangle \\
&= \gamma \sum_{n=0}^{\infty} c_n(t)\left[\alpha_n|\psi_{n-2}\rangle + \frac{1}{2}|\psi_n\rangle - \alpha_{n+2}|\psi_{n+2}\rangle\right] \\
&\quad + \frac{D}{2}\sum_{n=0}^{\infty} c_n(t)\left[\alpha_n|\psi_{n-2}\rangle + \left(-n - \frac{1}{2}\right)|\psi_n\rangle + \alpha_{n+2}|\psi_{n+2}\rangle\right]
\end{aligned}
\tag{23.13}
$$

なお,$n < 0$ に対しても,形式的に $|\psi_n\rangle$ と書きました.これらは実際には $\alpha_0 = 0$ などで消えます.ここで和の記号をそれぞれの項に分けて,たとえば

$$
\begin{aligned}
\gamma \sum_{n=0}^{\infty} c_n(t)\alpha_n|\psi_{n-2}\rangle &= \gamma \sum_{n=2}^{\infty} c_n(t)\alpha_n|\psi_{n-2}\rangle \quad (n - 2 = n' \text{ と置き換える}) \\
&= \gamma \sum_{n'=0}^{\infty} c_{n'+2}(t)\alpha_{n'+2}|\psi_{n'}\rangle
\end{aligned}
\tag{23.14}
$$

のように計算します.最初の等号は $\alpha_0 = \alpha_1 = 0$ より,和が実質的に $n = 2$ から始まることを使いました.このあとあらためて n' を n と置き換えましょう.拡散項についても同様に計算すると,最終的に

(式 (23.13) の続き)

$$= \sum_{n=0}^{\infty}\left[\gamma c_{n+2}(t)\alpha_{n+2} + \frac{\gamma c_n(t)}{2} - \gamma c_{n-2}(t)\alpha_n\right.$$

$$+ \frac{Dc_{n+2}(t)}{2} \alpha_{n+2} + \frac{Dc_n(t)}{2}\left(-n - \frac{1}{2}\right) + \frac{Dc_{n-2}(t)}{2}\alpha_n\Big]|\psi_n\rangle$$

$$(23.15)$$

となります．これを元の時間発展方程式の左辺と係数比較して，$|\psi_n\rangle$ の係数同士を取り出せば，式 (23.11) が得られます．

行列に対する固有ベクトル，線形作用素に対する固有関数

ベクトルの時間発展の場合，固有値と固有ベクトルが重要な役割を果たしていましたね．関数の場合にも対応する概念があります．線形作用素 $\mathcal{L}$ に対して，スカラ λ_i と対応する関数 $\varphi_i(x)$ が存在して

$$\mathcal{L}\varphi_i(x) = \lambda_i\varphi_i(x) \tag{23.16}$$

を満たすとき，$\varphi_i(x)$ を**固有関数**，λ_i を**固有値**と呼びます．これらを使うと，やはり関数の時間発展について議論できます．詳細は「一歩先」にゆずって，ここでは固有関数の求め方だけを見ておきましょう．

関数の時間発展を式 (23.12) の形に書き直しました．時間発展を与える行列 L の固有ベクトルが関係しそうですが，これは値がならんだベクトルであり，引数を x とする「関数」ではありません．そこで，固有ベクトルを係数として基底関数の一次結合を作りましょう．無限個のエルミート関数を考えて，形式的に行列 L を作ります．この行列の i 番目の固有値を λ_i，固有ベクトルを $\boldsymbol{v}_i$ として，ベクトル $\boldsymbol{v}_i$ の m 番目の要素を v_{im} と書くと，

$$\varphi_i(x) = \sum_{m=0} v_{im}|\psi_m\rangle = \sum_{m=0} v_{im}\psi_m(x) \tag{23.17}$$

となります．実際，$\varphi_i(x)$ が固有関数になることを確認できます．もちろん，数値計算のときは有限個のエルミート関数で打ち切って近似します．

固有関数であることの確認

確認のために，第 11 話で見た単位の分解を使いましょう．エルミート関数は正規直交基底なので単位の分解

$$\mathbf{1} = \sum_{n=0} |\psi_n\rangle\langle\psi_n| \tag{23.18}$$

が成り立ちます．この $\mathbf{1}$ を自由に挿入できるので，

$$
\begin{aligned}
\mathcal{L}\varphi_i(x) &= \mathcal{L}\underbrace{\sum_{m=0} v_{im}|\psi_m\rangle}_{(A)} = \mathbf{1} \times \mathcal{L}\sum_{m=0} v_{im}|\psi_m\rangle \\
&= \sum_{n=0}|\psi_n\rangle\langle\psi_n|\mathcal{L}\sum_{m=0} v_{im}|\psi_m\rangle = \sum_{n=0}\sum_{m=0}\langle\psi_n|\mathcal{L}|\psi_m\rangle v_{im}|\psi_n\rangle \\
&= \underbrace{\sum_{n=0}\sum_{m=0} L_{nm}v_{im}|\psi_n\rangle}_{(B)}
\end{aligned}
\tag{23.19}
$$

です．ここで次の記号を導入しました．

$$
L_{nm} = \langle\psi_n|\mathcal{L}|\psi_m\rangle
\tag{23.20}
$$

実は，これが行列 L の n 行目 m 列目の要素です．

ここで，$L\boldsymbol{v}_i$ の掛け算の結果の n 番目の要素を，和を使って表現しましょう．

$$
[L\boldsymbol{v}_i]_n = \sum_{m=0} L_{nm}v_{im}
\tag{23.21}
$$

一方で，$\boldsymbol{v}_i$ が行列 L の i 番目の固有ベクトルなので，以下が成り立ちます．

$$
[L\boldsymbol{v}_i]_n = [\lambda_i\boldsymbol{v}_i]_n = \lambda_i v_{in}
\tag{23.22}
$$

これらを式 (23.19) の (B) に使って右辺に配置し，式 (23.19) の (A) の和の添字を m から n に変えて左辺におけば

$$
\mathcal{L}\sum_{n=0} v_{in}|\psi_n\rangle = \lambda_i\sum_{n=0} v_{in}|\psi_n\rangle
\tag{23.23}
$$

となり，$\varphi_i(x)$ が $\mathcal{L}$ の固有関数であることがわかります．

基底関数によって固有ベクトルは変わっても，固有関数は一つです

さて，基底の考え方で注意すべきは，「基底はいろいろ，本質は一つ」でしたね．時間発展を与える作用素 $\mathcal{L}$ は，もちろん基底関数とは関係ないものです．一方，具体的な行列 L は，基底関数の選び方によって変わります．固有関数は $\mathcal{L}$ に対するものなので，基底関数には依存しないはずです．ほかの基底関数を使った場合でも，固有関数は同じものになるのでしょうか？

このあとの議論では，これを確認するために，少し別の視点から偏微分

方程式を線形代数と結びつけてみましょう.

正規直交基底ではない場合には,少し手間が増える

エルミート関数は正規直交基底なので係数比較の方法を使えましたが,直交基底ではない場合,時間発展方程式の左辺の扱いには注意が必要です.今,直交しているとは限らない基底関数 $|g_m\rangle, m = 0, 1, \ldots, M$ を使って

$$p(x, t) = \sum_{m=0}^{M} c_m(t)|g_m\rangle \tag{23.24}$$

のように展開したとしましょう.この基底を使って,時間発展方程式を

$$\sum_{m=0}^{M} \left(\frac{d}{dt} c_m(t) \right) |g_m\rangle = \sum_{m=0}^{M} c_m(t)\mathcal{L}|g_m\rangle \tag{23.25}$$

の形に書き直します.ここから $\{c_m(t)\}$ に対する $M+1$ 個の式を出すために,対応する $M+1$ 個のブラ $\{\langle g_n|\}$ を作用させ,内積をとります.すると内積は $\langle g_n|g_m\rangle = z_{nm}$ のようにスカラとなるため,

$$\sum_{m=0}^{M} \left(\frac{d}{dt} c_m(t) \right) z_{nm} = \sum_{m=0}^{M} c_m(t)\langle g_n|\mathcal{L}|g_m\rangle = \sum_{m=0}^{M} c_m(t)L'_{nm} \tag{23.26}$$

が出てきます.ここで $L'_{nm} = \langle g_n|\mathcal{L}|g_m\rangle$ を導入しました.よって,z_{nm} および L_{nm} を要素とする行列をそれぞれ Z および L' として,Z が逆行列をもてば

$$Z\frac{d}{dt}\boldsymbol{c}(t) = L'\boldsymbol{c}(t) \quad \Rightarrow \quad \frac{d}{dt}\boldsymbol{c}(t) = Z^{-1}L'\boldsymbol{c}(t) \tag{23.27}$$

となり,$\boldsymbol{c}(t)$ に対する連立微分方程式が出てきます.

実は,正規直交基底を使っている場合には $Z = I$ です.よって,係数比較だけで連立微分方程式が出てきた,とわかりますね.

23.2 空間を細かく分割

格子点を導入して偏微分方程式を解くことも多いです

偏微分方程式に対する数値解法として,空間を格子状に分割する方法も一般的です.今は変数が一つの場合を考えているので,Δx 刻みで $\{x_m \,|\, m = 0, 1, 2, \ldots, M\}$ を導入しましょう.なお,基底関数の場合と合わせて $m = 0$ から開始しました.たとえば格子点の最小値を $x = -10$, 刻み幅

を $\Delta x = 0.1$ とすると,$x_0 = -10$, $x_1 = x_0 + \Delta x = -9.9$, $x_2 = -9.8$, ……と続きます.そして,この格子点上での関数の値 $\{p(x_m, t)\}$ を使ってベクトルを作ります.ベクトル表記で以下のように書くことにしましょう.

$$\boldsymbol{p}(t) = \begin{bmatrix} p(x_0, t) \\ \vdots \\ p(x_M, t) \end{bmatrix} \tag{23.28}$$

さて,時間発展方程式には微分の記号が入っていました.ベクトル $\boldsymbol{p}(x, t)$ に対する微分を素朴には計算できないので,代わりに**差分**を使って近似します.差分近似の考え方を図 23.3 に示します.$\Delta x \to 0$ の極限をとれば微分になりますが,数値計算では極限をとれないので,Δx を小さい値とします.ここで,差分の取り方は一つではなく,

(前進差分) $\quad \dfrac{d}{dx} p(x_m, t) \simeq \dfrac{p(x_m + \Delta x, t) - p(x_m, t)}{\Delta x}$ (23.29)

(後退差分) $\quad \dfrac{d}{dx} p(x_m, t) \simeq \dfrac{p(x_m, t) - p(x_m - \Delta x, t)}{\Delta x}$ (23.30)

が考えられます.さらに,これらの平均値を使うのはどうでしょうか.これを**中心差分**と呼びます.

(中心差分) $\quad \dfrac{d}{dx} p(x_m, t) \simeq \dfrac{p(x_m + \Delta x, t) - p(x_m - \Delta x, t)}{2 \Delta x}$ (23.31)

差を計算して割り算,という計算の手間はほとんど変わりませんが,中心差分のほうが高い精度を与えることが知られています.

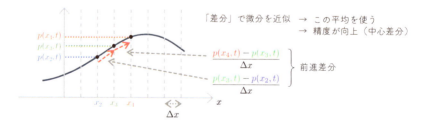

図 23.3 空間を細かく区切って,格子点での値から微分を求める

23.2 空間を細かく分割 　217

前進差分と中心差分の精度の違い

　前進差分と後退差分は，関数 $p(x, t)$ に対するテイラー展開を 1 次で打ち切ったものに対応します．つまり，1 次の精度です．

$$p(x_m + \Delta x, t) \simeq p(x_m, t) + \frac{d}{dx}p(x, t)\Big|_{x=x_m} \Delta x \qquad (23.32)$$

$$p(x_m - \Delta x, t) \simeq p(x_m, t) - \frac{d}{dx}p(x, t)\Big|_{x=x_m} \Delta x \qquad (23.33)$$

両辺を整理すると，それぞれ式 (23.29) と式 (23.30) になりますね．
　テイラー展開を 2 次までとりましょう．

$$p(x_m + \Delta x, t) \simeq p(x_m, t) + \frac{d}{dx}p(x, t)\Big|_{x=x_m} \Delta x + \frac{1}{2}\frac{d^2}{dx^2}p(x, t)\Big|_{x=x_m} (\Delta x)^2$$
$$(23.34)$$

$$p(x_m - \Delta x, t) \simeq p(x_m, t) - \frac{d}{dx}p(x, t)\Big|_{x=x_m} \Delta x + \frac{1}{2}\frac{d^2}{dx^2}p(x, t)\Big|_{x=x_m} (\Delta x)^2$$
$$(23.35)$$

式 (23.34) から式 (23.35) を引き算して整理すれば，式 (23.31) が出てきます．よって中心差分は 2 次の精度です．

行列は違っても，固有関数は同じです

　中心差分を使うと，たとえば 1 階微分のところは

$$\frac{\partial}{\partial x}p(x, t) \rightarrow
\begin{bmatrix}
0 & \frac{1}{2} & 0 & 0 & \cdots & 0 & 0 \\
-\frac{1}{2} & 0 & \frac{1}{2} & 0 & \cdots & 0 & 0 \\
0 & -\frac{1}{2} & 0 & \frac{1}{2} & \cdots & 0 & 0 \\
\vdots & \vdots & \vdots & \vdots & \vdots & \ddots & \vdots \\
0 & 0 & 0 & 0 & \cdots & -\frac{1}{2} & 0
\end{bmatrix}
\begin{bmatrix}
p(x_0, t) \\
p(x_1, t) \\
p(x_2, t) \\
\vdots \\
p(x_M, t)
\end{bmatrix} \qquad (23.36)$$

と置き換えられます．同様にして 2 階微分を求めていけば，最終的に

$$\frac{d}{dt}\boldsymbol{p}(t) = \widetilde{L}\boldsymbol{p}(t) \qquad (23.37)$$

のような，ベクトルに対する時間発展方程式を導出できます．もちろんこの $\widetilde{L}$ は，エルミート関数を使った場合の行列とはまったく違うものです．そのため，固有ベクトルも異なります．さて，それぞれ求めた固有ベクトル

から固有関数を計算すると，一致するのでしょうか？ なお，格子点を使った場合，固有ベクトルの値がその座標 x_m での固有関数の値なので，プロットが簡単です．

パラメータとして $\gamma = 1, D = 1$ を使い，数値的に固有関数を求めてみます．エルミート関数のほうは99次までの基底関数で打ち切りました．一方，格子点のほうは -5 から 5 までの空間に対して刻み幅 $\Delta x = 0.05$ としました．計算結果が図23.4です．固有値が一番大きな固有関数は $\varphi_0(x)$ ですが，ここでは2番目の固有関数 $\varphi_1(x)$ を描きました．形はほぼ完全に一致していますね．縦軸が違いますが，これは固有ベクトルの正規化から生じたものです．固有関数を定数倍しても固有関数なので，本質は変わりません．

なお，すでに述べた通り，今回の問題は紙とペンで解くことができ，実は対応する固有値が1だとわかっています．格子点を使ったほうは微妙にずれてしまっていますね．Δx を小さくすれば，計算量は増えますが，精度は上がり，正解に近づきます．

これで時間発展を扱えるようになったので，最後の第5部でデータと接続しましょう．

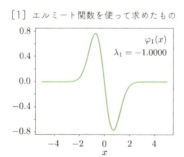
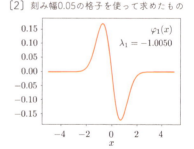

図 23.4 計算方法は違っても，固有関数はだいたい一致する

第24話

[幕間] 予測の光，理解の闇.

————————————————————————— [確率微分方程式] ———

24.1　第4部のまとめと補足と書籍紹介

　第3部では，関数をベクトルの言葉で扱うことの応用として，データとのつながりを見ました．そして第4部では別の応用として，時間発展系を扱いました．そのクライマックスは偏微分方程式でしたが，これについては「半歩先」では扱いきれない，たくさんの話題があります．時間発展系に関する話題はさまざまな分野で使われます．簡単にだけ補足をしつつ，「一歩先」として学びやすい書籍を紹介します．

行列とベクトルに関する微分の話

　量子情報などでは，ハミルトニアンと呼ばれる，系のエネルギーを与える作用素が時間発展と関係してきます．本書での時間発展の作用素 $\mathcal{L}$ に対応する部分です．そしてこの作用素がエルミート性をもち，行列表示したものがエルミート行列となり，結果として時間発展のための指数関数を作るとユニタリ行列となり……など，線形代数の言葉と性質がふんだんに使われます．量子系では行列の要素に複素数が出てきてしまいますが，エルミート行列の固有値は必ず実数になるので現実世界の観測量とつじつまが合うこと，ユニタリ行列はノルムの大きさを変えないので確率が保存されること，なども線形代数の言葉を使っています．

　第20話で紹介した行列の関数もよく使います．少しだけ触れましたが，数学的にはノルムを用いた収束性の議論などが必要です．もう少しきちんとした議論を追いたい場合，

　　『齋藤正彦 数学講義 行列の解析学』齋藤正彦 著，長岡亮介 他解説
　　(東京図書, 2017)

はかなりわかりやすく，しかもしっかりと記載されています．この話の延長に控えているリー群やリー代数についても，上記の本には追加の解説として関連する記載があります．また，

　　『キーポイント 行列と変換群』梁成吉 (岩波書店, 1996)

も，とてもわかりやすくリー代数までの道案内をしてくれます．

ベクトルの時間発展が基本

時間発展を数値的にシミュレーションする技術は広く使われていて，関連する書籍もたくさんあります．その基本はベクトルに対する連立微分方程式で，そこでの議論をしっかりと押さえておくことが今後の学びに役立ちます．特に，離散的な時間間隔 Δt の選び方の問題や計算の安定性の問題など，きちんとした数値実験のときにはいろいろな注意が必要です．

第 6 話で紹介した『理工学のための数値計算法［第 3 版］』にも基本が記載されています．また，同じく第 6 話で紹介した『数値解析入門』も，数値計算の安定性なども含めた議論に進むための良書です．

ジョルダン標準形を使った一般論へ

第 20 話の行列の指数関数の具体的な計算，および第 21 話の時間発展系の解については，すべての固有値が異なる場合に限って紹介しました．線形代数の多くの教科書で最後のほうに出てくる**ジョルダン標準形**を使うと，もっと一般的に議論できます．

『はじめての応用解析』藤田宏，齊藤宣一 (岩波書店, 2019)

には，ジョルダン標準形とは書かれていないものの，2 変数系で固有値が縮退している場合について記載されています．そのほか，偏微分方程式の話も含めて，実例を念頭において学べる良書です．

線形代数の書籍にも，時間発展について記載してくれている書籍はたくさんあります．

『理工学者が書いた数学の本 線形代数』甘利俊一，金谷健一
(ちくま学芸文庫, 2023)

は文庫ですし，教科書っぽさもないので手にとりやすい一冊です．ほかに

『プログラミングのための線形代数』平岡和幸，堀玄 (オーム社, 2004)

は線形代数の教科書としても利用可能ですが，数値計算向きの話題がとても豊富です．ジョルダン標準形についてもきちんと記載されています．また，制御系への応用などを意識した線形代数の「一歩先」の本として

『SGC ライブラリ 187 線形代数を基礎とする応用数理入門』佐藤一宏
(サイエンス社, 2023)

があります．ジョルダン標準形の記載もありますし，ノルムの話を含め，「一歩先」としての道具がまとまっています．

解ける微分方程式とその数理を知る

微分方程式は一般には解けないことが多いので，応用の現場では数値計算を使うことがほとんどです．ただ，非線形なものでも紙とペンで解ける場合もあります．変数分離法や定数変化法などの微分方程式の解法については，関連する教科書がた

くさんあるので，自分に合ったものを探してみてください．

なお，どのような数理的な構造があれば微分方程式を解けるのか，という点を突き詰めていくと，微分の話が代数の話と関係していて面白いです．

『リッカチのひ・み・つ　解ける微分方程式の理由を探る』井ノ口順一
(日本評論社, 2010)

は『数学セミナー』に連載されていた記事に基づいているもので，タイトル通りに解ける微分方程式に関する本です．ただ，タイトルの印象ほど軽い本ではないので，「一歩先のさらに先」くらいかもしれません．また，非線形な微分方程式に関しては，**力学系**においてさまざまな研究蓄積があります．周期性，分岐，そしてカオスなど，数値計算で現象を見るのも面白いのですが，これらの現象を数理的に考える試みも楽しいものです．良書はたくさんありますが，

『解くための微分方程式と力学系理論』千葉逸人 (現代数学社, 2021)

を紹介しておきます．具体例が豊富で，摂動法，つまり厳密解からのちょっとしたずれの話など，発展的な記載もあります．

関数をきちんと扱うための概念を知る

関数を基底関数の一次結合の形で書いて，ベクトルと行列の話とつなげてきました．ただし，ここで考えている関数空間は無限次元です．関数をテイラー展開すると無限個の項が出てくることからも，無限次元であることはわかりますね．本書では数値計算の都合で有限で切ってしまっていますが，きちんとした数学の議論のためには**関数解析**を学ぶことになります．作用素が有界か非有界か，つまりノルムが有限値になるかどうかなども重要な視点です．関数解析についてもいろいろな書籍で学べますが，

『数学のとびら 関数解析』竹内慎吾 (裳華房, 2023)

はわかりやすく，しっかりと考え方を身につけられる良書です．

偏微分方程式の利用について知る

本書では偏微分方程式としては確率系に対するものに限定していますが，偏微分方程式の応用範囲はとても幅広いものです．時間発展系とは違うタイプの偏微分方程式として，空間上に境界条件があるものなど，いろいろとあります．また，関連する数値計算として**有限要素法**も有名です．上述した『はじめての応用解析』は，この話題についてもよい入門書です．

また，機械学習に興味のある人は**拡散モデル**というキーワードを聞いたことがあるかもしれません．ある種類の生成 AI にも使われている技術です．「拡散」というキーワードは本書でも出てきましたね．次の書籍には，この数理に関する説明がまとめられています．

『拡散モデル　データ生成技術の数理』岡野原大輔 (岩波書店, 2023)

第 24 話 [幕間] 予測の光，理解の闇．

確率的に変動するものたち

確率系になると，偏微分方程式を扱うよりも確率的なシミュレーション，いわゆる**モンテカルロ法**を使うことが多くなります．時間発展系に対する入門書として，自分の本で恐縮ですが，

『確率的シミュレーション』大久保潤 (森北出版, 2023)

を挙げておきます．初学者でもわかりやすいように，時間発展系に関係する確率的なシミュレーションの数理とアルゴリズム，さらにデータとの接続について書きました．この幕間の後半で紹介する，確率的に変動する状態変数に対する時間発展方程式とフォッカー・プランク方程式との接続についても，二通りの方法で説明しています．

24.2 状態の変化，分布の変化

確率微分方程式を使うと，確率的な時間発展を直接記述できます

第4部では，確率密度関数の時間発展を与える式としてフォッカー・プランク方程式を見てきました．これは関数の時間発展を与えますが，その基本には「確率的に変動する状態ベクトル」の時間発展があります．その点について補足をしておきます．

確率的ではない場合，状態ベクトルの時間発展は連立微分方程式で記述できます．状態ベクトルの時間発展に確率的な要素が入っても，状態ベクトルの時間発展を記述したり，シミュレーションできることは知られています．確率的なシミュレーションについては上で紹介した書籍などを参照してもらうとして，ここでは簡単に考え方だけ見ておきましょう．

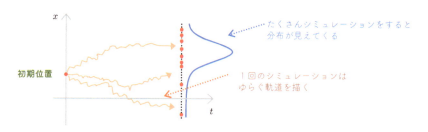

図 24.1 状態ベクトルの時間発展は，ゆらぐ軌道を描く

確率的な場合，図 24.1 のように，状態ベクトルはゆらぎながら時間発展します．すると，ある時刻まで時間発展させた場合，同じ初期値から出発してもさまざまな結果を生み出します．たくさんの結果に基づけば，確率密度関数 $p(\boldsymbol{x}, t)$ を推定できますね．なお，フォッカー・プランク方程式は，この $p(\boldsymbol{x}, t)$ を直接的に扱うものでした．

一方，確率密度関数ではなく，状態ベクトルの時間発展を記述するための有名な道具もあります．それが，次で与えられる**確率微分方程式**です．

$$dX(t) = a(X(t))dt + B(X(t))dW(t) \tag{24.1}$$

確率的に値が決まる**確率変数**を大文字で書くのが一般的なので，$\boldsymbol{X}(t)$ と書いています．多変数系であれば $\boldsymbol{X}(t)$ はベクトルです．式 (24.1) では，普通の微分とは違う書き方をしていますね．右辺の $d\boldsymbol{W}(t)$ は，**ウィーナー過程** $\boldsymbol{W}(t)$ と呼ばれるものから出てきます．これはノイズに対応し，ゆらぎを与える原因です．実はウィーナー過程は連続ではあるものの微分できないので，通常の微分を使って書くのは数学的に正しくありません．実際には**確率積分**と呼ばれる積分を使って数学的に扱います．形式的に微分の形を書いたものが式 (24.1) です．

微分できないものでも，近似的なシミュレーションなら簡単

微分できないものをどのように扱うのか……と心配になるかもしれませんが，そのための数学的な道具はきちんと作られています．また，式 (24.1) を近似的にシミュレーションする方法も知られています．**オイラー・丸山近似**を使うと，

$$\boldsymbol{x}(t + \Delta t) = \boldsymbol{x}(t) + \boldsymbol{a}(\boldsymbol{x}(t))\Delta t + B(\boldsymbol{x}(t))\Delta \boldsymbol{W}(t) \tag{24.2}$$

でシミュレーション可能です．ベクトル $\Delta \boldsymbol{W}(t)$ の i 番目の要素 $\Delta W_i(t)$ は，平均ゼロ，分散が Δt の正規分布と呼ばれる分布から発生させた乱数です．分散の平方根，つまり標準偏差は $\sqrt{\Delta t}$ なので，右辺第 2 項目の Δt とスケールが違いますね．ここが「連続だけれど微分できないこと」とつながります．この詳細を理解するためには，しっかりとした数学の道具立てが必要です．素朴な理解の方法は，紹介した拙著『確率的シミュレーション』に記載してあります．

なお，$\boldsymbol{x}$ を D 次元とすると，$\boldsymbol{a}(\boldsymbol{x})$ も D 次元である必要があります．そうしないと和を定義できません．一方で，ベクトル $\Delta \boldsymbol{W}(t)$ を D_W 次元として，行列 $B(\boldsymbol{x})$ は $D \times D_\mathrm{W}$ 次元で大丈夫です．これで，たとえば一つのノイズ源が複数の変数に共通して加わる場合なども扱えます．

初期状態や考えている次元の大きさによって,扱う方法を変える

ちなみに,第 22 話で少し触れましたが,もし初期時刻 $t = 0$ でつねに同じ場所 $\boldsymbol{x}_{\mathrm{ini}}$ から出発する場合,$p(\boldsymbol{x}, t = 0)$ をディラックのデルタ関数 $\delta(\boldsymbol{x} - \boldsymbol{x}_{\mathrm{ini}})$ で与える必要があります.偏微分方程式を扱う場合には $p(\boldsymbol{x}, t)$ を基底関数で展開しますが,ディラックのデルタ関数を基底関数で表現するのは大変です.ちょっと想像してみると,ある一点にだけ局在していて,少し離れるとすぐに減衰する関数を,関数の一次結合の形で簡潔に表現するのは難しそうですよね.格子点に区切る方法の場合,できるだけ格子間隔を小さくして,とても細長い形を作って近似的に表現したりします.

一方,確率的なシミュレーションの場合には,初期状態 $\boldsymbol{x}_{\mathrm{ini}}$ をその座標にしておくだけなので簡単です.その代わり,同じ初期値から何度も繰り返してシミュレーションをして,その結果から $p(\boldsymbol{x}, t)$ を推定する必要があります.

広がっている形が初期状態であれば,基底関数で展開した係数をうまく選べば近似的に表現できることもあります.この場合には,もし 3 次元空間くらいまでであれば,展開係数に対する連立微分方程式を解くほうが簡単です.ただ,変数の数が数十次元などになってしまうと,少数の基底関数での表現が困難となり,大量の係数を扱う必要があります.どのくらいかというと「かなり,まずい」状況で,簡単に数億個などに増えます.高次元の場合,素朴には確率的なシミュレーションしか使えないこともあります.この基底関数の増加の件は,第 5 部で話題にします.

確率的な視点から眺めると,見通しがよくなることもあります

確率的ではない場合の時間発展方程式は,力学系などでたくさんの議論がされています.これを「確率的な時間発展の式から,確率的な要素がなくなったもの」と捉えると見通しがよくなる場合もあります.第 5 部に向けて,その視点を紹介しておきましょう.

確率的ではない場合の状態ベクトルの時間発展方程式を,形式的に以下のように書き直してみましょう.

$$\frac{d}{dt}\boldsymbol{x}(t) = \boldsymbol{a}\big(\boldsymbol{x}(t)\big) \quad \Rightarrow \quad d\boldsymbol{x}(t) = \boldsymbol{a}\big(\boldsymbol{x}(t)\big)dt \tag{24.3}$$

すると,確率微分方程式との対応が見えてきますね.

$$（確率あり）\quad d\boldsymbol{X}(t) = \boldsymbol{a}\big(\boldsymbol{X}(t)\big)dt + B\big(\boldsymbol{X}(t)\big)d\boldsymbol{W}(t)$$
$$（確率なし）\quad d\boldsymbol{x}(t) = \boldsymbol{a}\big(\boldsymbol{x}(t)\big)dt$$

ノイズの部分がなくなった

この対応関係を考えながら,対応する「分布」の時間発展方程式を考え

ましょう．確率系の場合にはフォッカー・プランク方程式でした．その時間発展を与える線形作用素を $\mathcal{L}_{\mathrm{FP}}$ と書くことにしましょう．確率的ではない場合は，係数行列 $B(\boldsymbol{X}(t))$ をゼロにすればよさそうですね．

(確率あり) $\mathcal{L}_{\mathrm{FP}} = -\sum_{d=1}^{D} \frac{\partial}{\partial x_d} a_d(\boldsymbol{x}) + \frac{1}{2} \sum_{d,d'} \frac{\partial^2}{\partial x_d \partial x_{d'}} \left[B(\boldsymbol{x}) B(\boldsymbol{x})^\top \right]_{dd'}$

(確率なし) $\mathcal{L}_{\mathrm{PF}} = -\sum_{d=1}^{D} \frac{\partial}{\partial x_d} a_d(\boldsymbol{x})$ ⏟拡散項がなくなった

$\mathcal{L}_{\mathrm{FP}}$ とまぎらわしいですが，$\mathcal{L}_{\mathrm{PF}}$ は**ペロン・フロベニウス作用素**の生成子と呼ばれます．この対応から，線形作用素 $\mathcal{L}_{\mathrm{PF}}$ を使って「関数」を時間発展させることができそうです．つまり，

$$\frac{\partial}{\partial t} p(\boldsymbol{x}, t) = \mathcal{L} p(\boldsymbol{x}, t) \tag{24.4}$$

の形の偏微分方程式で統一的に議論でき，あとは $\mathcal{L}$ の部分を $\mathcal{L}_{\mathrm{FP}}$ にするか $\mathcal{L}_{\mathrm{PF}}$ にするかの違いだけですね．

> **確率密度関数に対応する部分の解釈も可能**
>
> 確率的ではない場合の確率密度関数 $p(\boldsymbol{x}, t)$ は「確率なの？」という気もします．先ほども触れましたが，フォッカー・プランク方程式において，初期状態が $\boldsymbol{x}_{\mathrm{ini}}$ の「点」の場合，ディラックのデルタ関数を使えます．$\mathcal{L}_{\mathrm{PF}}$ には拡散項がないため，分布が「広がる」ことはなく，ドリフト項，つまり時間発展方程式の $\boldsymbol{a}(\boldsymbol{x})$ の部分で「横にずれる」効果だけ現れます．図 24.2 のように，一本の線がぐいぐい動くイメージです．通常はこのように扱うメリットはありませんが，第 5 部でこの視点を

[1] 拡散項がある場合 [2] 拡散項がない場合

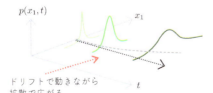
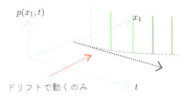

図 24.2 もし拡散項がなく，ディラックのデルタ関数が初期値なら……

使います.

確率がなくても，分布を考えることもある

なお，初期時刻 $t = 0$ でたくさんの粒子が散らばっているとして，そこから，確率が入っていない方程式にしたがってどのように時間発展するかを議論することもあります．物理学における**リウヴィル方程式**と呼ばれるものでは，座標と運動量の両方を状態変数と考えて，その関数の時間発展を記述します．この話題は，**統計力学**という分野で扱われます．統計力学は「たくさんのものが集まった対象」であれば幅広く使えるため，情報科学とも密接に関係する分野です．このあたりも教科書が充実していますので，自分に合うものを手にとって「一歩先」に進んでみてください．

視点のレベルを変えれば，非線形か線形かを変えられます

幕間の最後に，非線形性と線形性について整理しておきます．簡単のため，1変数系を考えて，ドリフト項を $a(x) = x^2$ とした

$$\frac{d}{dt}x(t) = a\big(x(t)\big) = \big(x(t)\big)^2$$

という時間発展方程式を考えましょう．この場合は方程式が非線形だと言われます．$a(x + x') \neq a(x) + a(x')$ なので，明らかに線形性を満たしませんね．

一方で，フォッカー・プランク方程式のレベルを考えてみましょう．時間発展の作用素 $\mathcal{L}$ のなかにも $a(x)$ はありますが，

$$\frac{\partial}{\partial x}\Big[a(x)\big(p(x,t) + p'(x,t)\big)\Big] = \frac{\partial}{\partial x}\Big[a(x)p(x,t)\Big] + \frac{\partial}{\partial x}\Big[a(x)p'(x,t)\Big]$$

は成立します．ポイントは，時間発展を与える作用素 $\mathcal{L}$ は，状態変数 x ではなく，関数 $a(x)$ や $p(x,t)$ に作用しているところです．このような議論で，時間発展作用素 $\mathcal{L}$ の線形性を示せます．

「状態変数」の時間発展のレベルでは非線形でも，視点を変えて「状態変数の関数」の時間発展のレベルに移行することで，線形性が成立し，線形代数の議論と馴染みます．慣れないうちは，線形なのか非線形なのかで混乱しがちです．そのときは，どのような空間上での作用を考えているのかを，落ち着いて考えてみるようにしましょう.

第 5 部
ならべた数のさらなる発展.

[非線形系における線形性]

第 **25** 話

時間発展データのために.

――――――――――――――――――――――――――――［随伴作用素］――――

█ 25.1 データから，少し先の未来を予測する

「半歩先」の少し先として，時間発展とデータとを結びつけましょう

　第5部では，これまで身につけてきた視点を使って，少し発展的な内容を見てみましょう．まずは時間発展の話をデータとつなげ，続いて計算量が増えてしまう問題に対応するための圧縮技術を扱います．「半歩先」とは言えないかもしれませんが，「半歩先」を学んだ結果として，理解可能になっているはずです．

データは，「飛び飛び」なスナップショット・ペアです

　第4部では状態変数や関数の時間発展を扱いましたが，そこでは時間は連続的なものでした．だからこそ，微分方程式や偏微分方程式で記述できていたわけですね．ただ，データとの接続を考えた場合，すべての時刻でのデータが手に入るとは思えません．観測したタイミングでしかデータを取得できないので，飛び飛びの**時系列データ**が得られます．

　問題を扱うための記号を導入しましょう．観測している現象において，連続的な時間の状態ベクトル $\boldsymbol{x}(t)$ を想定しつつ，実際には Δt_{obs} の時間間隔でのみデータを取得できるとします．そこで，ある状態 $\boldsymbol{x}_n$ と，対応する Δt_{obs} 時間後の状態 $\boldsymbol{y}_n$ をペアにして，以下のデータセットを考えます．

$$\{(\boldsymbol{x}_n, \boldsymbol{y}_n) \,|\, n = 1, 2, \ldots, N\} \tag{25.1}$$

この時間発展前後のペア $(\boldsymbol{x}_n, \boldsymbol{y}_n)$ を**スナップショット・ペア**と呼びます．正の整数 k に対して $t_k = t_0 + k\Delta t_{\mathrm{obs}}$ として，もし離散時刻 $\{t_k\}$ でのすべてのデータ $\{\boldsymbol{x}(t_k)\}$ がわかっている場合には，$(\boldsymbol{x}(t_0), \boldsymbol{x}(t_1)), (\boldsymbol{x}(t_1), \boldsymbol{x}(t_2)), \ldots$ のように一つずつずらしてペアを作ることもできます．なお，時間間隔 Δt_{obs} が共通していれば，複数の時系列データから作ったスナップショット・ペ

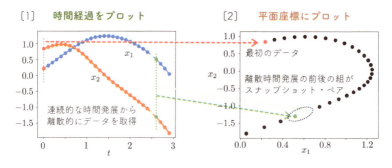

図 25.1 非線形な例題の軌跡をたどる

アをまとめてデータセットを作っても大丈夫です.

例として, 図 25.1 に示す時系列データを考えます. 2 変数系で, 図 25.1 の [1] がそれぞれの時間経過の様子です. このデータは**ファン・デル・ポル方程式**と呼ばれるものをシミュレーションして, $\Delta t_{\mathrm{obs}} = 0.1$ で観測して作成しました. [1] の実線がシミュレーションの結果で, 丸点が離散時刻での観測です. x_1 と x_2 のそれぞれの値を平面座標としてプロットしたものが [2] で, 横軸が x_1, 縦軸が x_2 を表します. 最初は x_1 が増えて右方向に移動しますが, 途中で x_2 が減り始め, そのあとに x_1 も減って左方向へと変わる様子がわかりますね. このデータからスナップショット・ペアを作ります.

データを生み出した方程式

図 25.1 のデータを生み出した方程式系は以下の通りです.

$$\frac{d}{dt}x_1(t) = x_2(t) \tag{25.2}$$

$$\frac{d}{dt}x_2(t) = \left(\epsilon x_2(t)\bigl(1-x_1(t)^2\bigr) - x_1(t)\right) \tag{25.3}$$

$\epsilon = 1.0$ としてシミュレーションしました. なお, 確率的な要素は入っていませんが, 第 24 話の議論に沿ってディラックのデルタ関数を時間発展させる場合, 以下のように時間発展の線形作用素を書き下せます.

$$\frac{\partial}{\partial t}p(\boldsymbol{x}, t) = \mathcal{L} p(\boldsymbol{x}, t) \tag{25.4}$$

$$\mathcal{L} = -\frac{\partial}{\partial x_1}x_2 - \frac{\partial}{\partial x_2}\epsilon x_2 + \frac{\partial}{\partial x_2}\epsilon x_1^2 x_2 + \frac{\partial}{\partial x_2}x_1 \tag{25.5}$$

状態は，間接的に観測するしかありません

突然ですが，ここで「状態を観測する」とはどういうことかを考えてみます．人の目も一種の観測装置ですが，何かを観測するためには装置が必要です．数理的にも，状態ベクトルが x で与えられたとき，たとえば一つ目の状態変数を測定するのであれば，$\phi(x) = x_1$ という関数を使って目的の変数を引っ張り出す手続きを考えます．つまり，直接 x_1 という状態を観測できないため，間接的に関数 $\phi(x)$ の結果を観測する，と考えます．このようにすると，観測ノイズが追加される場合も扱いが簡単になります．

観測量の関数を時間発展させます

状態ベクトルを観測する関数を使うこと，前の時刻の x_n から Δt_{obs} 経過後の y_n を予測することから，ここでは図 25.2 のような枠組みを考えます．[1] のようなデータの動きを追うために，ここでは一つ目の座標を観測する関数 $\phi(x) = x_1$ を考えます．x_2 を観測する関数も考えれば，結果として [1] を再現できます．さて，今は x_1 のみしか観測しないので，図の [2] の左側には x_2 に依存しない平面が描かれています．[2] の右側の関数 $\phi(x, t = \Delta t_{\text{obs}})$ は，x_n を入力すると Δt_{obs} 経過後の y_n の観測結果，つまり一つ目の座標を出力する関数です．今度は，入力 x_1 と x_2 に依存して出力がいろいろと変わるので，曲面になっていますね．

状態ベクトルの時間発展を議論することも可能ですが，以下の議論では

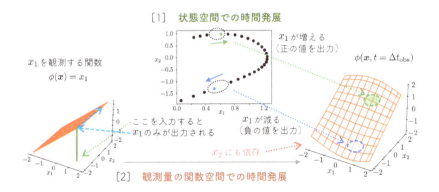

図 25.2　状態を入力すると，時間発展後の観測量を返す関数が便利

このような「特定の観測量を考えて，前の時刻の入力を与えると，次の時刻での『観測量』の値を返す関数」を考えていきます．データとの接続を考えると，こちらのほうが便利だと徐々にわかってきます．

25.2 線形作用素，縦横無尽

線形作用素を作用させる方向を逆にすると，観測量の時間発展を与えます

残る問題は「状態ベクトルを入力すると，時間発展後の状態での観測量を返す関数 $\phi(\boldsymbol{x}, t = \Delta t_{\text{obs}})$」をどのように作るかです．データと絡めた議論は次回以降で扱いますが，ここでは時間発展方程式から出発する流れを，簡単に見ておきましょう．方程式からの流れとデータからの流れとを付き合わせると，議論の見通しがよくなります．

図 25.3 に計算の流れを示しました．詳細はあとで補足しますが，ポイントの一つ目は，確率系で議論すると見通しやすくなることです．第 24 話で触れたように，確率がかかわらない連立微分方程式系は，確率に対するフォッカー・プランク方程式において拡散項をなくしたものに対応します．以下では線形で扱いやすい時間発展作用素を使っていきましょう．

ポイントの二つ目は，時間発展に出てくる「線形作用素 $\mathcal{L}$ の指数関数」を，通常とは逆向きに作用させることです．向きが変われば作用も変わるため，記号を変えて $\mathcal{L}^\dagger$ と書きます．これを**随伴作用素**と呼びます．フォッカー・プランク方程式の場合，それぞれ次のようになります．

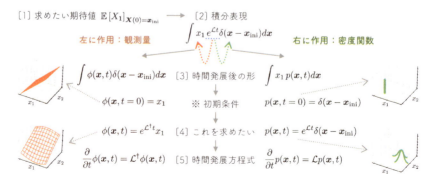

図 25.3 時間発展の作用素を左側に作用させるのがポイント

$$\mathcal{L} = -\sum_{d=1}^{D} \frac{\partial}{\partial x_d} a_d(\boldsymbol{x}) + \frac{1}{2}\sum_{d,d'} \frac{\partial^2}{\partial x_d \partial x_{d'}} \left[B(\boldsymbol{x})B(\boldsymbol{x})^{\top}\right]_{dd'} \tag{25.6}$$

$$\mathcal{L}^{\dagger} = \sum_{d=1}^{D} a_d(\boldsymbol{x})\frac{\partial}{\partial x_d} + \frac{1}{2}\sum_{d,d'} \left[B(\boldsymbol{x})B(\boldsymbol{x})^{\top}\right]_{dd'} \frac{\partial^2}{\partial x_d \partial x_{d'}} \tag{25.7}$$

状態の関数 $p(\boldsymbol{x},t)$ の時間発展は $\mathcal{L}$ で，観測量の関数 $\phi(\boldsymbol{x},t)$ の時間発展は $\mathcal{L}^{\dagger}$ で行えます．$\mathcal{L}^{\dagger}$ のほうでは，目的となる「状態ベクトルを入力すると，時間発展後の状態での観測量を返す関数」$\phi(\boldsymbol{x}, t = \Delta_{\mathrm{obs}})$ が得られます．

最初はややこしく感じるかもしれません．ただ，行列や作用素の指数関数を縦横無尽に使う議論はいろいろなところで役に立ちますので，慣れると便利です．

部分積分を利用した作用素の書き換え

簡単のために，1 変数で観測量を $\phi(x)$ とします．ここで，以下の積分を，部分積分を使って変形します．

$$\int_{-\infty}^{\infty} \phi(x) \frac{d}{dx}\Big(a(x)p(x,t)\Big)dx$$

$$= \left[\widetilde{\phi}(x)\Big(a(x)p(x,t)\Big)\right]_{-\infty}^{\infty} - \int_{-\infty}^{\infty} \left(\frac{d}{dx}\phi(x)\right)\Big(a(x)p(x,t)\Big)dx \tag{25.8}$$

$$= \int_{-\infty}^{\infty} p(x,t)\left(-a(x)\frac{d}{dx}\phi(x)\right)dx \tag{25.9}$$

$\widetilde{\phi}(x)$ は $\phi(x)$ の原始関数，つまり $\frac{d}{dx}\widetilde{\phi}(x) = \phi(x)$ です．式 (25.8) の第 1 項目が消えているのは，確率密度関数 $p(x,t)$ は $x \to \pm\infty$ ではゼロになると期待できるためです．有限の時間発展をしたときに無限大の場所に確率があるというのもおかしいですよね．実際，多くの応用的な問題では指数関数的な減衰を示します．$\phi(x)$ は $x \to \pm\infty$ で発散することが多いですが，「$p(x,t)$ と合わせたときにゼロになるもの」に限定して議論すれば大丈夫です．平均や分散を計算するためのモーメントであればその性質を満たします．また，式 (25.8) の第 2 項目の微分作用素は $\phi(x)$ にしか作用していません．微分されない部分を手前にもってきて整理したものが，式 (25.9) です．

この部分積分のポイントは，$a(x)$ が微分の手前に出てくることと，符号が変わることです．ちなみに，拡散項に対応する 2 階微分のほうはもう 1 回部分積分をして，符号がもう一度変わります．よって，符号を変えずに係数関数の部分を手前に出すだけです．これを多変数系に使うと，

$$\int \phi(\boldsymbol{x})\mathcal{L}p(\boldsymbol{x},t)d\boldsymbol{x} = \int \left(\mathcal{L}^{\dagger}\phi(\boldsymbol{x})\right)p(\boldsymbol{x},t)d\boldsymbol{x} \tag{25.10}$$

と書き換えられます. これで線形作用素 $\mathcal{L}$ に対応する $\mathcal{L}^\dagger$ が得られました. この $\mathcal{L}^\dagger$ が随伴作用素です. なお, ここでも $\mathcal{L}^\dagger$ は $\phi(\boldsymbol{x})$ にのみ作用し, $p(\boldsymbol{x}, t)$ には作用しない点に注意しましょう.

期待値の積分表示

次の議論のため, 期待値を積分表示しておきます. 第 22 話の最後の部分の復習です. 観測量を $\phi(\boldsymbol{x})$ としましょう. $t = 0$ で $\boldsymbol{x}_{\mathrm{ini}}$ から出発したとして, 時刻 t まで時間発展させたあとの期待値は

$$\mathbb{E}[\phi(\boldsymbol{X})]_{X(0)=\boldsymbol{x}_{\mathrm{ini}}} = \int \phi(\boldsymbol{x})p(\boldsymbol{x}, t)d\boldsymbol{x} = \int \phi(\boldsymbol{x})e^{\mathcal{L}t}\delta(\boldsymbol{x} - \boldsymbol{x}_{\mathrm{ini}})d\boldsymbol{x} \quad (25.11)$$

で計算できます.

微小時間を使った指数関数の分解による, 観測量の時間発展式の導出

ここで, 微小時間 Δt を使って $t = \Delta t + t'$ と分解します.

$$e^{\mathcal{L}t} = e^{\mathcal{L}\Delta t}e^{\mathcal{L}t'} \simeq (I + \mathcal{L}\Delta t)e^{\mathcal{L}t'} \quad (25.12)$$

指数関数の分解には注意が必要ですが, $\mathcal{L}$ 同士は可換なので大丈夫です. すると, 式 (25.11) の期待値は

$$\int \phi(\boldsymbol{x})(I + \mathcal{L}\Delta t)e^{\mathcal{L}t'}\delta(\boldsymbol{x} - \boldsymbol{x}_{\mathrm{ini}})d\boldsymbol{x}$$
$$= \int \phi(\boldsymbol{x})e^{\mathcal{L}t'}\delta(\boldsymbol{x} - \boldsymbol{x}_{\mathrm{ini}})d\boldsymbol{x} + \int \left(\mathcal{L}^\dagger \Delta t\phi(\boldsymbol{x})\right)e^{\mathcal{L}t'}\delta(\boldsymbol{x} - \boldsymbol{x}_{\mathrm{ini}})d\boldsymbol{x}$$
$$= \int \left(\left(I + \mathcal{L}^\dagger \Delta t\right)\phi(\boldsymbol{x})\right)e^{\mathcal{L}t'}\delta(\boldsymbol{x} - \boldsymbol{x}_{\mathrm{ini}})d\boldsymbol{x} \quad (25.13)$$

となります. 途中で随伴作用素を使いました. 最後にまた指数関数に戻せば

$$\int \phi(\boldsymbol{x})e^{\mathcal{L}\Delta t}e^{\mathcal{L}t'}\delta(\boldsymbol{x} - \boldsymbol{x}_{\mathrm{ini}})d\boldsymbol{x} = \int \left(e^{\mathcal{L}^\dagger \Delta t}\phi(\boldsymbol{x})\right)e^{\mathcal{L}t'}\delta(\boldsymbol{x} - \boldsymbol{x}_{\mathrm{ini}})d\boldsymbol{x} \quad (25.14)$$

ですね. Δt を使っているので本当は近似ですが, 極限を使って議論したとみなしておきましょう. これを繰り返していけば, 最終的に

$$\int \phi(\boldsymbol{x})e^{\mathcal{L}t}\delta(\boldsymbol{x} - \boldsymbol{x}_{\mathrm{ini}})d\boldsymbol{x} = \int \left(e^{\mathcal{L}^\dagger t}\phi(\boldsymbol{x})\right)\delta(\boldsymbol{x} - \boldsymbol{x}_{\mathrm{ini}})d\boldsymbol{x} \quad (25.15)$$

が得られます. 右辺の最初の因子は, 初期状態を $\phi(\boldsymbol{x})$ として, 時間発展作用素 $\mathcal{L}^\dagger$ を使って時間発展させることを意味していますね. よって, 関数に添字 t を追加して,

$$\frac{\partial}{\partial t}\phi(\boldsymbol{x}, t) = \mathcal{L}^\dagger \phi(\boldsymbol{x}, t) \quad (\text{初期状態}) \quad \phi(\boldsymbol{x}, t = 0) = \phi(\boldsymbol{x}) \quad (25.16)$$

の時間発展を計算すればよいことになります. 初期状態は観測量関数 $\phi(\boldsymbol{x})$ そのもの

です．式 (25.16) は**コルモゴロフの後退方程式**と呼ばれ，フォッカー・プランク方程式と対の関係にあるものです．そして最後に

$$\int \left(e^{\mathcal{L}^{\dagger} t} \phi(\boldsymbol{x}) \right) \delta(\boldsymbol{x} - \boldsymbol{x}_{\mathrm{ini}}) d\boldsymbol{x} = \int \phi(\boldsymbol{x}, t) \delta(\boldsymbol{x} - \boldsymbol{x}_{\mathrm{ini}}) d\boldsymbol{x} = \phi(\boldsymbol{x}_{\mathrm{ini}}, t) \quad (25.17)$$

とします．以上の議論から，これが期待値の式 (25.11) の値を与えます．

まとめましょう．まず初期状態を観測したい関数に設定して，コルモゴロフの後退方程式 (25.16) を解きます．そして，得られた解 $\phi(\boldsymbol{x}, t)$ の引数に初期状態 $\boldsymbol{x}_{\mathrm{ini}}$ を入れると，その値が時間発展後の期待値 $\mathbb{E}[\phi(\boldsymbol{X})]_{X(0)=\boldsymbol{x}_{\mathrm{ini}}}$ を与えます．

確率系ではないこと，時間が逆向きに進むこと

コルモゴロフの後退方程式に関して，二つの注意点があります．

一点目は，時間発展させる関数 $\phi(\boldsymbol{x}, t)$ は確率密度関数ではないことです．フォッカー・プランク方程式の作用素 $\mathcal{L}$ は確率を保存してくれるので，時間発展させた $p(\boldsymbol{x}, t)$ を全空間で積分すると 1 となります．一方で，一般には随伴作用素 $\mathcal{L}^{\dagger}$ には確率保存の性質がなく，少し扱いづらいものです．

二点目は，時間が逆向きに進むことです．今は $\mathcal{L}$ が時間 t に明示的には依存していないので，何も変わっていないように見えますが，たとえば係数関数が $a(\boldsymbol{x}, t)$ のように t に依存して形が変わる場合，$0 \to t$ ではなく $t \to 0$ という時間の流れで式 (25.16) を解く必要があります．

時間の流れが逆向きになる理由は式 (25.14) です．時間の依存性を含めて $\mathcal{L}_t$ と書くことにしましょう．すると $\mathcal{L}_t$ と $\mathcal{L}_{t-\Delta t}$ は一般には可換ではありませんが，Δt が十分に小さいとして，以下のように近似できます．

$$e^{\mathcal{L}_t \Delta t + \mathcal{L}_{t-\Delta t} \Delta t + \cdots + \mathcal{L}_{\Delta t} \Delta t + \mathcal{L}_0 \Delta t} \delta(\boldsymbol{x} - \boldsymbol{x}_{\mathrm{ini}})$$
$$\simeq e^{\mathcal{L}_t \Delta t} e^{\mathcal{L}_{t-\Delta t} \Delta t} \cdots e^{\mathcal{L}_{\Delta t} \Delta t} e^{\mathcal{L}_0 \Delta t} \delta(\boldsymbol{x} - \boldsymbol{x}_{\mathrm{ini}}) \quad (25.18)$$

式 (25.14) の操作で，一番左側の $e^{\mathcal{L}_t \Delta t}$ が最初に $\phi(\boldsymbol{x})$ に作用することになります．次に作用するのが $e^{\mathcal{L}_{t-\Delta t} \Delta t}$ です．時間が逆向きになっていますね．

確率系ではない場合，まさにほしいものが手に入る

確率系ではない時間発展方程式の場合，第 24 話で見たように，分布が広がらず，ディラックのデルタ関数が変わるだけです．よって，この場合は

$$\int \phi(\boldsymbol{x}) e^{\mathcal{L}_t t} \delta(\boldsymbol{x} - \boldsymbol{x}_{\mathrm{ini}}) d\boldsymbol{x} = \int \phi(\boldsymbol{x}) \delta(\boldsymbol{x} - \boldsymbol{x}(t)) d\boldsymbol{x} = \phi(\boldsymbol{x}(t)) \quad (25.19)$$

です．よって，これまでの議論から $\phi(\boldsymbol{x}_{\mathrm{ini}}, t) = \phi(\boldsymbol{x}(t))$ となります．これで，初期状態を入力すると時間発展後の状態での観測量を返す関数，すなわち $\phi(\boldsymbol{x}, t)$ ができましたね．

向きを変える考え方は，いろいろなところで出てくる

今回見たような「作用素を作用させる向きを変える操作」はいろいろな分野で出てきます．たとえば物理の量子力学には，**シュレディンガー描像**と**ハイゼンベルク描像**と呼ばれるものがあります．ここでの話と対応させると，シュレディンガー描像が確率密度関数を時間発展させる立場，ハイゼンベルク描像が観測量関数を時間発展させる立場です．量子系は期待値の取り方が古典系とは違うので，その点で見た目は違ってきますが，本質は同じです．

実際に解くときには基底展開を使うのが便利です

今回の議論から，コルモゴロフ後退方程式が出てきました．これは偏微分方程式なので，解く場合には基底関数で展開して，ベクトルの時間発展の形に書き直すのが便利です．また確率系の場合にはモーメント，つまり x^n の形の観測量を考えることが多くあるため，初期条件の設定のしやすさから，単項式を使った基底関数は便利です．第 10 話で少しだけ触れたように，単項式でも直交性を考えられるので，連立微分方程式の導出は比較的簡単です．

単項式の直交性

第 10 話の内容を簡単にだけ再掲します．ブラ表記とケット表記を用いた場合，0 以上の整数 n に対して

$$|n\rangle = x^n, \quad \langle n| = \int dx\, \delta(x) \left(\frac{d}{dx} \right)^n \tag{25.20}$$

と定義すると，以下の直交性が成り立ちます．

$$\langle m|n\rangle = n!\delta_{nm} \tag{25.21}$$

単項式の微分をして，ディラックのデルタ関数を考慮して積分するだけなので，簡単に確認できます．なお，通常の内積の形とは異なるため，きちんとした議論のためには双対空間などの道具立てが必要ですが，それらは「一歩先」を学ぶとわかってきます．今は，形式的に道具として使えるようになれば十分です．

導出された時間発展方程式について一言

コルモゴロフの後退方程式の時間発展を素朴に計算しようとすると，とても不安定で，短い時間間隔での計算しかできない場合がほとんどです．ただ，スナップショット・ペアの問題設定であれば，Δt_{obs} の時間発展ができれば十分です．

第 26 話
観測方法を変える・その 1．

――――――――――――――――――――――――［クープマン作用素・辞書関数］――

▍26.1　関数変化の最小二乗法

おさらい：前の状態を入力して，次の状態での観測量を測定する関数

　今回はデータとのつながりを念頭に，「特定の観測量を考えて，前の時刻の入力を与えると，次の時刻での『観測量』の値を返す関数」の作り方を見ていきましょう．

　問題設定のおさらいです．まず，データとして N 個のスナップショット・ペア $\{(\boldsymbol{x}_n, \boldsymbol{y}_n) | n = 1, \ldots, N\}$ を考えます．$\boldsymbol{x}_n$ が前の時刻での入力，$\boldsymbol{y}_n$ が次の時刻での入力です．その時間間隔を Δt_{obs} としましょう．また，観測量を $\phi(\boldsymbol{x})$ とします．ここでやりたいことは図 26.1 のように，$\boldsymbol{x}_n$ を与えたときに $\phi(\boldsymbol{y}_n)$ の値を返すような関数を作ることです．これは関数 $\phi(\boldsymbol{x})$ を時間発展したもの，と捉えるのでしたね．つまり関数を別の関数に写す作用素を考えることになります．その作用素として**クープマン作用素**と呼ばれるものを扱います．この作用素を $\mathcal{K}$ と書きましょう．$\mathcal{K}$ を作用させた $\mathcal{K}\phi$ という新しい関数は，$\boldsymbol{x}_n$ を入力すると $\phi(\boldsymbol{y}_n)$ の値を返します．なお，観測量ごとに $\mathcal{K}$ を作るのではなく，さまざまな観測量を一括して写すような作用素 $\mathcal{K}$ を求めていきます．

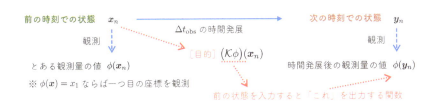

図 26.1　問題設定のおさらい

観測量を辞書で表現すると,計算に便利です

次に問題設定を行列とベクトルで書き下しましょう.観測量 $\phi(\boldsymbol{x})$ は関数なので,基底関数を導入してその一次結合で表現すれば,係数をベクトルとして扱えます.ここでは基底関数をもう少し一般的に扱うために**辞書**と呼ばれるものを導入しておきます.分野によって使われ方はいろいろとありますが,クープマン作用素を使った解析において,関数を集めたものを辞書と呼んでいます.辞書と呼んだ場合に一次独立という条件を外したものを意図することもありますが,本書では,一次独立性のある基底関数を考えます.

図 26.2 が概要です.辞書を構成する関数のことを**辞書関数**と呼びます.ここでは M 個の辞書関数を考え,以下のようにベクトル表記しましょう.

$$\boldsymbol{\psi}(\boldsymbol{x}) = \begin{bmatrix} \psi_1(\boldsymbol{x}) \\ \psi_2(\boldsymbol{x}) \\ \vdots \\ \psi_M(\boldsymbol{x}) \end{bmatrix} \tag{26.1}$$

なお,ψ の記号は第 23 話でエルミート関数として使いましたが,ここでは別のものです.図 26.2 の [1] には,2 変数系に対する単項式辞書の例を記載しました.次に観測量関数 $\phi(\boldsymbol{x})$ を辞書関数の一次結合で表現します.その係数ベクトルを $\boldsymbol{c}_{\text{ini}}$ とします.図 26.2 の [2] のように,観測量の関数が辞書に含まれていた場合,$\boldsymbol{c}_{\text{ini}}$ は対応する要素だけ 1 となります.

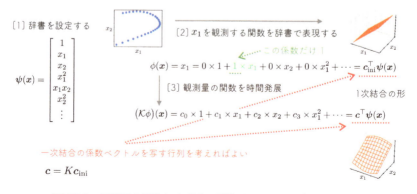

図 26.2 観測量の関数を表現する係数ベクトルを変化させる

一方，時間発展後の $\mathcal{K}\psi$ は複雑なものになるはずです．ただ，これも辞書関数の一次結合で書いてしまいましょう．表現しきれなければ，近似をしたと捉えます．その係数ベクトルを $\boldsymbol{c}$ として，図 26.2 の [3] のように

$$(\mathcal{K}\phi)(\boldsymbol{x}) = \boldsymbol{c}^\top \boldsymbol{\psi}(\boldsymbol{x}) = \sum_{m=1}^{M} c_m \psi_m(\boldsymbol{x}) \tag{26.2}$$

と書いたものが，ここで求めたい目的の関数です．

なお，係数ベクトル $\boldsymbol{c}_{\mathrm{ini}}$ や $\boldsymbol{c}$ は観測量ごとに異なることに注意しましょう．議論が複雑になりそうですが，そこで作用素の線形性を使います．

クープマン作用素は関数に作用するので，係数ベクトルを通り抜けます

クープマン作用素は，関数に作用する線形作用素です．よって，

$$(\mathcal{K}\phi)(\boldsymbol{x}) = \mathcal{K}\left(\sum_{m=1}^{M} c_{\mathrm{ini},m}\psi_m(\boldsymbol{x})\right) = \sum_{m=1}^{M} c_{\mathrm{ini},m}\Big((\mathcal{K}\psi_m)(\boldsymbol{x})\Big) \tag{26.3}$$

が成り立ちます．係数ベクトルの要素 $\{c_{\mathrm{ini},m}\}$ はスカラ量なので $\mathcal{K}$ は作用せず，辞書関数 $\{\psi_m(\boldsymbol{x})\}$ にのみ作用します．

ここで別の観測量関数 $\phi'(\boldsymbol{x})$ を考えましょう．この観測量を辞書で展開した係数を $\boldsymbol{c}'_{\mathrm{ini}} = [c'_{\mathrm{ini},1}, \ldots, c'_{\mathrm{ini},M}]^\top$ とすると，同様の議論で

$$(\mathcal{K}\phi')(\boldsymbol{x}) = \sum_{m=1}^{M} c'_{\mathrm{ini},m}\Big((\mathcal{K}\psi_m)(\boldsymbol{x})\Big) \tag{26.4}$$

が成り立ちます．やはり $\mathcal{K}$ が作用するのは辞書関数 $\{\psi_m(\boldsymbol{x})\}$ だけなので，作用後のものに $\boldsymbol{c}'_{\mathrm{ini}}$ を使って一次結合を作れば，$(\mathcal{K}\phi')(\boldsymbol{x})$ を作れます．

ただし，ここで注意点があります．このあとデータからの推定の話をするのですが，そもそも時間発展後の関数の形 $(\mathcal{K}\phi)(\boldsymbol{x})$ はわかりません．そのため，基底関数 $\{\psi_m(\boldsymbol{x})\}$ での展開もすぐにはわかりません．時間発展前の係数と時間発展後の係数がわかっていれば，それらを変換する行列を作れるのですが，その方法を使えませんね．そこで，上の議論から得られた「辞書関数の時間発展がわかればよい」という性質を使って $\mathcal{K}\psi_m(\boldsymbol{x})$ を考えていきます．

クープマン作用素の線形性の確認

a, b を実数，$\phi(\boldsymbol{x}), \phi'(\boldsymbol{x})$ を観測量の関数だとします．観測量の 1 次結合をとったものも観測量です．そこで，$a\phi(\boldsymbol{x}) + b\phi'(\boldsymbol{x})$ という観測量を考えましょう．すると，クープマン作用素を作用させた関数は時間発展後の $\boldsymbol{y}$ を使った観測量の値を返すので，

$$\mathcal{K}\left(a\phi(\boldsymbol{x}) + b\phi'(\boldsymbol{x})\right) = a\phi(\boldsymbol{y}) + b\phi'(\boldsymbol{y}) \tag{26.5}$$

が成り立ちますね．一方で，

$$a\mathcal{K}\left(\phi(\boldsymbol{x})\right) = a\phi(\boldsymbol{y}), \quad b\mathcal{K}\left(\phi'(\boldsymbol{x})\right) = b\phi'(\boldsymbol{y}) \tag{26.6}$$

も成立するので，両辺をそれぞれ足せば

$$a\mathcal{K}\left(\phi(\boldsymbol{x})\right) + b\mathcal{K}\left(\phi'(\boldsymbol{x})\right) = a\phi(\boldsymbol{y}) + b\phi'(\boldsymbol{y}) \tag{26.7}$$

です．式 (26.5) と式 (26.7) の右辺が一致するため，それぞれの左辺が等号で結ばれて，線形性が成立します．

時間発展後の辞書を，辞書の一次結合で表現します

ここで，辞書関数 $\psi_m(\boldsymbol{x}_n)$ の時間発展 $(\mathcal{K}\psi_m)(\boldsymbol{x}_n)$ を考えます．つまり，図 26.3 に示すように，「時間発展後の辞書関数を，辞書関数の一次結合で表す」ような係数を探します．今，辞書関数が M 個あるので，辞書関数一つに対して一次結合の係数も M 個あります．そのような一次結合の係

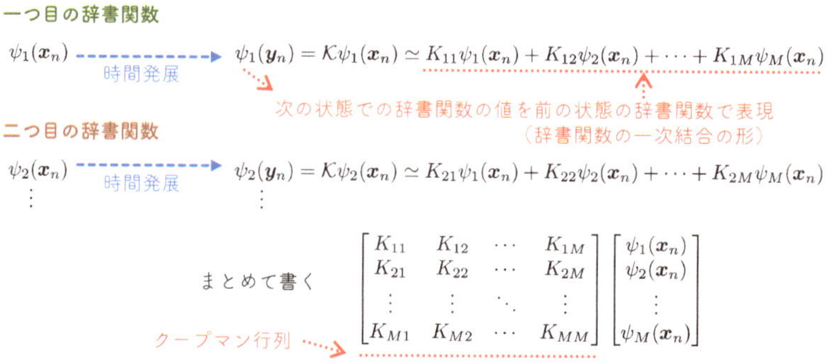

一つ目の辞書関数

$$\psi_1(\boldsymbol{x}_n) \dashrightarrow[\text{時間発展}] \psi_1(\boldsymbol{y}_n) = \mathcal{K}\psi_1(\boldsymbol{x}_n) \simeq K_{11}\psi_1(\boldsymbol{x}_n) + K_{12}\psi_2(\boldsymbol{x}_n) + \cdots + K_{1M}\psi_M(\boldsymbol{x}_n)$$

次の状態での辞書関数の値を前の状態の辞書関数で表現
（辞書関数の一次結合の形）

二つ目の辞書関数

$$\psi_2(\boldsymbol{x}_n) \xrightarrow{\text{時間発展}} \psi_2(\boldsymbol{y}_n) = \mathcal{K}\psi_2(\boldsymbol{x}_n) \simeq K_{21}\psi_1(\boldsymbol{x}_n) + K_{22}\psi_2(\boldsymbol{x}_n) + \cdots + K_{2M}\psi_M(\boldsymbol{x}_n)$$

まとめて書く

$$\begin{bmatrix} K_{11} & K_{12} & \cdots & K_{1M} \\ K_{21} & K_{22} & \cdots & K_{2M} \\ \vdots & \vdots & \ddots & \vdots \\ K_{M1} & K_{M2} & \cdots & K_{MM} \end{bmatrix} \begin{bmatrix} \psi_1(\boldsymbol{x}_n) \\ \psi_2(\boldsymbol{x}_n) \\ \vdots \\ \psi_M(\boldsymbol{x}_n) \end{bmatrix}$$

クープマン行列

図 26.3 辞書関数の一次結合を作って，辞書関数自身の時間発展を表現する

26.2 行列演算を駆使する話　241

数が M セット求まるので，まとめて書くと $M \times M$ 行列が出てきますね．
この行列を**クープマン行列**と呼びます．第 11 話で扱ったように，作用素を
具体的な行列で表現する方法は基底関数によって変わります．今回も，本
質となるクープマン作用素は一つでも，辞書関数の選び方によってクープ
マン行列は変わります．なお，時間発展前と時間発展後とで辞書を変える
ことも可能ですが，ここでは簡単のため $\{\psi_m(\boldsymbol{x})\}$ で統一しておきます．

最小二乗法……とは少し違う形？

　ようやく問題設定のまとめです．結局，次の関係式を与える行列 K を探
すことが目的です．

$$\boldsymbol{\psi}(\boldsymbol{y}_n) \simeq K\boldsymbol{\psi}(\boldsymbol{x}_n) \quad (n = 1, 2, \ldots, N) \tag{26.8}$$

特定のスナップショット・ペアに対してではなく，すべてのデータ $\{(\boldsymbol{x}_n, \boldsymbol{y}_n)\}$
に対して，ほどよく，この式を満たすような行列 K を探したいわけです
ね．「ほどよく」の基準はこちらで与える必要があるので，今は二乗誤差を
使うことにしましょう．よって，以下のコスト関数 $J(K)$ を考えます．

$$J(K) = \sum_{n=1}^{N} \|\boldsymbol{\psi}(\boldsymbol{y}_n) - K\boldsymbol{\psi}(\boldsymbol{x}_n)\|^2 \tag{26.9}$$

これなら最小二乗法と同じ形……と言いたいところですが，第 15 話では出
力が 1 変数の場合を考えていたので，K のところが行列ではなく係数ベク
トルでした．微妙に違いますね．

　では実際に，この最小二乗法を解いてみましょう．行列での微分が必要
なので，役立つ公式も紹介します．

26.2　行列演算を駆使する話

微分や直交性，疑似逆行列を使って計算していきます

　計算の詳細はあとに回して，先に結果を書いておきます．最終的に，
式 (26.9) を最小にする K は次のように求まります．まず，データを辞
書に入れて作った行列

第 26 話　観測方法を変える・その1.

$$\Psi_X = \begin{bmatrix} \psi_1(\boldsymbol{x}_1) & \psi_1(\boldsymbol{x}_2) & \cdots & \psi_1(\boldsymbol{x}_N) \\ \psi_2(\boldsymbol{x}_1) & \psi_2(\boldsymbol{x}_2) & \cdots & \psi_2(\boldsymbol{x}_N) \\ \vdots & \vdots & \ddots & \vdots \\ \psi_M(\boldsymbol{x}_1) & \psi_M(\boldsymbol{x}_2) & \cdots & \psi_M(\boldsymbol{x}_N) \end{bmatrix} \tag{26.10}$$

および

$$\Psi_Y = \begin{bmatrix} \psi_1(\boldsymbol{y}_1) & \psi_1(\boldsymbol{y}_2) & \cdots & \psi_1(\boldsymbol{y}_N) \\ \psi_2(\boldsymbol{y}_1) & \psi_2(\boldsymbol{y}_2) & \cdots & \psi_2(\boldsymbol{y}_N) \\ \vdots & \vdots & \ddots & \vdots \\ \psi_M(\boldsymbol{y}_1) & \psi_M(\boldsymbol{y}_2) & \cdots & \psi_M(\boldsymbol{y}_N) \end{bmatrix} \tag{26.11}$$

を用意します．通常のデータ行列とは少し違う形でならべています．もし $\Psi_X\Psi_X^\top$ に逆行列が存在する場合には，これらの行列を使って

$$\widehat{K} = \Psi_Y\Psi_X^\top \left(\Psi_X\Psi_X^\top\right)^{-1} \tag{26.12}$$

としたものが，辞書 $\{\psi_m(\boldsymbol{x})\}$ を使った場合のクープマン行列です．なお，推定した結果なのでハット記号をつけておきました．一方，$\Psi_X\Psi_X^\top$ に逆行列が存在しない場合には，Ψ_X の疑似逆行列 Ψ_X^+ を用いて

$$\widehat{K} = \Psi_Y\Psi_X^+ \tag{26.13}$$

と書けます．この $\widehat{K}$ が求まれば，辞書関数を時間発展させることができ，その結果として観測量を時間発展させた $(\mathcal{K}\phi)(\boldsymbol{x})$ が手に入ります．

導出の詳細のための準備

　行列での微分について，以下の公式を使えます．要素ごとに計算すれば，証明も簡単です（この証明は各自で）．

$$\frac{\partial}{\partial A}\boldsymbol{a}^\top Ab = \boldsymbol{a}\boldsymbol{b}^\top, \qquad \frac{\partial}{\partial A}\boldsymbol{a}^\top AA^\top \boldsymbol{b} = \left(\boldsymbol{a}\boldsymbol{b}^\top + \boldsymbol{b}\boldsymbol{a}^\top\right)A \tag{26.14}$$

なお，行列 A は正方行列である必要はありませんが，ここでは正方行列としておきます．またベクトル $\boldsymbol{a}$ および $\boldsymbol{b}$ のサイズは適切に定義されているものとしました．同様に，ベクトル $\boldsymbol{c}$ および $\boldsymbol{d}$ のサイズは適切に定義されているものとして，$A^\top$ で微分をすると全体のならびかたも転置になることを使えば，式 (26.14) から次の式

も成立します.

$$\frac{\partial}{\partial A}\boldsymbol{c}^\top A^\top \boldsymbol{d} = \left(\frac{\partial}{\partial A^\top}\boldsymbol{c}^\top A^\top \boldsymbol{d}\right)^\top = \left(\boldsymbol{c}\boldsymbol{d}^\top\right)^\top = \boldsymbol{d}\boldsymbol{c}^\top \tag{26.15}$$

$$\frac{\partial}{\partial A}\boldsymbol{c}^\top A^\top A\boldsymbol{d} = \left(\frac{\partial}{\partial A^\top}\boldsymbol{c}^\top A^\top A\boldsymbol{d}\right)^\top = \left(\left(\boldsymbol{c}\boldsymbol{d}^\top + \boldsymbol{d}\boldsymbol{c}^\top\right)A^\top\right)^\top$$
$$= A\left(\boldsymbol{c}\boldsymbol{d}^\top + \boldsymbol{d}\boldsymbol{c}^\top\right) \tag{26.16}$$

コスト関数の展開と微分

クープマン行列 K を求めるためのコスト関数 $J(K)$ を展開しましょう.

$$J(K) = \sum_{n=1}^N \|\boldsymbol{\psi}(\boldsymbol{y}_n) - K\boldsymbol{\psi}(\boldsymbol{x}_n)\|^2$$
$$= \sum_{n=1}^N \left(\boldsymbol{\psi}(\boldsymbol{y}_n) - K\boldsymbol{\psi}(\boldsymbol{x}_n)\right)^\top \left(\boldsymbol{\psi}(\boldsymbol{y}_n) - K\boldsymbol{\psi}(\boldsymbol{x}_n)\right)$$
$$= \sum_{n=1}^N \left(\boldsymbol{\psi}(\boldsymbol{y}_n)^\top \boldsymbol{\psi}(\boldsymbol{y}_n) - \boldsymbol{\psi}(\boldsymbol{y}_n)^\top K\boldsymbol{\psi}(\boldsymbol{x}_n)\right.$$
$$\left. - \boldsymbol{\psi}(\boldsymbol{x}_n)^\top K^\top \boldsymbol{\psi}(\boldsymbol{y}_n) + \boldsymbol{\psi}(\boldsymbol{x}_n)^\top K^\top K\boldsymbol{\psi}(\boldsymbol{x}_n)\right) \tag{26.17}$$

ここで,先ほどの微分の公式を利用すると,

$$\frac{\partial J}{\partial K} = \sum_{n=1}^N \left(-\boldsymbol{\psi}(\boldsymbol{y}_n)\boldsymbol{\psi}(\boldsymbol{x}_n)^\top - \boldsymbol{\psi}(\boldsymbol{y}_n)\boldsymbol{\psi}(\boldsymbol{x}_n)^\top\right.$$
$$\left. + K\left(\boldsymbol{\psi}(\boldsymbol{x}_n)\boldsymbol{\psi}(\boldsymbol{x}_n)^\top + \boldsymbol{\psi}(\boldsymbol{x}_n)\boldsymbol{\psi}(\boldsymbol{x}_n)^\top\right)\right)$$
$$= \sum_{n=1}^N \left(-2\boldsymbol{\psi}(\boldsymbol{y}_n)\boldsymbol{\psi}(\boldsymbol{x}_n)^\top + 2K\boldsymbol{\psi}(\boldsymbol{x}_n)\boldsymbol{\psi}(\boldsymbol{x}_n)^\top\right) \tag{26.18}$$

が得られます.この微分がゼロになるところを求めます.そのために

$$G = \Psi_X \Psi_X^\top = \sum_{n=1}^N \boldsymbol{\psi}(\boldsymbol{x}_n)\boldsymbol{\psi}(\boldsymbol{x}_n)^\top, \qquad A = \Psi_Y \Psi_X^\top = \sum_{n=1}^N \boldsymbol{\psi}(\boldsymbol{y}_n)\boldsymbol{\psi}(\boldsymbol{x}_n)^\top$$
$$\tag{26.19}$$

を導入しておきます.すると,式 (26.18) がゼロになるのは $KG = A$ ですね.

G に逆行列が存在する場合

この場合は簡単です.もし G に逆行列が存在すれば,推定結果は $\widehat{K} = AG^{-1}$,つまり式 (26.12) が出ます.

G に逆行列が存在しない場合

辞書のサイズを M，データの数を N としたとき，Ψ_X のサイズは $M \times N$ でしたね．たとえば巨大な辞書の場合には $M > N$ です．一方，サイズが $M \times M$ の行列 $G = \Psi_X \Psi_X^\top$ の階数は最大でも N です．すると，階数が足りていないので，G には逆行列がありません．

$G = \Psi_X \Psi_X^\top$ に逆行列が存在しない場合，Ψ_X の疑似逆行列 Ψ_X^+ を用いて，解を $\widehat{K} = \Psi_Y \Psi_X^+$ と書けます．これを確認するために，第 18 話で見たように，特異値分解を用いて疑似逆行列を書いておきます．なお，$m = M - R$，$n = N - R$ とします．

$$
\Psi_X = U \begin{bmatrix} \Sigma_{R \times R} & \mathbf{0}_{R \times n} \\ \mathbf{0}_{m \times R} & \mathbf{0}_{m \times n} \end{bmatrix} V^\top, \quad \Psi_X^+ = V \begin{bmatrix} \Sigma_{R \times R}^{-1} & \mathbf{0}_{R \times m} \\ \mathbf{0}_{n \times R} & \mathbf{0}_{n \times m} \end{bmatrix} U^\top \tag{26.20}
$$

$\Sigma_{R \times R}$ は $R \times R$ の対角行列なので，その逆行列は対角成分の逆数をとればよいだけですね．確認しやすいように，ゼロ行列について，$\mathbf{0}_{m \times n}$ のようにサイズを添えておきました．疑似逆行列を作るときに転置している点にも注意してください．そして，$\widehat{K} = \Psi_Y \Psi_X^+$ として $\widehat{K} G$ を計算すると

$\widehat{K} G$

$= \Psi_Y \Psi_X^+ \Psi_X \Psi_X^\top$

$= \Psi_Y V \begin{bmatrix} \Sigma_{R \times R}^{-1} & \mathbf{0}_{R \times m} \\ \mathbf{0}_{n \times R} & \mathbf{0}_{n \times m} \end{bmatrix} \underbrace{U^\top U}_{=I} \begin{bmatrix} \Sigma_{R \times R} & \mathbf{0}_{R \times n} \\ \mathbf{0}_{m \times R} & \mathbf{0}_{m \times n} \end{bmatrix} \underbrace{V^\top V}_{=I} \begin{bmatrix} \Sigma_{R \times R}^\top & \mathbf{0}_{R \times m} \\ \mathbf{0}_{n \times R} & \mathbf{0}_{n \times m} \end{bmatrix} U^\top$

$= \Psi_Y V \begin{bmatrix} I_{R \times R} & \mathbf{0}_{R \times n} \\ \mathbf{0}_{n \times R} & \mathbf{0}_{n \times n} \end{bmatrix} \begin{bmatrix} \Sigma_{R \times R}^\top & \mathbf{0}_{R \times m} \\ \mathbf{0}_{n \times R} & \mathbf{0}_{n \times m} \end{bmatrix} U^\top$

$= \Psi_Y V \begin{bmatrix} \Sigma_{R \times R}^\top & \mathbf{0}_{R \times m} \\ \mathbf{0}_{n \times R} & \mathbf{0}_{n \times m} \end{bmatrix} U^\top = \Psi_Y \Psi_X^\top = A \tag{26.21}$

なので，$\widehat{K} = \Psi_Y \Psi_X^+$ が $\widehat{K} G = A$ を満たす解であると確認できました．

最後の補足

なお，クープマン行列の定義を，本書の定義の転置とすることもあります．記号が出てきたら定義に注意しましょう．

第 27 話に向けて

時間発展の話をしたときに，固有関数との関係についても議論しました．クープマン作用素についても固有関数を考えることができます．その関係性の議論は少しややこしいものですが，作用素と表現行列の対応をきちんと見るためのよい例題でもあるので，次回，第 27 話で扱ってみましょう．

第 **27** 話
観測方法を変える・その２．

―――――――――――――――― [クープマン・モード] ―――

27.1 固有関数はやはり便利

固有関数で展開すると，簡単に時間発展できます

　前回に引き続き，データと時間発展系とをつなぐ話です．クープマン行列は時間発展を与えるものなので，やはり固有値，固有ベクトルの議論で見通しがよくなります．ただし，もともとは「作用素」でしたね．そのため，第 23 話で触れた固有関数で議論する必要があります．

　まず，クープマン固有関数 $\varphi_m(\boldsymbol{x})$ は以下のように定義されます．

$$\mathcal{K}\varphi_m(\boldsymbol{x}) = (\mathcal{K}\varphi_m)(\boldsymbol{x}) = \mu_m\varphi_m(\boldsymbol{x}), \qquad m = 1, 2, \ldots, M_{\text{eigen}} \quad (27.1)$$

μ_m が固有関数に対応する固有値で，クープマン固有値と呼ばれます．なお，固有関数は辞書に依存せずに決まるものでした．ここでは固有値の実部の大きなものから M_{eigen} 個の固有値，そして対応する固有関数が求まっているものとします．「固有値」の英語 eigenvalue から添字の eigen をつけました．余談ですが，eigen は「固有の」を意味するドイツ語です．

　さて，クープマン固有関数も辞書関数として使えます．状態変数 x_d をそのまま返す観測量関数 $g_d(\boldsymbol{x})$ を考え，それらをならべてベクトル値関数 $\boldsymbol{g}(\boldsymbol{x})$ を作りましょう．そして，このベクトル値関数 $\boldsymbol{g}(\boldsymbol{x})$ を次の形で固有関数展開します．

$$\boldsymbol{x} = \begin{bmatrix} x_1 \\ \vdots \\ x_D \end{bmatrix} = \boldsymbol{g}(\boldsymbol{x}) = \begin{bmatrix} g_1(\boldsymbol{x}) \\ \vdots \\ g_D(\boldsymbol{x}) \end{bmatrix} = \sum_{m=1}^{M_{\text{eigen}}} \boldsymbol{v}_m\varphi_m(\boldsymbol{x}) \quad (27.2)$$

この展開係数 $\boldsymbol{v}_m$ は m 番目の**クープマン・モード**と呼ばれます．なお，辞書から作られる関数空間では，目的の関数を表現しきれないこともあり，その場合は近似となります．今は等号が成立するとしましょう．この表現を

用いれば，第 26 話で導入したスナップショット・ペア $(\boldsymbol{x}_n, \boldsymbol{y}_n)$ に対して

$$
\boldsymbol{g}(\boldsymbol{y}_n) = \mathcal{K}\boldsymbol{g}(\boldsymbol{x}_n) = \mathcal{K}\left(\sum_{m=1}^{M_{\mathrm{eigen}}} \boldsymbol{v}_m \varphi_m(\boldsymbol{x}_n)\right) = \sum_{m=1}^{M_{\mathrm{eigen}}} \boldsymbol{v}_m (\mathcal{K}\varphi_m)(\boldsymbol{x}_n)
$$

$$
= \sum_{m=1}^{M_{\mathrm{eigen}}} \boldsymbol{v}_m \big(\mu_m \varphi_m(\boldsymbol{x}_n)\big) \tag{27.3}
$$

と書けるため，時間発展としては単にクープマン固有値を掛け算すればよいだけです．一般の基底関数の場合にはクープマン行列を掛け算して辞書を変形し，時間発展をしていました．それと比べればスカラ量を掛け算するだけなので，計算量を大きく減らせていますね．やはり固有関数は便利です．また，第 21 話で触れた通り，時間発展の振る舞いの特徴が固有値に埋め込まれています．そのため，クープマン作用素を使った時間発展系の解析では，クープマン行列に対する固有値解析が広く利用されています．

クープマン・モードを求める方法

$\boldsymbol{x} = \boldsymbol{g}(\boldsymbol{x})$ をクープマン固有関数で分解できることを確認するために，$\boldsymbol{v}_m$ を計算してみましょう．ここの議論はかなり込み入っていますが，これまでやってきた線形代数の技術を丁寧に使えば理解できます．

ここでのクープマン行列は，表現行列の転置

異なる定義が使われることもありますが，本書でのクープマン行列は第 11 話で扱った表現行列とは異なり，$\mathcal{K}$ の表現行列の転置で与えられます．

その理由を簡単に見ておきます．議論をわかりやすくするために正規直交基底 $\{|\zeta_m\rangle \,|\, m = 1, \ldots, M\}$ を使います．適切に定義された内積を用いて計算を進めるので，ケットで表記しておきました．$|\zeta_m\rangle = \zeta_m(\boldsymbol{x})$ の意味です．すると，次の単位の分解の近似を使えます．

$$
\mathbf{1} = \sum_{m=1}^{M} |\zeta_m\rangle\langle\zeta_m| \tag{27.4}
$$

データとの接続を考えて有限個で打ち切ったので，本来は近似です．ただ，ここでは表記を簡単にするため，もし近似だったとしても等号で書くことにします．さて，関数 $\phi(\boldsymbol{x})$ をこの正規直交基底で展開しましょう．

$$
|\phi\rangle = \phi(\boldsymbol{x}) = \sum_{m=1}^{M} c_m \zeta_m(\boldsymbol{x}) = \sum_{m=1}^{M} c_m |\zeta_m\rangle \tag{27.5}
$$

ここにクープマン作用素 $\mathcal{K}$ を作用させると，次のようになります．

$$\mathcal{K}|\phi\rangle = \sum_{m=1}^{M} c_m \mathcal{K}|\zeta_m\rangle = \sum_{m=1}^{M} c_m \left(\sum_{n=1}^{M} |\zeta_n\rangle\langle\zeta_n| \right) \mathcal{K}|\zeta_m\rangle$$

$$= \sum_{n=1}^{M} \sum_{m=1}^{M} c_m \left(\langle\zeta_n|\mathcal{K}|\zeta_m\rangle \right) |\zeta_n\rangle = \sum_{n=1}^{M} \sum_{m=1}^{M} c_m \underbrace{\widetilde{K}_{nm}|\zeta_n\rangle}_{\widetilde{K}^\top \text{なら行列積}} \tag{27.6}$$

ここで $\mathcal{K}$ の辞書 $\{|\zeta_m\rangle\}$ に関する表現行列を $\widetilde{K}$ としました．ここで，本書でのクープマン行列は，辞書関数 $|\zeta_n\rangle$ をならべたベクトル $\boldsymbol{\zeta}$ に掛け算すると，（時間発展後の辞書）$= K\boldsymbol{\zeta}$ を与えるものでした．式 (27.6) に注記しましたが，このことから $K = \widetilde{K}^\top$ です．これなら $K_{mn}|\zeta_n\rangle$ の形が出てきて，n についての和の記号と合わせれば，行列とベクトルの積 $K\boldsymbol{\zeta}$ として捉えられます．

もし行列が係数 $\{c_m\}$ をならべた係数ベクトル $\boldsymbol{c}$ に作用するのであれば，式 (27.6) に $\widetilde{K}_{nm}c_m$ の形があるので，$\widetilde{K}$ をそのまま使えます．時間発展で辞書関数を変えてしまうのが本書の立場，一方，辞書関数を固定して，一次結合の係数を変えるのが通常の表現行列の立場です．

正規直交ではない基底での表現行列

データからクープマン行列を求めるだけであれは不要ですが，「一歩先」を見すえて，表現行列について補足をしておきます．本書は「半歩先」なので，丁寧に追っていきましょう．

正規直交基底であれば単位の分解を使えるので，表現行列を求める議論が簡単にできます．一般の基底の場合にはどうなるでしょうか．

まず，クープマン作用素 $\mathcal{K}$ を正規直交基底 $\{|\zeta_m\rangle\}$ に作用させます．

$$\mathcal{K}|\zeta_m\rangle = \sum_{n=1}^{M} |\zeta_n\rangle\langle\zeta_n|\mathcal{K}|\zeta_m\rangle = \sum_{n=1}^{M} \widetilde{K}_{nm}|\zeta_n\rangle \tag{27.7}$$

これを 1 から M 番目まで，すべてならべると以下のようになります．

$$\mathcal{K}\begin{bmatrix} |\zeta_1\rangle \\ \vdots \\ |\zeta_M\rangle \end{bmatrix} = \begin{bmatrix} \sum_{n=1}^{M} \widetilde{K}_{n1}|\zeta_n\rangle \\ \vdots \\ \sum_{n=1}^{M} \widetilde{K}_{nM}|\zeta_n\rangle \end{bmatrix} = \widetilde{K}^\top \begin{bmatrix} |\zeta_1\rangle \\ \vdots \\ |\zeta_M\rangle \end{bmatrix} \tag{27.8}$$

ここで，正規直交ではない基底 $\{\psi_m \mid m = 1, \ldots, M\}$ を考えます．この基底を，正規直交基底 $\{|\zeta_m\rangle\}$ の一次結合で表現しましょう．つまり，基底の変換です．変換のための行列を P として，

$$\begin{bmatrix} |\psi_1\rangle \\ \vdots \\ |\psi_M\rangle \end{bmatrix} = P \begin{bmatrix} |\zeta_1\rangle \\ \vdots \\ |\zeta_M\rangle \end{bmatrix}, \qquad \begin{bmatrix} |\zeta_1\rangle \\ \vdots \\ |\zeta_M\rangle \end{bmatrix} = P^{-1} \begin{bmatrix} |\psi_1\rangle \\ \vdots \\ |\psi_M\rangle \end{bmatrix} \tag{27.9}$$

ですね. ちなみに, 基底の変換に用いる行列 P は, 基底の一次独立性から逆行列をもちます. $\mathcal{K}$ は P には作用しないので, 次の式が成り立ちます.

$$\mathcal{K}P \begin{bmatrix} |\zeta_1\rangle \\ \vdots \\ |\zeta_M\rangle \end{bmatrix} = P\widetilde{K}^\top \begin{bmatrix} |\zeta_1\rangle \\ \vdots \\ |\zeta_M\rangle \end{bmatrix} \tag{27.10}$$

そして, 式 (27.9) を用いて $|\zeta_m\rangle$ の代わりに $|\psi_m\rangle$ を使えば,

$$\mathcal{K} \begin{bmatrix} |\psi_1\rangle \\ \vdots \\ |\psi_M\rangle \end{bmatrix} = P\widetilde{K}^\top P^{-1} \begin{bmatrix} |\psi_1\rangle \\ \vdots \\ |\psi_M\rangle \end{bmatrix} \tag{27.11}$$

ですね. よって, クープマン行列 K として $K = P\widetilde{K}^\top P^{-1}$ が得られます. 基底関数を変えることで, クープマン行列の表現も変わりますね. このようにして, 正規直交基底でなくてもクープマン行列を具体的に求められます.

以上のことから, 形式的に以下のように置き換えられます.

$$\mathcal{K}\boldsymbol{\psi}(\boldsymbol{x}) \to K\boldsymbol{\psi}(\boldsymbol{x}) \tag{27.12}$$

ただし, K は $\{\psi_m(\boldsymbol{x})\}$ を基底関数としていることに注意してください. この基底関数をベクトルとしてならべた $\boldsymbol{\psi}(\boldsymbol{x})$ の左側に $\mathcal{K}$ を書いたときのみ, 行列 K に置き換え可能です.

固有関数はクープマン行列の左固有ベクトルで与えられます

$\mathcal{K}$ の表現行列の転置がクープマン行列なので, 固有関数の話も少し変わります.

まず, クープマン行列の左固有ベクトルを導入します. i 番目の**左固有ベクトル**は以下を満たすものです.

$$\boldsymbol{z}_i^\top K = \mu_i \boldsymbol{z}_i^\top \tag{27.13}$$

なお, μ_i は通常の固有ベクトルと一致します. これは固有値計算に行列式を使うこと, 転置の操作は行列式を変えないことから出てきます. ちなみに, 通常の固有ベクトルを**右固有ベクトル**と呼ぶこともあります.

すると, 固有関数は以下で与えられます.

$$\varphi_i(\boldsymbol{x}) = \boldsymbol{z}_i^\top \boldsymbol{\psi}(\boldsymbol{x}) \tag{27.14}$$

実際, 次のように固有関数の定義を満たすことを確認できます.

$$\mathcal{K}\varphi_i(\boldsymbol{x}) = \boldsymbol{z}_i^\top \big(\mathcal{K}\boldsymbol{\psi}\big)(\boldsymbol{x}) = \boldsymbol{z}_i^\top K\boldsymbol{\psi}(\boldsymbol{x}) = \mu_i \boldsymbol{z}_i^\top \boldsymbol{\psi}(\boldsymbol{x}) = \mu_i \varphi_i(\boldsymbol{x}) \tag{27.15}$$

なお, 異なる固有値に対する右固有ベクトルと左固有ベクトルは直交します. ま

ず，通常の固有ベクトルに対する固有値の関係性から

$$z_j^\top K w_i = z_j^\top \left(K w_i \right) = \mu_i z_j^\top w_i \tag{27.16}$$

です．一方，左固有ベクトルに対して

$$z_j^\top K w_i = \left(z_j^\top K \right) w_i = \mu_j z_j^\top w_i \tag{27.17}$$

なので，両辺をそれぞれ引き算すると

$$0 = (\mu_i - \mu_j) z_j^\top w_i \tag{27.18}$$

です．よって，$\mu_i \neq \mu_j$ なら $z_j^\top w_i = 0$，つまり直交ですね．

手順1：状態変数ベクトルを返す関数を基底関数で展開する

以上の準備をふまえて，実際に $g(x) = x$ を固有関数で展開して，クープマン・モード $\{v_m\}$ を求めてみましょう．以下では簡単のため，クープマン行列 K の固有値はすべて異なるものとします．

状態変数の次元を D，辞書関数の数を M として，以下を満たす $D \times M$ 行列 B を作ります．

$$x = B\psi(x) \tag{27.19}$$

基底関数 $\{\psi_m(x)\}$ が単項式や多項式であれば，係数比較から B を求めることができます．もし，基底関数がこのあと説明する動径基底関数であれば，いくつかの座標 x を「データ」として与えるとクープマン行列を求める式と同じ形をしているので，前回のクープマン行列と同様の議論で B を求められます．

手順2：基底関数を固有関数で展開する

ベクトルの内積は順番を変えても大丈夫なので，固有関数に対する式 (27.14) の右辺を書き換えて，

$$\varphi_i(x) = \psi(x)^\top z_i \tag{27.20}$$

とします．ここで M 個の固有関数をならべて書くと

$$\begin{aligned}
\begin{bmatrix} \varphi_1(x) & \cdots & \varphi_M(x) \end{bmatrix} &= \begin{bmatrix} \psi(x)^\top z_1 & \cdots & \psi(x)^\top z_M \end{bmatrix} \\
&= \psi(x)^\top \begin{bmatrix} z_1 & \cdots & z_M \end{bmatrix}
\end{aligned} \tag{27.21}$$

です．最後の式変形は $\psi(x)^\top$ を形式的に 1×1 行列とみなして，1×1 行列と $1 \times M$ 行列の積と捉えました．さらに以下の表記を導入します．

$$\varphi(x) = \begin{bmatrix} \varphi_1(x) & \cdots & \varphi_M(x) \end{bmatrix}, \qquad Z = \begin{bmatrix} z_1 & \cdots & z_M \end{bmatrix} \tag{27.22}$$

ここで，ベクトル表記 $\boldsymbol{\varphi}(\boldsymbol{x})$ は，通常とは異なり行ベクトルとしている点に注意しましょう．なお，Z は実際には $M \times M$ 行列です．これらから，式 (27.21) を次の形で書けます．

$$\boldsymbol{\varphi}(\boldsymbol{x}) = \boldsymbol{\psi}(\boldsymbol{x})^\top Z \qquad (27.23)$$

今は固有値がすべて異なると仮定しているので，固有ベクトルは一次独立です．すると Z は逆行列をもち，以下の書き換えが可能です．

$$\boldsymbol{\varphi}(\boldsymbol{x}) = \boldsymbol{\psi}(\boldsymbol{x})^\top Z \quad \Rightarrow \quad \boldsymbol{\psi}(\boldsymbol{x})^\top = \boldsymbol{\varphi}(\boldsymbol{x}) Z^{-1}$$
$$\Rightarrow \quad \boldsymbol{\psi}(\boldsymbol{x}) = (Z^{-1})^\top \boldsymbol{\varphi}(\boldsymbol{x})^\top \qquad (27.24)$$

Z の逆行列の計算を避けるために，左固有ベクトル $\boldsymbol{z}_j$ と右固有ベクトル $\boldsymbol{w}_i$ の直交性を利用しましょう．固有ベクトルは，スカラ倍しても固有ベクトルでした．そこで，すべての i に対して $\boldsymbol{z}_i^\top \boldsymbol{w}_i = 1$ となるように，右固有ベクトル $\boldsymbol{w}_i$ と左固有ベクトル $\boldsymbol{z}_i$ の大きさを調整しておきます．$\{\boldsymbol{w}_i\}$ をまとめて

$$W = \begin{bmatrix} \boldsymbol{w}_1 & \cdots & \boldsymbol{w}_M \end{bmatrix} \qquad (27.25)$$

とおくと，直交性から $Z^\top W = I$ です．よって，$(Z^{-1})^\top = (Z^\top)^{-1} = W$ から

$$\boldsymbol{\psi}(\boldsymbol{x}) = W\boldsymbol{\varphi}(\boldsymbol{x})^\top \qquad (27.26)$$

です．これを式 (27.19)，つまり $\boldsymbol{x} = B\boldsymbol{\psi}(\boldsymbol{x})$ に代入して以下を得ます．

$$\boldsymbol{x} = BW\boldsymbol{\varphi}(\boldsymbol{x})^\top = BW \begin{bmatrix} \varphi_1(\boldsymbol{x}) \\ \vdots \\ \varphi_M(\boldsymbol{x}) \end{bmatrix} \qquad (27.27)$$

$\boldsymbol{\varphi}(\boldsymbol{x})$ を行ベクトルで定義していたので，ここで列ベクトルが出てきました．さらに，行列 BW の i 番目の列ベクトルを $\boldsymbol{v}_i$ とすれば

$$\boldsymbol{x} = \begin{bmatrix} \boldsymbol{v}_1 & \cdots & \boldsymbol{v}_M \end{bmatrix} \begin{bmatrix} \varphi_1(\boldsymbol{x}) \\ \vdots \\ \varphi_M(\boldsymbol{x}) \end{bmatrix} = \sum_{m=1}^{M} \boldsymbol{v}_m \varphi_m(\boldsymbol{x}) \qquad (27.28)$$

を得ます．これでクープマン・モードを実際に作ることができ，展開可能であるとわかりました．

27.2 補足とまとめ,そして……

データ解析と相性のよい辞書のいくつか

辞書関数の具体的な例についてあまり触れずにいたので,補足しておきます.単項式辞書以外でデータ解析の文脈でよく使われるものに,**動径基底関数**があります.この関数の特徴は,最終的に「距離」に関する情報を計算して基底を計算する点です.この特徴と,一般には一次独立性を追加したものが動径基底関数です.これらの性質を満たすものには,いくつか種類があります.たとえばガウス型の動径基底関数は

$$\psi_m^{\text{Gaussian}}(\boldsymbol{x}) = \exp\left(-\gamma \|\boldsymbol{x} - \boldsymbol{x}_m^c\|_2^2\right) \tag{27.29}$$

で与えられます.$\boldsymbol{x}_m^c$ の部分が m によって変わります.指数関数のなかに ℓ_2 ノルムが入っています.ここが「距離」の部分ですね.2 変数の場合,図 27.1 のようなイメージです.ガウス型の中心位置をいろいろと変えて基底を配置することで,柔軟に関数を表現できます.

基底関数が距離にしか依存しないので,$\boldsymbol{x}$ が高次元でも計算が比較的簡単なこと,また手元にあるデータの特徴を捉えて中心位置 $\{\boldsymbol{x}_m^c\}$ を配置すれば効率よく関数を表現できることから,よく使われます.ガウス型のほかにも,薄板スプライン型など,いくつか種類がありますので,必要に応じて調べて使ってみてください.

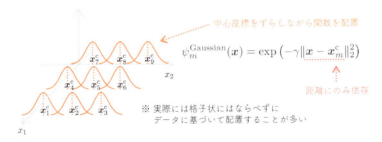

図 27.1 距離を引数にした基底なので,高次元でも,ある程度は対処可能

252　第 27 話　観測方法を変える・その 2.

「半歩先」のまとめ……

　状態変数ベクトルの時間発展の代わりに観測量関数を考え，その時間発展を与えるクープマン作用素を使う枠組みを見てきました．固有値解析を通して非線形なシステムを理解する方法は**動的モード分解**と呼ばれ，主に2010 年代以降，流体系のデータ解析などに利用されています．今回のように辞書を導入した方法は**拡張動的モード分解**と呼ばれます．

　ポイントは，状態変数ベクトルに対する時間発展方程式が非線形でも，クープマン作用素は線形作用素である点です．これで，固有値解析などの線形系に対する解析手法を利用できます．視点を変えれば，状態変数ベクトルの時間発展の代わりに，関数に対する時間発展を扱えるのでしたね．フォッカー・プランク方程式のレベルでは，時間発展は線形作用素で与えられていました．これにより，研究蓄積のある線形系に対する手法を，非線形系の解析に利用できるのは強みです．

　視点の切り替えをうまく利用すれば，扱いやすい形へ変換できます．そのために，まずは本書で扱ってきたような「半歩先の道具と視点」が役立ちます．そのうえで，必要に応じて収束性などの数学的な議論を押さえてみてください．

……ですが，あと少しだけ続きます

　クープマン作用素の話は，「半歩先」というよりは，一歩先，もしくはさらに発展的な話題かもしれません．ただ，使っている道具は，どれも「半歩先」として慣れ親しむべきものばかりでしたね．本書で慣れた道具をうまく使うだけで，十分にさまざまなことをできるようになります．素朴な最小二乗法だけではなく，非線形な時間発展系から生み出されたデータの解析までできるようになり，めでたしめでたし，と話を終えたいところですが，もう少しだけ続けましょう．何度か触れましたが，辞書関数の数 M が大きい場合には，Ψ_X や Ψ_Y のサイズが巨大になり，素朴な形では計算機内に保存できなくなってしまいます．そこで必要になるのが圧縮技術です．圧縮技術と言えば，第 17 話で触れた「あれ」ですね．第 28 話からは，その話を進めましょう．

第28話

変数が増えると，爆発．

――――――――――――――― [クロネッカー積] ―――――

▌28.1　まずは素朴に圧縮を

データ行列が巨大な場合を，計算機で扱えるようにします

　　第26話でデータと時間発展系を接続できましたが，そのときに辞書関数を使いました．辞書関数は関数を近似するために導入され，一般には無限個必要です．それが無理なので有限個で近似しますが，とても大きな数を用意する必要があります．すると計算機で扱うのが大変になるので，できるだけ小さくしたい，というのがここでの目的です．

　　そのために使うのが，第17話で見た特異値分解と低ランク近似です．

データ行列を特異値分解して，低ランク近似していきます

　　状態変数ベクトル $\boldsymbol{x}$ の次元を D としましょう．辞書関数を $\{\psi_m(\boldsymbol{x})\}$ として，M 個を用意します．データは N 個のスナップショット・ペア $\{(\boldsymbol{x}_n, \boldsymbol{y}_n)\}$ ですが，今は時間発展前の $\boldsymbol{x}_n$ だけ考えましょう．$\boldsymbol{y}_n$ のほうも同様に議論できます．

　　ここでの目的は，次のデータ行列を圧縮することです．

$$\Psi_X = \begin{bmatrix} \psi_1(\boldsymbol{x}_1) & \psi_1(\boldsymbol{x}_2) & \dots & \psi_1(\boldsymbol{x}_N) \\ \psi_2(\boldsymbol{x}_1) & \psi_2(\boldsymbol{x}_2) & \dots & \psi_2(\boldsymbol{x}_N) \\ \vdots & \vdots & \ddots & \vdots \\ \psi_M(\boldsymbol{x}_1) & \psi_M(\boldsymbol{x}_2) & \dots & \psi_M(\boldsymbol{x}_N) \end{bmatrix} \tag{28.1}$$

今は辞書関数の数 M がデータ数 N よりもすごく大きい場合を想定しています．つまり $M \gg N$ です．また，簡単のため，データ $\{\boldsymbol{x}_n\}$ は一次独立であるとします．よって，Ψ_X の階数は N です．

　　このデータ行列 Ψ_X を，特異値分解によって次の形に分解できます．

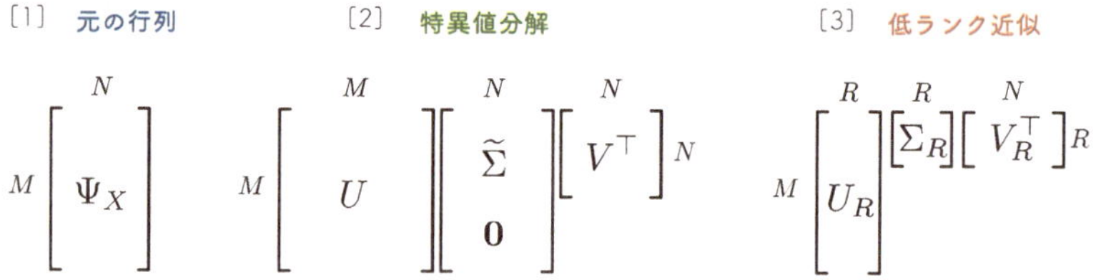

254　第 28 話　変数が増えると，爆発．

[1] 元の行列	[2] 特異値分解	[3] 低ランク近似

$$
M\begin{bmatrix} \Psi_X^{\ N} \end{bmatrix} \qquad M\begin{bmatrix} U^{\ M} \end{bmatrix}\begin{bmatrix} \widetilde{\Sigma}^{\ N} \\ \mathbf{0} \end{bmatrix}\begin{bmatrix} V^{\top\ N} \end{bmatrix}N \qquad M\begin{bmatrix} U_R^{\ R} \end{bmatrix}\begin{bmatrix} \Sigma_R^{\ R} \end{bmatrix}\begin{bmatrix} V_R^{\top\ N} \end{bmatrix}R
$$

図 28.1　データ行列の低ランク近似で十分？

$$\Psi_X = U\Sigma V^{\top} \tag{28.2}$$

U と V が直交行列で，Σ は，今の場合は上側に対角行列 $\widetilde{\Sigma}$ が，下側にゼロがならんだものになります．図 28.1 の [1] のように縦長の行列を，[2] のように分解します．Σ には特異値がならびますが，そのなかで小さいものをゼロとおくのが低ランク近似でしたね．R 個だけ残すと，ゼロが掛け算されるところを削れますので，結果として [3] の形になります．R が小さければ十分に圧縮できそうですが，はたして本当でしょうか．

辞書はこれだけ巨大です

実際に単項式で辞書を作ってみましょう．2 変数の場合，$x_1^{n_1}x_2^{n_2}$ の形で書けます．ならべる方法は自由で，たとえば

$$\psi_1(\boldsymbol{x}) = 1,\ \psi_2(\boldsymbol{x}) = x_1,\ \psi_3(\boldsymbol{x}) = x_2,\ \psi_4(\boldsymbol{x}) = x_1^2,$$

$$\psi_5(\boldsymbol{x}) = x_1 x_2,\ \psi_6(\boldsymbol{x}) = x_2^2,\ \psi_7(\boldsymbol{x}) = x_1^3,\ \psi_8(\boldsymbol{x}) = x_1^2 x_2, \ldots$$

のような感じです．

ここで各変数の最大次数を $L-1$ としましょう．$n_1 \leq L-1, n_2 \leq L-1$ です．すると，ゼロ乗から数え始めるので，辞書関数の数は L^2 です．D 次元の場合は L^D ですね．たとえば $L = 10$ として $D = 10$ 次元を考えると，辞書関数の数 M は 100 億です．もっと L や D が多い場合を考えることもあります．辞書関数の数 M が本当に巨大なので，図 28.1 の [3] のような圧縮でも，扱うのが難しくなります．

クロネッカー積の導入で表記を少し簡単にできますが，まだまだ巨大です

これからの議論をやりやすくするために，**クロネッカー積**を導入します．$M_1 \times N_1$ 行列 $A^{(1)}$ と，$M_2 \times N_2$ 行列 $A^{(2)} \in \mathbb{R}$ を考えます．この二つの行列に対して，クロネッカー積は以下のように定義されます．

$$
A^{(1)} \otimes A^{(2)} = \begin{bmatrix} A^{(1)}_{11} A^{(2)} & \dots & A^{(1)}_{1N_1} A^{(2)} \\ \vdots & \ddots & \vdots \\ A^{(1)}_{M_1 1} A^{(2)} & \dots & A^{(1)}_{M_1 N_1} A^{(2)} \end{bmatrix} \in \mathbb{R}^{(M_1 M_2) \times (N_1 N_2)}
$$

$$(28.3)$$

行列表記していますが，たとえば左上の要素 $A^{(1)}_{11} A^{(2)}$ はスカラではなく行列です．行列 $A^{(2)}$ にスカラ $A^{(1)}_{11}$ を掛け算したものなので，この部分だけで $M_2 \times N_2$ 行列になります．全体の実際のサイズは $(M_1 M_2) \times (N_1 N_2)$ なので，スカラの要素で書こうとすると巨大な行列となってしまいます．

クロネッカー積を具体例で確認

念のため，2×2 行列と 2×1 行列のクロネッカー積の例を一つ見ておきます．

$$
\begin{bmatrix} 1 & 2 \\ 3 & 4 \end{bmatrix} \otimes \begin{bmatrix} 5 \\ 6 \end{bmatrix} = \begin{bmatrix} 1 \times \begin{bmatrix} 5 \\ 6 \end{bmatrix} & 2 \times \begin{bmatrix} 5 \\ 6 \end{bmatrix} \\ 3 \times \begin{bmatrix} 5 \\ 6 \end{bmatrix} & 4 \times \begin{bmatrix} 5 \\ 6 \end{bmatrix} \end{bmatrix} = \begin{bmatrix} 5 & 10 \\ 6 & 12 \\ 15 & 20 \\ 18 & 24 \end{bmatrix}
$$

$$(28.4)$$

結果は，(2×2) と (2×1) とで 4×2 行列となっていますね．

そしてテンソル積へ……

線形代数の「一歩先」に進むと，**テンソル積**という概念が出てきます．少し考え方が難しいものの押さえておきたい概念なのですが，「半歩先」としては，具体的な応用の事例を見て考え方に慣れてもらうことを優先します．具体例を知っておくと，数学的な定義の理解も進みやすくなるはずです．なお，テンソル積は少し抽象的な定義で与えられ，クロネッカー積はその具体的な形だと捉えられます．量子情報を扱うときなどはテンソル積が必ず出てきますが，そこではクロネッカー積で扱える場合がほとんどです．このあと，クロネッカー積を使った計算をしていきますので，少し慣れてみましょう．

テンソル積に進む前にイメージだけ

本書ではベクトルの圧縮の話しかできませんが，テンソル積を見すえて，クロネッカー積で表現される行列と，その掛け算の話を簡単にだけしておきます．まず，次

の行列とベクトルのテンソル積を考えます.

$$
\underbrace{\begin{bmatrix} 1 & 0 \\ 0 & 1 \end{bmatrix}}_{A_1 = I} \otimes \underbrace{\begin{bmatrix} -1 & 0 \\ 1 & 1 \end{bmatrix}}_{A_2} = \underbrace{\begin{bmatrix} -1 & 0 & 0 & 0 \\ 1 & 1 & 0 & 0 \\ 0 & 0 & -1 & 0 \\ 0 & 0 & 1 & 1 \end{bmatrix}}_{A}, \quad \underbrace{\begin{bmatrix} 1 \\ 3 \end{bmatrix}}_{v_1} \otimes \underbrace{\begin{bmatrix} 2 \\ 1 \end{bmatrix}}_{v_2} = \underbrace{\begin{bmatrix} 2 \\ 1 \\ 6 \\ 3 \end{bmatrix}}_{v} \tag{28.5}
$$

さて,ここで行列 A は $A = A_1 \otimes A_2 = I \otimes A_2$ であり,サイズを見ると,ちょうど $A_1 = I$ は v_1 に,A_2 は v_2 に掛け算可能です.それぞれ計算すると,次のようになります.

$$
I v_1 = v_1, \qquad A_2 v_2 = \begin{bmatrix} -1 & 0 \\ 1 & 1 \end{bmatrix} \begin{bmatrix} 2 \\ 1 \end{bmatrix} = \underbrace{\begin{bmatrix} -2 \\ 3 \end{bmatrix}}_{v_3} \tag{28.6}
$$

以上の計算結果をふまえつつ,次の二つの掛け算を計算してみると,

$$
(I \otimes A_2)(v_1 \otimes v_2) = A v = \begin{bmatrix} -2 \\ 3 \\ -6 \\ 9 \end{bmatrix}, \quad (I v_1) \otimes (A_2 v_2) = v_1 \otimes v_3 = \begin{bmatrix} -2 \\ 3 \\ -6 \\ 9 \end{bmatrix} \tag{28.7}
$$

となり,一致しますね.つまり,以下が成立しています.

$$
(I \otimes A_2)(v_1 \otimes v_2) = (I v_1) \otimes (A_2 v_2) \tag{28.8}
$$

なお,上の例では $A_1 = I$ でしたが,単位行列を使う必要はありません.もう少しきちんと扱うと,クロネッカー積の定義から,たとえば 2×2 行列 B, C と 2 次元ベクトル x, y に対して以下が成り立ちます.

$$
\begin{aligned}
(B \otimes C)(x \otimes y) &= \begin{bmatrix} B_{11}C & B_{12}C \\ B_{21}C & B_{22}C \end{bmatrix} \begin{bmatrix} x_1 y \\ x_2 y \end{bmatrix} = \begin{bmatrix} B_{11}x_1 C y + B_{12}x_2 C y \\ B_{21}x_1 C y + B_{22}x_2 C y \end{bmatrix} \\
&= \begin{bmatrix} (B_{11}x_1 + B_{12}x_2)C y \\ (B_{21}x_1 + B_{22}x_2)C y \end{bmatrix}
\end{aligned} \tag{28.9}
$$

ベクトルや行列を形式的に行列の要素とする視点にも,そろそろ慣れてきたと思います.x_i はスカラ量なので C の前に出しました.これで C が y だけに作用することがわかります.各要素の手前の部分が Bx の演算結果ですね.

この性質から,実際にクロネッカー積を計算して巨大なベクトルや行列にするのではなく,$\otimes$ の記号を使って分割しておいたほうが便利そうですよね.テンソル積の数学的な性質も押さえておきたいところですが,その結果として実用的には上のような演算が可能になります.もちろん,それぞれ掛け算が可能かどうか,つまり適切な線形写像になっているかどうかには注意する必要があります.

ベクトルの添字をあえて分割して書きます

データ行列に進む前に，まずは辞書関数のベクトルを例に話を進めていきましょう．$\psi_1(\boldsymbol{x})$ から $\psi_M(\boldsymbol{x})$ までの辞書関数がありますが，すでに見たように M がとても巨大です．この形のままだと扱いづらいので，ベクトルの添字を一つではなく，増やして書くことにします．

これまでと同様，単項式の辞書を考えます．D 個の状態変数 $\{x_d\}$ があるのですが，まずは最初の状態変数 x_1 に対して，

$$\psi_1^{(1)}(\boldsymbol{x}) = 1,\ \psi_2^{(1)}(\boldsymbol{x}) = x_1,\ \psi_3^{(1)}(\boldsymbol{x}) = x_1^2,\ \cdots,\ \psi_L^{(1)}(\boldsymbol{x}) = x_1^{L-1}$$

のように L 個の辞書関数を用意しましょう．同様に，x_d に対して L 個の辞書をそれぞれ用意します．

続いて，次のベクトル表記を導入します．

$$\boldsymbol{\psi}^{(d)}(\boldsymbol{x}) = \begin{bmatrix} \psi_1^{(d)}(\boldsymbol{x}) \\ \psi_2^{(d)}(\boldsymbol{x}) \\ \vdots \\ \psi_L^{(d)}(\boldsymbol{x}) \end{bmatrix} \tag{28.10}$$

すると，クロネッカー積を用いて，2 変数の辞書関数の組み合わせを，次のように記述できます．

$$\boldsymbol{\psi}^{(1)}(\boldsymbol{x}) \otimes \boldsymbol{\psi}^{(2)}(\boldsymbol{x}) = \begin{bmatrix} \psi_1^{(1)}(\boldsymbol{x})\boldsymbol{\psi}^{(2)}(\boldsymbol{x}) \\ \psi_2^{(1)}(\boldsymbol{x})\boldsymbol{\psi}^{(2)}(\boldsymbol{x}) \\ \vdots \\ \psi_L^{(1)}(\boldsymbol{x})\boldsymbol{\psi}^{(2)}(\boldsymbol{x}) \end{bmatrix} = \begin{bmatrix} \psi_1^{(1)}(\boldsymbol{x})\psi_1^{(2)}(\boldsymbol{x}) \\ \psi_1^{(1)}(\boldsymbol{x})\psi_2^{(2)}(\boldsymbol{x}) \\ \vdots \\ \psi_1^{(1)}(\boldsymbol{x})\psi_L^{(2)}(\boldsymbol{x}) \\ \psi_2^{(1)}(\boldsymbol{x})\psi_1^{(2)}(\boldsymbol{x}) \\ \psi_2^{(1)}(\boldsymbol{x})\psi_2^{(2)}(\boldsymbol{x}) \\ \vdots \\ \psi_L^{(1)}(\boldsymbol{x})\psi_L^{(2)}(\boldsymbol{x}) \end{bmatrix} \tag{28.11}$$

サイズは $L^2 \times 1$ で，列ベクトルですね．同様にして D 変数の辞書は

$$\boldsymbol{\psi}(\boldsymbol{x}) = \boldsymbol{\psi}^{(1)}(\boldsymbol{x}) \otimes \boldsymbol{\psi}^{(2)}(\boldsymbol{x}) \otimes \cdots \otimes \boldsymbol{\psi}^{(D)}(\boldsymbol{x}) \tag{28.12}$$

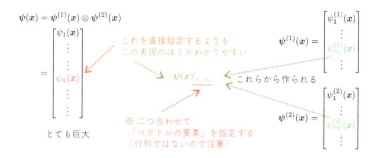

図 28.2 いくつかの添字で，巨大なベクトルの要素を指定する

と書けます．もちろん，これも列ベクトルです．ただし，要素の指定が大変なので，それぞれの状態変数に対する単項式の指数をならべて，$\psi_{n_1,n_2,\ldots,n_D}$ のようにベクトルの要素を指定することにします．この $(n_1, n_2, \ldots, n_D)$ を，対応する一つの自然数に読み替えれば，通常のベクトルの要素を指定できます．ここでは，この対応はクロネッカー積を用いて与えられるものとしましょう．図 28.2 のような 2 変数の例であれば，

$$[\boldsymbol{\psi}(\boldsymbol{x})]_1 = \psi_{1,1}(\boldsymbol{x}) = \psi_1^{(1)}(\boldsymbol{x})\psi_1^{(2)}(\boldsymbol{x}) = 1$$
$$[\boldsymbol{\psi}(\boldsymbol{x})]_2 = \psi_{1,2}(\boldsymbol{x}) = \psi_1^{(1)}(\boldsymbol{x})\psi_2^{(2)}(\boldsymbol{x}) = x_2$$
$$\vdots$$
$$[\boldsymbol{\psi}(\boldsymbol{x})]_L = \psi_{1,L}(\boldsymbol{x}) = \psi_1^{(1)}(\boldsymbol{x})\psi_L^{(2)}(\boldsymbol{x}) = x_2^{L-1}$$
$$[\boldsymbol{\psi}(\boldsymbol{x})]_{L+1} = \psi_{2,1}(\boldsymbol{x}) = \psi_2^{(1)}(\boldsymbol{x})\psi_1^{(2)}(\boldsymbol{x}) = x_1$$
$$[\boldsymbol{\psi}(\boldsymbol{x})]_{L+2} = \psi_{2,2}(\boldsymbol{x}) = \psi_2^{(1)}(\boldsymbol{x})\psi_2^{(2)}(\boldsymbol{x}) = x_1 x_2$$
$$\vdots$$

などのようになります．クロネッカー積を具体的に計算する前の表現において，どのベクトルの要素を使ったのかがわかりやすいですね．そのため，今後は最初から $(n_1, n_2, \ldots, n_D)$ の形で考えることにします．これで，見通しよく議論できるようになります．

ベクトルだけではなく，巨大な行列を指定することもできます

クロネッカー積を行列に使った場合，複数の添字をどのように解釈するかを明示する必要があります．二つの行列 $A^{(1)}$ と $A^{(2)}$ のクロネッカー積で $A^{(1)} \otimes A^{(2)}$ を作ると，これは巨大な行列です．よって元の行列 $A^{(1)}$ の n_1 行目 m_1 列目，$A^{(2)}$ の n_2 行目 m_2 列目から作られた要素であれば

$$\left[A^{(1)} \otimes A^{(2)}\right]_{(n_1, n_2), (m_1, m_2)}, \qquad \left[A^{(1)} \otimes A^{(2)}\right]_{\overline{n_1, n_2}, \overline{m_1, m_2}}$$

のように，括弧や上線などで区別して表記します．ほかの表記法をする場合もあります．その都度，定義を確認しましょう．

添字がたくさんならんでいても，組み合わせてベクトルや行列の要素に読み替えられる，と頭の片隅で意識しておくとよいでしょう．最初はややこしく見えるかもしれませんが，変数が増えてきたときに，かなり便利です．さらに，このような書き方に慣れると，ベクトルと行列を自由に行き来できるようになります．巨大なベクトルを行列の形に書き直したり，逆に行列をベクトルの形に書き直したりしてから計算し直す視点を，このあとの議論で駆使します．

28.2 まずは素朴に近似を

変数ごとに分離できれば簡単ですが……

記号を簡単にするために，$\psi(\boldsymbol{x})$ の代わりに $\boldsymbol{p}$ と書くことにします．このベクトルには L^D 個の要素があります．要素の指定が大変なので，D 個の変数に対する添字 n_d に対応させて，ベクトル $\boldsymbol{p}$ の要素を $p_{n_1, n_2, \ldots, n_D}$ で指定しましょう．

ベクトルを完全な形で扱うと巨大になって困るので，近似が必要でした．では，素朴に「すべての変数を独立に扱ってしまう」のはどうでしょうか．つまり，次のように分解して，近似的に表現できると仮定します．

$$p_{n_1, n_2, \ldots, n_D} \simeq p_{n_1}^{(1)} p_{n_2}^{(2)} \cdots p_{n_D}^{(D)} \tag{28.13}$$

ここで $p_{n_d}^{(d)}$ は d 番目の変数に対するもので，$n_d = 1, 2, \ldots, L$ です．これで，もともとは L^D 個の要素数が必要だったところを，$L \times D$ 個まで減らせましたね．

しかし，さすがに「すべて独立」というのはやり過ぎな気もします．この近似だと，変数同士の相関をまったく表現できませんね．具体例で見てみ

第 28 話 変数が増えると,爆発.

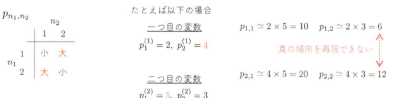

図 28.3 変数ごとに分離してしまうと,表現がしきれない場合もある

ましょう.図 28.3 の 2 変数の場合,$n_2 = 2$ と固定したときに,n_1 に応じて p_{n_1,n_2} の値の大小が変わるのが真の値だとします.しかし,図の右に示したように,うまくその傾向を表現できませんね.このように,ベクトル p_{n_1,n_2} が本来もっている傾向を表現しきれない場合も出てきてしまいます.

> **近似についてのちょっとした補足**
> 変数ごとの積の形は表現能力は弱いものの,添字に対する和を変数ごとに分解できるなど,計算量の面で大きな利点が出てきます.確率モデルや統計力学において**平均場近似**と呼ばれるものは,この考え方を利用しています.

分割した近似を足し合わせると,一挙両得です

先ほどの変数ごとに分離してしまう方法は,性能はあまり出ませんが計算しやすいというメリットがあります.それを活かすために,次のような拡張を考えてみましょう.

$$\begin{aligned}
p_{n_1,n_2,\ldots,n_D} &\simeq p^{(1)}_{1,n_1} p^{(2)}_{1,n_2} \cdots p^{(D)}_{1,n_D} + p^{(1)}_{2,n_1} p^{(2)}_{2,n_2} \cdots p^{(D)}_{2,n_D} + \cdots + p^{(1)}_{R,n_1} p^{(2)}_{R,n_2} \cdots p^{(D)}_{R,n_D} \\
&= \sum_{r=1}^{R} p^{(1)}_{r,n_1} p^{(2)}_{r,n_2} \cdots p^{(D)}_{r,n_D}
\end{aligned} \tag{28.14}$$

先ほどの表現を R 個足し合わせました.その都合で,$p^{(d)}_{r,n_d}$ のように下付き添字を一つ増やしました.$r = 1, 2, \ldots, R$ なので,$r \times L \times D$ 個の要素数で表現できます.それぞれは分離した形のままなので扱いやすそうですし,R 倍程度の増加でよい近似になるのなら,嬉しいですね.実際,2 変

数の場合には，この表現で厳密に元のベクトルを再現できます．

2変数では厳密

p_{n_1, n_2} を「n_1 を行成分，n_2 を列成分」とした「行列 P」として捉えてみましょう．添字を柔軟に読み替える姿勢は，大切です．すると，これは行列なので特異値分解できますね．

$$P = U\Sigma V^\top = \begin{bmatrix} \boldsymbol{u}_1 & \cdots & \boldsymbol{u}_R \end{bmatrix} \begin{bmatrix} \sigma_1 & 0 & \cdots & 0 \\ 0 & \sigma_2 & \cdots & 0 \\ \vdots & \vdots & \ddots & \vdots \\ 0 & 0 & \cdots & \sigma_R \end{bmatrix} \begin{bmatrix} \boldsymbol{v}_1^\top \\ \vdots \\ \boldsymbol{v}_R^\top \end{bmatrix} \tag{28.15}$$

行列 Σ でゼロの部分をあらかじめ削る形で書きました．ここで Σ と $V^\top$ の積をあらためて $\widetilde{V}^\top$ とおくと

$$P = U\widetilde{V}^\top = \begin{bmatrix} \boldsymbol{u}_1 & \cdots & \boldsymbol{u}_R \end{bmatrix} \begin{bmatrix} \widetilde{\boldsymbol{v}}_1^\top \\ \vdots \\ \widetilde{\boldsymbol{v}}_R^\top \end{bmatrix} = \sum_{r=1}^{R} \boldsymbol{u}_r \widetilde{\boldsymbol{v}}_r^\top \tag{28.16}$$

です．ここで，$\boldsymbol{u}_r \widetilde{\boldsymbol{v}}_r^\top$ は内積ではなく行列を与え，その (n_1, n_2) 要素は $u_{r,n_1} \widetilde{v}_{r,n_2}$ です．さらに $u_{r,n_1} = p_{r,n_1}^{(1)}$，$\widetilde{v}_{r,n_2} = p_{r,n_2}^{(2)}$ とおくと，

$$p_{n_1, n_2} = \sum_{r=1}^{R} p_{r,n_1}^{(1)} p_{r,n_2}^{(2)} \tag{28.17}$$

となり，式 (28.14) の形の表現が得られました．なお，今後の式変形の都合を考えて，式 (28.16) を以下のように書き直しておきます．

$$P = \begin{bmatrix} [u_{n_1}]_1 & \cdots & [u_{n_1}]_{R_1} \end{bmatrix} \begin{bmatrix} [\widetilde{v}_{n_2}]_1^\top \\ \vdots \\ [\widetilde{v}_{n_2}]_{R_1}^\top \end{bmatrix} = \sum_{r_1=1}^{R_1} [u_{n_1}]_{r_1} [\widetilde{v}_{n_2}]_{r_1}^\top \tag{28.18}$$

R を R_1 と置き直しました．また，太字のベクトル表記ではなく，$[u_{n_1}]_{r_1}$ のように，要素の添字を右下に書く表記に変えました．r_1 という添字も記載されていますが，r_1 を何かしらの値に固定してしまえば $[u_{n_1}]_{r_1}$ は要素の添字を n_1 とするベクトルです．もともとは式 (28.16) で $\boldsymbol{u}_r$ と書いていたことからもわかりますね．$[\widetilde{v}_{n_2}]_{r_1}$ についても同様です．$[u_{n_1}]_{r_1} [\widetilde{v}_{n_2}]_{r_1}^\top$ はスカラではなく行列なので，n_1 と n_2 を指定すると，行列 P の n_1 行目 n_2 列目の要素の計算に対応します．

262　第 28 話　変数が増えると，爆発．

和を増やせば，厳密な議論を続けられます

実は 3 変数以上でも厳密な議論を続けられます．3 変数，4 変数の場合のそれぞれについて，次の形で表現できます．

$$p_{n_1,n_2,n_3} = \sum_{r_1=1}^{R_1} \sum_{r_2=1}^{R_2} p_{n_1,r_1}^{(1)} p_{r_1,n_2,r_2}^{(2)} p_{r_2,n_3}^{(3)} \tag{28.19}$$

$$p_{n_1,n_2,n_3,n_4} = \sum_{r_1=1}^{R_1} \sum_{r_2=1}^{R_2} \sum_{r_3=1}^{R_3} p_{n_1,r_1}^{(1)} p_{r_1,n_2,r_2}^{(2)} p_{r_2,n_3,r_3}^{(3)} p_{r_4,n_4}^{(4)} \tag{28.20}$$

ただ，先ほどまでとは違って和の数が増えてしまいました．また，$p_{r_1,n_2,r_2}^{(2)}$ のように，添字が増えてしまっています．

結果を見ると，変数の数が増えていくと和の数も増えていくので，結局は全体の要素数もかなり増えてしまいます．ただ，式変形の途中で特異値分解を使っているので，ここに低ランク近似を入れられそうですね．また，最初と最後の変数については添字が二つですが，それらのあいだの変数については添字が三つです．少し統一感がないので，ここも変えたいところです．第 29 話では，定式化を整理したうえで，近似しつつ，データから実際に求める方法を見てみましょう．

3 変数の場合の計算

今度は n_1, n_2, n_3 が添字として出てきます．まず行列 P の「行」として n_1 を用い，「列」として (n_2, n_3) の「組」を用いることにします．L 行 L^2 列の「行列」なので，特異値分解しましょう．なお，2 変数のときと同様に，特異値の部分を右側の $V^{\top}$ に押し込めてしまっています．

$$P = \begin{bmatrix} \left[u_{n_1}^{(1)}\right]_1 & \cdots & \left[u_{n_1}^{(1)}\right]_{R_1} \end{bmatrix} \begin{bmatrix} \left[\widetilde{v}_{(n_2,n_3)}^{(2)}\right]_1^{\top} \\ \vdots \\ \left[\widetilde{v}_{(n_2,n_3)}^{(2)}\right]_{R_1}^{\top} \end{bmatrix} = \sum_{r_1=1}^{R_1} \left[u_{n_1}^{(1)}\right]_{r_1} \left[\widetilde{v}_{(n_2,n_3)}^{(2)}\right]_{r_1}^{\top}$$

$$\tag{28.21}$$

ここで $\left[\widetilde{v}_{(n_2,n_3)}^{(2)}\right]_{r_1}$ は，r_1 を固定した場合に添字を (n_2, n_3) の組とした「ベクトル」です．この添字の組 (n_2, n_3) の部分の解釈を変えて，行列として捉えることにしましょう．ただし，今回は r_1 という添字もあるので，「行」として (r_1, n_2) を，「列」として n_3 を採用します．また行列なので，特異値分解をしましょう．さらに

特異値を右側の $V^\top$ に押し込む，というのも同様です．

$$\left[\widetilde{v}^{(2)}_{(n_2,n_3)}\right]^\top_{r_1} \to \left[\widetilde{v}^{(2)}_{(r_1,n_2),n_3}\right] \quad (\text{※ これが行列なので，特異値分解する})$$

$$= \left[\left[u^{(2)}_{(r_1,n_2)}\right]_1 \quad \cdots \quad \left[u^{(2)}_{(r_1,n_2)}\right]_{R_2}\right] \begin{bmatrix} \left[\widetilde{v}^{(3)}_{n_3}\right]^\top_1 \\ \vdots \\ \left[\widetilde{v}^{(3)}_{n_3}\right]^\top_{R_2} \end{bmatrix}$$

$$= \sum_{r_2=1}^{R_2} \left[u^{(2)}_{(r_1,n_2)}\right]_{r_2} \left[\widetilde{v}^{(3)}_{n_3}\right]^\top_{r_2} \tag{28.22}$$

このことから，

$$\left[u^{(1)}_{n_1}\right]_{r_1} \to p^{(1)}_{n_1,r_1}, \quad \left[u^{(2)}_{(r_1,n_2)}\right]_{r_2} \to p^{(2)}_{r_1,n_2,r_2}, \quad \left[\widetilde{v}^{(3)}_{n_3}\right]_{r_2} \to p^{(3)}_{r_2,n_3}$$

と置き換えて，具体的な (n_1,n_2,n_3) を指定すれば式 (28.19) となります．4 変数の場合についても同様に計算できます．

テンソル積の補足

テンソル積は「一歩先」での難所の一つかもしれないので，簡単なイメージだけ伝えておきます．きちんとした定義については

『線形性・固有値・テンソル』原啓介 (講談社, 2019)

などを参照してください．なお，上記の本の最後には，線形代数から広がる世界についての記載もあります．

さて，これまでの議論から「添字が一つだとベクトル，二つだと行列，その親玉みたいなものがテンソル？」と感じるかもしれません．データサイエンスや機械学習の分野では，このように単に添字が増えたものを「テンソル」と呼ぶ場合があります．ほかの多くの工学系や物理系での「テンソル」は，基本的には数学におけるものと同じです．分野ごとの用語の違いがある，と理解しておきつつ，単に添字が増えただけではない，数学でのテンソルのイメージに触れてみましょう．

そのために，**双線形写像**を考えます．これは第 3 話で触れた双線形性と関係します．線形空間 V_1,V_2 の要素を引数にして，別の線形空間に写す写像 f を考えます．$\boldsymbol{v}^{(1)},\widetilde{\boldsymbol{v}}^{(1)} \in V_1$ および $\boldsymbol{v}^{(2)},\widetilde{\boldsymbol{v}}^{(2)} \in V_2$ として，$a,b \in \mathbb{R}$ としましょう．写像 f が以下を満たすとき，双線形写像と呼ばれます．

$$f\left(a\boldsymbol{v}^{(1)} + b\widetilde{\boldsymbol{v}}^{(1)}, \boldsymbol{v}^{(2)}\right) = af\left(\boldsymbol{v}^{(1)},\boldsymbol{v}^{(2)}\right) + bf\left(\widetilde{\boldsymbol{v}}^{(1)},\boldsymbol{v}^{(2)}\right) \tag{28.23}$$

$$f\left(\boldsymbol{v}^{(1)}, a\boldsymbol{v}^{(2)} + b\widetilde{\boldsymbol{v}}^{(2)}\right) = af\left(\boldsymbol{v}^{(1)},\boldsymbol{v}^{(2)}\right) + bf\left(\boldsymbol{v}^{(1)},\widetilde{\boldsymbol{v}}^{(2)}\right) \tag{28.24}$$

引数が二つあることに注意しましょう．線形性っぽさはありますが，その拡張とい

う感じです．今は二つだけですが，引数を増やした多重線形写像も同様に定義されます．

ただ，引数が二つあるのも扱いづらいので，テンソル積の出番です．実はうまく定義されていて，図 28.4 に描いたように，双線形写像 f に対応する「引数が一つ」の線形写像 $\tilde{f}$ を作れます．その引数はテンソル積で作られた空間 $V_1 \otimes V_2$ の要素で，しかも対応するものは一つしかありません．何が嬉しいかは，「一歩先」でいろいろな応用を見ていくとわかってくるはずです．

なお，テンソル積で作られた空間には，きちんと和やスカラ倍の演算が入っています．V_1 と V_2 の要素をならべただけの集合ではなく，演算も入れると豊かになるのは本書で触れてきた通りですね．最初はなかなかわかりづらいと思いますが，考え方として面白いところでもあるので，ぜひ「一歩先」で挑戦してみてください．

最後に補足: テンソル積の空間の元は単純ではないこともある

次のクロネッカー積の計算を見てみましょう．

$$\begin{bmatrix} 1 \\ 0 \end{bmatrix} \otimes \begin{bmatrix} 1 \\ 0 \end{bmatrix} + \begin{bmatrix} 0 \\ 1 \end{bmatrix} \otimes \begin{bmatrix} 0 \\ 1 \end{bmatrix} = \begin{bmatrix} 1 \\ 0 \\ 0 \\ 1 \end{bmatrix} \stackrel{(?)}{=} \boldsymbol{v}^{(1)} \otimes \boldsymbol{v}^{(2)} \qquad (28.25)$$

計算の結果作られた $[1,0,0,1]^\top$ は，図 28.4 でいうところの $V_1 \otimes V_2$ の要素ですが，これを右側のように一つの「$\boldsymbol{v}^{(1)} \otimes \boldsymbol{v}^{(2)}$」の形で表現することはできません．もちろん，素朴に表現できなくても，左側の和で作られる $V_1 \otimes V_2$ の要素です．ちょっとややこしいかもしれませんが，これは単なる集合ではなく演算を考えているからこそですね．

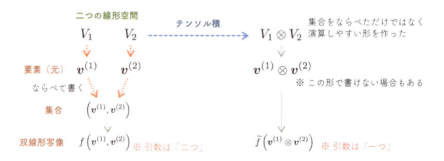

図 28.4　テンソル積で計算しやすい形へ……

第**29**話

圧縮しながらベクトルを作る.

―――――――――――― [テンソル・トレイン形式] ――――

■ 29.1　ベクトルを運ぶ行列の列？

さまざまな分野で広く使われるテンソルの形式があります

　第28話では，巨大なベクトルを扱うために，変数ごとの掛け算の形に分解して，たくさんの足し算をとる形式を見てきました．今回はそこに低ランク近似の考え方を導入します．ここで紹介するものは**テンソル・トレイン形式**と呼ばれるものです．**タッカー分解**などを含めて，本質は同じ方法に対して，いくつか異なる名称がついています．特異値分解を使った圧縮技術はとても役立つので，歴史的に同じような考え方が，さまざまな分野で作られてしまったためです．

　「半歩先」とは言いづらい話題ですが，低ランク近似を使った話は，応用において重要です．ここではテンソル・トレイン形式と，データに基づく作成方法について，軽くだけですが眺めてみます．これまで見てきた「ベクトルや行列を要素にもつ行列」のように形式的に眺める視点，そして添字を自由自在に読み替えて行列を作り，特異値分解する視点が活躍する様子がわかります．考え方のコツをつかんで，「一歩先」の学びで役立ててください．

テンソル・トレイン形式について

　今，D 個の変数 $n_1, \ldots, n_D$ があり，それぞれ 0 から $L-1$ までの L 個をとりうるとします．これらの変数の組み合わせを添字とするベクトル $\boldsymbol{p}$ を考えましょう．ベクトルのサイズは L^D です．巨大ですね．また前回と同様に，ベクトルの要素を $n_1, n_2, \ldots, n_D$ の組み合わせで指定することにします．

　テンソル・トレイン形式では，次の形でベクトル $\boldsymbol{p}$ の要素 $p_{n_1, n_2, \ldots, n_D}$ を近似します．

266　第 29 話　圧縮しながらベクトルを作る.

$$p_{n_1,n_2,\ldots,n_D} \simeq \sum_{r_1=1}^{R_1} \cdots \sum_{r_{D-1}=1}^{R_{D-1}} p_{1,n_1,r_1}^{(1)} p_{r_1,n_2,r_2}^{(2)} \cdots p_{r_{D-1},n_D,1}^{(D)} \quad (29.1)$$

R_d を「（変数 d に対する）TT ランク」と呼びます.「TT」とはテンソル・トレイン (Tensor Train) の頭文字です. なお, TT ランクは R_0 から始まり R_D で終わりますが, $R_0 = R_D = 1$ です.

　式 (29.1) は, 前回, 第 28 話の最後に見た形とかなり似ています. 違う点は, まず, 最初と最後も含めて, すべての $p_{r_{d-1},n_d,r_d}^{(d)}$ が右下に添字を三つもっている点です. 統一されましたね. さらに, 前回は特異値分解を使って厳密に計算していたのに対して, 今回は近似をするため, TT ランク $\{R_d\}$ を小さい値に設定します. 精度を少し犠牲にして, 和の項の数を減らすことで「圧縮」するわけです. まさに第 17 話で見た低ランク近似ですね. その意味合いもあって, 式 (29.1) では等号ではなく, 近似の記号 $\simeq$ を使いました.

　さて, 式 (29.1) では $n_1, n_2, \ldots, n_D$ を指定して, ベクトルの要素を書きました. 形式的にベクトル全体を次のように書くことにします.

$$\boldsymbol{p} = \underbrace{\boldsymbol{p}_{:,:,\ldots,:}}_{D \text{ 個}} \simeq \sum_{r_1=1}^{R_1} \cdots \sum_{r_{D-1}=1}^{R_{D-1}} \boldsymbol{p}_{1,:,r_1}^{(1)} \otimes \boldsymbol{p}_{r_1,:,r_2}^{(2)} \otimes \cdots \otimes \boldsymbol{p}_{r_{D-1},:,1}^{(D)}$$
$$(29.2)$$

$\boldsymbol{p}_{r_{d-1},:,r_d}^{(d)}$ は L 次元のベクトルです. 下付き添字の「:」のところに具体的な添字 n_d を入れれば, 要素に対応するスカラになります. クロネッカー積があるので, それぞれの「:」で指定されるベクトルのサイズの積 $L \times \cdots \times L = L^D$ がベクトル全体のサイズになります. $(n_1, n_2, \ldots, n_D)$ という「添字の組」を指定することで, 一つの要素を選ぶことからも, この表記が巨大なベクトルを表していることがわかりますね.

さらに視点を変えて眺めてみる

　式 (29.2) を図 29.1 のようにも表現できます. これは, 形式的に行列の要素をベクトルとみなした表記です. 特に図の下側のイメージだと, 行列の積っぽく計算するかたちになっているため, TT ランクが「前の列」と「次の行」で一致している理由がわかりやすくなるはずです. 実際には, 要素としてならんでいるベクトル同士のクロネッカー積が出てくるわけですね. 式 (29.1) および式 (29.2) と見比べつつ, 自分なりに把握してみてください.

29.1 ベクトルを運ぶ行列の列？

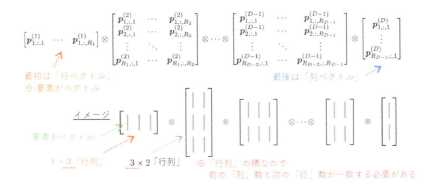

図 29.1 要素がベクトルの「行列」をならべて，「行列」の積をとる

辞書を使ったデータ行列のテンソル・トレイン形式も作れます

本来やりたかったことは，データ行列 Ψ_X が巨大になってしまう問題への対処でした．ここまでの「ベクトルに対するテンソル・トレイン形式」を使うために，行列の要素をならびかえてベクトルとして扱ってしまいましょう．データに辞書関数を適用することが本質です．それを行列の形で書くか，ベクトルの形で書くかは本質ではありませんからね．

問題設定をおさらいしましょう．N 個のデータ $\{\bm{x}_n\}$ があり，辞書関数 $\{\psi_m(\bm{x})\}$ は合計で M 個です．データのそれぞれを，辞書関数のそれぞれに代入するので，得られるデータ行列 Ψ_X のサイズは $M \times N$ です．そして，実際の行列の形は以下のものでした．

$$\begin{aligned}\Psi_X &= \begin{bmatrix} \bm{\psi}(\bm{x}_1) & \bm{\psi}(\bm{x}_2) & \ldots & \bm{\psi}(\bm{x}_N) \end{bmatrix} \\ &= \begin{bmatrix} \psi_1(\bm{x}_1) & \psi_1(\bm{x}_2) & \ldots & \psi_1(\bm{x}_N) \\ \psi_2(\bm{x}_1) & \psi_2(\bm{x}_2) & \ldots & \psi_2(\bm{x}_N) \\ \vdots & \vdots & \ddots & \vdots \\ \psi_M(\bm{x}_1) & \psi_M(\bm{x}_2) & \ldots & \psi_M(\bm{x}_N) \end{bmatrix}\end{aligned} \quad (29.3)$$

ただ，データを辞書関数に適用した結果を，次のようなベクトルの形で保存してもかまいませんよね？

268 第 29 話 圧縮しながらベクトルを作る.

$$\boldsymbol{\psi}_X = \begin{bmatrix} \boldsymbol{\psi}(\boldsymbol{x}_1) \\ \boldsymbol{\psi}(\boldsymbol{x}_2) \\ \vdots \\ \boldsymbol{\psi}(\boldsymbol{x}_N) \end{bmatrix} = \begin{bmatrix} \psi_1(\boldsymbol{x}_1) \\ \vdots \\ \psi_M(\boldsymbol{x}_1) \\ \psi_1(\boldsymbol{x}_2) \\ \vdots \\ \psi_M(\boldsymbol{x}_N) \end{bmatrix} \tag{29.4}$$

行列の要素をならびかえたわけです. これでベクトルの形になりました.

なお,第 28 話で見てきたように,M 個の辞書関数から要素を指定する添字としては $(n_1, \ldots, n_D)$ の組み合わせを使います. ここではさらに,「n 番目のデータ」を表す添字が追加されます. つまり,式 (29.4) のベクトルの要素を指定する添字として $[\psi_X]_{n_1,\ldots,n_D,n}$ を用います. この最後の添字を「列」成分を表すものと考えて,$(n_1, \ldots, n_D)$ の組み合わせに対応する部分を m と書くと,$[\psi_X]_{mn}$ のように行列 Ψ_X と同じ形となります. 添字を柔軟に読み替える技術は,今回も活躍しますね.

テンソル・トレイン形式で見やすくデータを書いてみます

変数一つに対する辞書関数ベクトルは $\boldsymbol{\psi}^{(d)}(\boldsymbol{x})$ で,次元は L でした. このベクトルのクロネッカー積を使って,テンソル・トレイン形式を書きます. 議論を見やすくするために,次の「ベクトル $\boldsymbol{\psi}^{(d)}(\boldsymbol{x}_n)$ を運ぶ行列たち」の表記を使うことにします.

$$\boldsymbol{\psi}_X = \begin{bmatrix} \boldsymbol{\psi}^{(1)}(\boldsymbol{x}_1) & \ldots & \boldsymbol{\psi}^{(1)}(\boldsymbol{x}_N) \end{bmatrix} \otimes \begin{bmatrix} \boldsymbol{\psi}^{(2)}(\boldsymbol{x}_1) & & \boldsymbol{0} \\ & \ddots & \\ \boldsymbol{0} & & \boldsymbol{\psi}^{(2)}(\boldsymbol{x}_N) \end{bmatrix} \otimes \cdots$$

$$\cdots \otimes \begin{bmatrix} \boldsymbol{\psi}^{(D)}(\boldsymbol{x}_1) & & \boldsymbol{0} \\ & \ddots & \\ \boldsymbol{0} & & \boldsymbol{\psi}^{(D)}(\boldsymbol{x}_N) \end{bmatrix} \otimes \begin{bmatrix} \boldsymbol{e}_1 \\ \vdots \\ \boldsymbol{e}_N \end{bmatrix} \tag{29.5}$$

$\boldsymbol{e}_n$ は n 番目の要素が 1,それ以外は 0 となる,標準基底のベクトルです.

この表記のポイントは,先に形式的な行列積の計算を済ませてから,クロネッカー積をとることです. 簡単な例で言えば,

$$
\begin{bmatrix} \boldsymbol{\psi}^{(1)}(\boldsymbol{x}_1) & \boldsymbol{\psi}^{(1)}(\boldsymbol{x}_2) \end{bmatrix} \otimes \begin{bmatrix} \boldsymbol{\psi}^{(2)}(\boldsymbol{x}_1) & 0 \\ 0 & \boldsymbol{\psi}^{(2)}(\boldsymbol{x}_2) \end{bmatrix} \otimes \begin{bmatrix} \boldsymbol{e}_1 \\ \boldsymbol{e}_2 \end{bmatrix}
$$

$$
= \boldsymbol{\psi}^{(1)}(\boldsymbol{x}_1) \otimes \boldsymbol{\psi}^{(2)}(\boldsymbol{x}_1) \otimes \boldsymbol{e}_1 + \boldsymbol{\psi}^{(1)}(\boldsymbol{x}_2) \otimes \boldsymbol{\psi}^{(2)}(\boldsymbol{x}_2) \otimes \boldsymbol{e}_2 \quad (29.6)
$$

です. $\boldsymbol{\psi}^{(1)}(\boldsymbol{x}_n)$ と $\boldsymbol{\psi}^{(2)}(\boldsymbol{x}_n)$ がそれぞれ $L \times 1$ の列ベクトル, $\boldsymbol{e}_n$ が $N \times 1$ の列ベクトルなので, クロネッカー積により $(L^2 N) \times 1$ の列ベクトルが二つ, 右辺に出てきます. それらの和で, 左辺が計算されます. 同様にして, 式 (29.5) で形式的な行列の積を計算すると,

$$
\boldsymbol{\psi}^{(1)}(\boldsymbol{x}_n) \otimes \boldsymbol{\psi}^{(2)}(\boldsymbol{x}_n) \otimes \cdots \otimes \boldsymbol{\psi}^{(D)}(\boldsymbol{x}_n) \otimes \boldsymbol{e}_n
$$

の項がならびます. これは, 多くの部分に 0 が入りつつ, n 番目のデータに関する M 個の辞書関数だけ値をもつ, $(MN) \times 1$ の列ベクトルです. これらの和で, それぞれのデータに関する値が埋まり, 式 (29.4) を再現できます.

さて, 式 (29.5) には近似が入っていないので, 本当に巨大なベクトルです. 前回見たように, ベクトル $\boldsymbol{\psi}_X$ から出発して, 特異値分解を使って分解と圧縮をしていくことは可能です. しかし, そもそも $\boldsymbol{\psi}_X$ が巨大過ぎて表現しきれないため, 近似的な形を作りたかったのでした. 「いかにして, 最初から巨大なベクトルを避けて計算を進めるか」が問題です.

29.2 データから直接圧縮を求める

特異値分解を用いて, 徐々にテンソル・トレイン形式を作ります

計算が込み入っているので, まずは計算の流れを説明します. 式 (29.5) の一番左側の形式的な「行ベクトル」$[\boldsymbol{\psi}^{(1)}(\boldsymbol{x}_1) \cdots \boldsymbol{\psi}^{(1)}(\boldsymbol{x}_N)]$ に注目します. 関数の引数はベクトルのままですが, 実質的には, ここは一つ目の変数 x_1 にのみ関係します. 今は単項式を考えているので x_1^k の形です. すると, N 個のデータに対してこの部分を数値的に計算することはできます. これを特異値分解して圧縮し, 次に二つ目……としていくのが自然ですね. ただ, テンソル・トレイン形式は列の隣同士は関係しあっているので, 右隣に情報を渡しながら計算をする必要があります.

270　第 29 話　圧縮しながらベクトルを作る.

では実際の計算の流れを見ていきましょう.

一つ目の変数の部分を圧縮する

　一つ目の変数のみに依存する $\boldsymbol{\psi}^{(1)}(\boldsymbol{x})$ を使って, N 個のデータに対して具体的な数値がならんだ行列を作ります. $\boldsymbol{\psi}^{(1)}(\boldsymbol{x})$ は L 次元のベクトルなので, $L \times N$ の行列です. それを特異値分解しましょう. 記号が込み入っているので, 本来は行列であることを意識するために, 行列のサイズも添えておきます.

$$
\underbrace{\left[\boldsymbol{\psi}^{(1)}(\boldsymbol{x}_1) \quad \ldots \quad \boldsymbol{\psi}^{(1)}(\boldsymbol{x}_N)\right]}_{L \times N} \simeq \underbrace{U_{X,R_1}^{(1)}}_{L \times R_1} \underbrace{\Sigma_{X,R_1}^{(1)}}_{R_1 \times R_1} \underbrace{\left(V_{X,R_1}^{(1)}\right)^\top}_{R_1 \times N}
$$

$$
= \underbrace{U_{X,R_1}^{(1)}}_{L \times R_1} \underbrace{\left(\widetilde{V}_{X,R_1}^{(1)}\right)^\top}_{R_1 \times N} \tag{29.7}
$$

R_1 個の特異値で低ランク近似しました. 値が 0 の部分を削った表記を使い, Σ_{X,R_1} を対角行列とします. また, 特異値の部分を右側に押し込めて

$$
\Sigma_{X,R_1}^{(1)} \left(V_{X,R_1}^{(1)}\right)^\top = \left(\widetilde{V}_{X,R_1}^{(1)}\right)^\top \tag{29.8}
$$

と書き直しています. ここで $U_{X,R_1}^{(1)}$ の r_1 番目の列ベクトルを $\boldsymbol{p}_{1,:,r_1}^{(1)}$ とすると

$$
\left[\boldsymbol{\psi}^{(1)}(\boldsymbol{x}_1) \quad \ldots \quad \boldsymbol{\psi}^{(1)}(\boldsymbol{x}_N)\right] \simeq \left[\boldsymbol{p}_{1,:,1}^{(1)} \quad \cdots \quad \boldsymbol{p}_{1,:,R_1}^{(1)}\right] \left(\widetilde{V}_{X,R_1}^{(1)}\right)^\top \tag{29.9}
$$

と書けます. よって, 式 (29.5) を次のように近似できます.

$$
\boldsymbol{\psi}_X \simeq \left[\boldsymbol{p}_{1,:,1}^{(1)} \quad \cdots \quad \boldsymbol{p}_{1,:,R_1}^{(1)}\right] \left(\widetilde{V}_{X,R_1}^{(1)}\right)^\top \otimes \begin{bmatrix} \boldsymbol{\psi}^{(2)}(\boldsymbol{x}_1) & & \mathbf{0} \\ & \ddots & \\ \mathbf{0} & & \boldsymbol{\psi}^{(2)}(\boldsymbol{x}_N) \end{bmatrix} \otimes \cdots
$$

$$
\cdots \otimes \begin{bmatrix} \boldsymbol{\psi}^{(D)}(\boldsymbol{x}_1) & & \mathbf{0} \\ & \ddots & \\ \mathbf{0} & & \boldsymbol{\psi}^{(D)}(\boldsymbol{x}_N) \end{bmatrix} \otimes \begin{bmatrix} \boldsymbol{e}_1 \\ \vdots \\ \boldsymbol{e}_N \end{bmatrix} \tag{29.10}
$$

一つ目の残りを組み込んで, 二つ目の部分を圧縮する

　ここで, 次の列ベクトルを導入しましょう.

$$
\left(\widetilde{V}_{X,R_1}^{(1)}\right)^\top = \left[\widetilde{\boldsymbol{v}}_1^{(1)} \quad \widetilde{\boldsymbol{v}}_2^{(1)} \quad \ldots \quad \widetilde{\boldsymbol{v}}_N^{(1)}\right] \tag{29.11}
$$

すると, 次のように計算できます.

$$\left(\widetilde{V}_{X,R_1}^{(1)}\right)^{\top} \otimes \begin{bmatrix} \boldsymbol{\psi}^{(2)}(\boldsymbol{x}_1) & & \mathbf{0} \\ & \ddots & \\ \mathbf{0} & & \boldsymbol{\psi}^{(2)}(\boldsymbol{x}_N) \end{bmatrix}$$

$$= \begin{bmatrix} \widetilde{\boldsymbol{v}}_1^{(1)} & \widetilde{\boldsymbol{v}}_2^{(1)} & \dots & \widetilde{\boldsymbol{v}}_N^{(1)} \end{bmatrix} \otimes \begin{bmatrix} \boldsymbol{\psi}^{(2)}(\boldsymbol{x}_1) & & \mathbf{0} \\ & \ddots & \\ \mathbf{0} & & \boldsymbol{\psi}^{(2)}(\boldsymbol{x}_N) \end{bmatrix}$$

$$= \begin{bmatrix} \widetilde{\boldsymbol{v}}_1^{(1)} \otimes \boldsymbol{\psi}^{(2)}(\boldsymbol{x}_1) & \dots & \widetilde{\boldsymbol{v}}_N^{(1)} \otimes \boldsymbol{\psi}^{(2)}(\boldsymbol{x}_N) \end{bmatrix} \tag{29.12}$$

形式的には通常の行列積で，結果として「行ベクトル」の形をしていますが，要素はベクトルですね．その要素同士の積としてクロネッカー積を使っているので，全体としては $(R_1 L) \times N$ の行列です．この行列を特異値分解すると

$$\underbrace{\begin{bmatrix} \widetilde{\boldsymbol{v}}_1^{(1)} \otimes \boldsymbol{\psi}^{(2)}(\boldsymbol{x}_1) & \dots & \widetilde{\boldsymbol{v}}_N^{(1)} \otimes \boldsymbol{\psi}^{(2)}(\boldsymbol{x}_N) \end{bmatrix}}_{(R_1 L) \times N} \simeq \underbrace{U_{X,R_2}^{(2)}}_{(R_1 L) \times R_2} \underbrace{\Sigma_{X,R_2}^{(2)}}_{R_2 \times R_2} \underbrace{\left(V_{X,R_2}^{(2)}\right)^{\top}}_{R_2 \times N}$$

$$= \underbrace{U_{X,R_2}^{(2)}}_{(R_1 L) \times R_2} \underbrace{\left(\widetilde{V}_{X,R_2}^{(2)}\right)^{\top}}_{R_2 \times N} \tag{29.13}$$

を得ます．今度は R_2 個の特異値で低ランク近似しました．特異値の行列を右側に押し込めるのは先ほどと同様です．

さて，式 (29.10) を見ると，行列 $\left(\widetilde{V}_{X,R_1}^{(1)}\right)^{\top}$ の左側に

$$\begin{bmatrix} \boldsymbol{p}_{1,:,1}^{(1)} & \cdots & \boldsymbol{p}_{1,:,R_1}^{(1)} \end{bmatrix} \tag{29.14}$$

という，形式的には $1 \times R_1$ のサイズの「行列」，つまり「行ベクトル」があります．その要素は，最初の状態変数 x_1 に関する L 次元の列ベクトルです．最終的に各変数の辞書関数ベクトルのクロネッカー積をとること，つまりテンソル・トレイン形式を作りたいことから，$U_{X,R_2}^{(2)}$ の部分もその形に書き直して表しましょう．

$$U_{X,R_2}^{(2)} = \begin{bmatrix} \boldsymbol{p}_{1,:,1}^{(2)} & \cdots & \boldsymbol{p}_{1,:,R_2}^{(2)} \\ \boldsymbol{p}_{2,:,1}^{(2)} & \cdots & \boldsymbol{p}_{2,:,R_2}^{(2)} \\ \vdots & \ddots & \vdots \\ \boldsymbol{p}_{R_1,:,1}^{(2)} & \cdots & \boldsymbol{p}_{R_1,:,R_2}^{(2)} \end{bmatrix} \tag{29.15}$$

これは形式的には $R_1 \times R_2$ の「行列」ですが，各要素はサイズが L の列ベクトルなので，実際はきちんと $(R_1 L) \times R_2$ の行列です．また，$R_1 \times R_2$ の「行列」の形であれば，その左側の形式的な $1 \times R_1$ の「行ベクトル」，つまり式 (29.14) との

行列積を定義できますね.

　これでテンソル・トレイン形式の二つ目の変数まで進みました.ここまでをまとめると,次の表記が出てきます.

$$
\psi_X \simeq \begin{bmatrix} \boldsymbol{p}_{1,:,1}^{(1)} & \cdots & \boldsymbol{p}_{1,:,R_1}^{(1)} \end{bmatrix} \otimes \begin{bmatrix} \boldsymbol{p}_{1,:,1}^{(2)} & \cdots & \boldsymbol{p}_{1,:,R_2}^{(2)} \\ \boldsymbol{p}_{2,:,1}^{(2)} & \cdots & \boldsymbol{p}_{2,:,R_2}^{(2)} \\ \vdots & \ddots & \vdots \\ \boldsymbol{p}_{R_1,:,1}^{(2)} & \cdots & \boldsymbol{p}_{R_1,:,R_2}^{(2)} \end{bmatrix} \left(\widetilde{V}_{X,R_2}^{(2)} \right)^\top \otimes \cdots
$$

$$
\cdots \otimes \begin{bmatrix} \boldsymbol{\psi}^{(D)}(\boldsymbol{x}_1) & & \boldsymbol{0} \\ & \ddots & \\ \boldsymbol{0} & & \boldsymbol{\psi}^{(D)}(\boldsymbol{x}_N) \end{bmatrix} \otimes \begin{bmatrix} \boldsymbol{e}_1 \\ \vdots \\ \boldsymbol{e}_N \end{bmatrix} \tag{29.16}
$$

この操作を同様に繰り返していくと,最終的に次のようになります.

$$
\psi_X \simeq \begin{bmatrix} \boldsymbol{p}_{1,:,1}^{(1)} & \cdots & \boldsymbol{p}_{1,:,R_1}^{(1)} \end{bmatrix} \otimes \begin{bmatrix} \boldsymbol{p}_{1,:,1}^{(2)} & \cdots & \boldsymbol{p}_{1,:,R_2}^{(2)} \\ \boldsymbol{p}_{2,:,1}^{(2)} & \cdots & \boldsymbol{p}_{2,:,R_2}^{(2)} \\ \vdots & \ddots & \vdots \\ \boldsymbol{p}_{R_1,:,1}^{(2)} & \cdots & \boldsymbol{p}_{R_1,:,R_2}^{(2)} \end{bmatrix} \otimes \cdots
$$

$$
\cdots \otimes \begin{bmatrix} \boldsymbol{p}_{1,:,1}^{(D)} & \cdots & \boldsymbol{p}_{1,:,R_D}^{(D)} \\ \boldsymbol{p}_{2,:,1}^{(D)} & \cdots & \boldsymbol{p}_{2,:,R_D}^{(D)} \\ \vdots & \ddots & \vdots \\ \boldsymbol{p}_{R_{D-1},:,1}^{(D)} & \cdots & \boldsymbol{p}_{R_{D-1},:,R_D}^{(D)} \end{bmatrix} \Sigma_{X,R_D}^{(D)} \left(V_{X,R_D}^{(D)} \right)^\top \otimes \begin{bmatrix} \boldsymbol{e}_1 \\ \vdots \\ \boldsymbol{e}_N \end{bmatrix} \tag{29.17}
$$

ただし,あとの説明の都合で,最後の部分について対角行列 $\Sigma_{X,R_D}^{(D)}$ を残す形で記載しています.

データを指定する添字の部分を書き換える

　式 (29.17) の最後の部分は,データの番号 n を指定するところです.ここもほかに合わせて「:」を使って書きたいところですね.まずは

$$
\underbrace{\Sigma_{X,R_D}^{(D)}}_{R_D \times R_D} \underbrace{\left(V_{X,R_D}^{(D)} \right)^\top}_{R_D \times N} = \underbrace{\left(\widetilde{V}_{X,R_D}^{(D)} \right)^\top}_{R_D \times N} = \begin{bmatrix} \widetilde{\boldsymbol{v}}_1^{(D+1)} & \cdots & \widetilde{\boldsymbol{v}}_N^{(D+1)} \end{bmatrix} \tag{29.18}
$$

としましょう.そして,形式的に以下の計算をします.

$$
\begin{bmatrix} \widetilde{\boldsymbol{v}}_1^{(D+1)} & \cdots & \widetilde{\boldsymbol{v}}_N^{(D+1)} \end{bmatrix} \otimes \begin{bmatrix} \boldsymbol{e}_1 \\ \vdots \\ \boldsymbol{e}_N \end{bmatrix} = \widetilde{\boldsymbol{v}}_1^{(D+1)} \otimes \boldsymbol{e}_1 + \cdots + \widetilde{\boldsymbol{v}}_N^{(D+1)} \otimes \boldsymbol{e}_N
$$

$$
\tag{29.19}
$$

$\tilde{\boldsymbol{v}}_n^{(D+1)}$ は $R_D \times 1$ の列ベクトルなので，最後の表記は $(R_D N) \times 1$ の列ベクトルを与えます．ここで，$[\tilde{\boldsymbol{v}}_n^{(D+1)}]_r$ をベクトル $\tilde{\boldsymbol{v}}_n^{(D+1)}$ の r 番目の要素とすると，クロネッカー積の性質から，

$$
\tilde{\boldsymbol{v}}_1^{(D+1)} \otimes \boldsymbol{e}_1 + \cdots + \tilde{\boldsymbol{v}}_N^{(D+1)} \otimes \boldsymbol{e}_N = \begin{bmatrix} \begin{bmatrix} \tilde{\boldsymbol{v}}_1^{(D+1)} \end{bmatrix}_1 \\ \begin{bmatrix} \tilde{\boldsymbol{v}}_2^{(D+1)} \end{bmatrix}_1 \\ \vdots \\ \begin{bmatrix} \tilde{\boldsymbol{v}}_N^{(D+1)} \end{bmatrix}_1 \\ \begin{bmatrix} \tilde{\boldsymbol{v}}_1^{(D+1)} \end{bmatrix}_2 \\ \vdots \\ \begin{bmatrix} \tilde{\boldsymbol{v}}_N^{(D+1)} \end{bmatrix}_{R_D} \end{bmatrix} = \begin{bmatrix} \boldsymbol{p}_{1,:,1}^{(D+1)} \\ \boldsymbol{p}_{2,:,1}^{(D+1)} \\ \vdots \\ \boldsymbol{p}_{R_D,:,1}^{(D+1)} \end{bmatrix} \tag{29.20}
$$

の形が得られます．ここで，$\boldsymbol{p}_{r_D,:,1}^{(D+1)}$ はサイズが N の列ベクトルで，要素を上からまとめていきました．ここは「データの番号」を指定するので，ここだけ，「:」には $n_{D+1} \in \{1, \ldots, N\}$ を指定する添字が入ります．

以上で，求めたかったテンソル・トレイン形式の完成です．この手順で，最初に巨大なベクトルを作ることなく，徐々にテンソル・トレイン形式を作れますね．

ベクトルの要素の具体的な計算方法について

今回の話の最初にも書きましたが，形式的な行列の形でも書いておきましょう．テンソル・トレイン形式 $\boldsymbol{\psi}_X$ から具体的な要素 $n_1, \ldots, n_{D+1}$ を求めるためには，以下の計算をします．

$$
[\boldsymbol{\psi}_X]_{n_1,\ldots,n_{D+1}} \simeq \begin{bmatrix} p_{1,n_1,1}^{(1)} & \cdots & p_{1,n_1,R_1}^{(1)} \end{bmatrix} \begin{bmatrix} p_{1,n_2,1}^{(2)} & \cdots & p_{1,n_2,R_2}^{(2)} \\ p_{2,n_2,1}^{(2)} & \cdots & p_{2,n_2,R_2}^{(2)} \\ \vdots & \ddots & \vdots \\ p_{R_1,n_2,1}^{(2)} & \cdots & p_{R_1,n_2,R_2}^{(2)} \end{bmatrix} \cdots
$$

$$
\cdots \begin{bmatrix} p_{1,n_D,1}^{(D)} & \cdots & p_{1,n_D,R_D}^{(D)} \\ p_{2,n_D,1}^{(D)} & \cdots & p_{2,n_D,R_D}^{(D)} \\ \vdots & \ddots & \vdots \\ p_{R_{D-1},n_D,1}^{(D)} & \cdots & p_{R_{D-1},n_D,R_D}^{(D)} \end{bmatrix} \begin{bmatrix} p_{1,n_{D+1},1}^{(D+1)} \\ p_{2,n_{D+1},1}^{(D+1)} \\ \vdots \\ p_{R_D,n_{D+1},1}^{(D+1)} \end{bmatrix}
$$

$$\tag{29.21}$$

$\boldsymbol{p}_{r_{d-1},:,r_d}^{(d)}$ の「:」に具体的な要素を指定するだけですね．なお，クロネッカー積ではなく，通常の行列積を使って計算できます．

簡単に，最後まで眺めておきましょう

　ここまでで巨大な行列やベクトルを圧縮する，という目的は達成できました．「半歩先」として，特異値分解の技術を使いながら，形式的に行列の計算を進めたりするだけでかなりのことをできる，ということが実感できたのではないでしょうか．ひとまずはそれで十分なのですが，気になる人もいると思うので，残っている部分を簡単にだけ眺めておきます．クープマン行列の計算です．もちろん，クープマン行列が巨大なので，すべての要素を計算することは無理です．でも，行列の要素を指定して，その値を計算することは可能です．

　242 ページの式 (26.13) を再掲すると

$$\hat{K} = \Psi_Y \Psi_X^+ \tag{29.22}$$

です．辞書関数の数を M，データ数を N とすると，Ψ_Y は $M \times N$ 行列，Ψ_X^+ は $N \times M$ 行列です．これらの行列の積をとると $M \times M$ 行列が出てくるので，データの番号が消えていますね．ここでの行列積は「データ番号の添字が同じものを掛け算して，和をとる」操作をします．そのため，ベクトルに対するテンソル・トレイン形式で ψ_Y と ψ_X^+ を作り，同じデータ番号のところを掛け算して和をとれば，本質的に同じ結果を与えます．ψ_Y で指定した要素がクープマン行列の行番号に，ψ_X^+ で指定した要素が列番号に対応します．

　さて，ψ_Y のテンソル・トレイン形式は，辞書関数に入れるデータを $\{y_n\}$ に変えて，これまでの手順を繰り返せば大丈夫です．疑似逆行列 ψ_X^+ のところも，このあと見るように簡単に得られます．二つのテンソル・トレイン形式の掛け算の計算も必要ですね．ここもクロネッカー積，つまりテンソル積の性質を使うと計算できます．それらの計算の概略と，テンソル・トレイン形式を絵で描く話を簡単にだけ添えて，本編を終わりにしましょう．

テンソル・トレイン形式の転置

　テンソル・トレイン形式の転置は，形式的な要素を転置するだけです．これはベクトル表記の ψ_X を考えると理解できます．クロネッカー積をとる前のものが列ベクトルなので，ψ_X 全体が列ベクトルです．これを転置すると行ベクトルが出てきますが，そのためにはテンソル・トレイン形式の各要素の転置を考えれば大丈夫で

29.2 データから直接圧縮を求める **275**

すね．すると行ベクトルが出てきて，その行ベクトルのクロネッカー積から，全体も行ベクトルになります．このことから，以下を得ます．

$$
\boldsymbol{\psi}_X^\top \simeq \left[\left(\boldsymbol{p}_{1,:,1}^{(1)} \right)^\top \cdots \left(\boldsymbol{p}_{1,:,R_1}^{(1)} \right)^\top \right] \otimes \begin{bmatrix} \left(\boldsymbol{p}_{1,:,1}^{(2)} \right)^\top & \cdots & \left(\boldsymbol{p}_{1,:,R_2}^{(2)} \right)^\top \\ \vdots & \ddots & \vdots \\ \left(\boldsymbol{p}_{R_1,:,1}^{(2)} \right)^\top & \cdots & \left(\boldsymbol{p}_{R_1,:,R_2}^{(2)} \right)^\top \end{bmatrix} \otimes \cdots
$$

$$
\cdots \otimes \begin{bmatrix} \left(\boldsymbol{p}_{1,:,1}^{(D)} \right)^\top & \cdots & \left(\boldsymbol{p}_{1,:,R_D}^{(D)} \right)^\top \\ \vdots & \ddots & \vdots \\ \left(\boldsymbol{p}_{R_{D-1},:,1}^{(D)} \right)^\top & \cdots & \left(\boldsymbol{p}_{R_{D-1},:,R_D}^{(D)} \right)^\top \end{bmatrix} \otimes \begin{bmatrix} \left(\boldsymbol{p}_{1,:,1}^{(D+1)} \right)^\top \\ \vdots \\ \left(\boldsymbol{p}_{R_D,:,1}^{(D+1)} \right)^\top \end{bmatrix}
$$

$$
= \sum_{r_1=1}^{R_1} \cdots \sum_{r_D=1}^{R_D} \left(\boldsymbol{p}_{1,:,r_1}^{(1)} \right)^\top \otimes \cdots \otimes \left(\boldsymbol{p}_{r_D,:,1}^{(D+1)} \right)^\top \tag{29.23}
$$

テンソル・トレイン形式の積

二つの「ベクトルに対するテンソル・トレイン形式」の積の計算を見ておきましょう．以下では記号が煩雑になるので，$\boldsymbol{\psi}_X^\top$ を $\boldsymbol{p}^\top$ で，$\boldsymbol{\psi}$ を $\boldsymbol{q}$ で書くことにします．また，近似というよりは，テンソル・トレイン形式で与えられたベクトルと考えて，等号で書いてしまいます．

$\boldsymbol{p}$ のテンソル・トレイン形式は式 (29.23) の最後の式です．同様に，

$$
\boldsymbol{q} = \sum_{r'_1=1}^{R'_1} \cdots \sum_{r'_D=1}^{R'_D} \boldsymbol{q}_{1,:,r'_1}^{(1)} \otimes \cdots \otimes \boldsymbol{q}_{r'_D,:,1}^{(D+1)} \tag{29.24}
$$

としましょう．ここで，256 ページの式 (28.9) のあたりで触れたクロネッカー積の掛け算の性質を使います．掛け算の結果として出てくるテンソル・トレイン形式を $\boldsymbol{s}$ とします．すると積 $\boldsymbol{q} \cdot \boldsymbol{p}^\top = \boldsymbol{s}$ は以下で与えられます．

$$
\boldsymbol{s} = \sum_{r'_1=1}^{R'_1} \cdots \sum_{r'_D=1}^{R'_D} \sum_{r_1=1}^{R_1} \cdots \sum_{r_D=1}^{R_D} \left[\boldsymbol{q}_{1,:,r'_1}^{(1)} \left(\boldsymbol{p}_{1,:,r_1}^{(1)} \right)^\top \right] \otimes \cdots
$$

$$
\cdots \otimes \left[\boldsymbol{q}_{r'_D,:,1}^{(D+1)} \left(\boldsymbol{p}_{r_D,:,1}^{(D+1)} \right)^\top \right] \tag{29.25}
$$

$[\cdot]$ のなかは行列積が定義されていないと駄目ですが，今回は大丈夫ですね．行ベクトルと列ベクトルの積で，結果は行列になります．この計算はクープマン行列そのものを求めるものではありませんが，形は同じです．$\boldsymbol{\psi}_X$ の代わりに疑似逆行列から求めたものを使えば，クープマン行列を求められます．

ただ，式 (29.25) では，これまでのテンソル・トレイン形式よりも和の記号が増えてしまいました．ここで，(r'_d, r_d) の組をあらためて $\tilde{r}_d$ と置き直します．r'_d が 1 から R'_d まで，r_d が 1 から R_d までの値をとるので，$\tilde{r}_d$ は 1 から $\tilde{R}_d = R'_d \times R_d$ までの値をとります．さて，

$$\left[\boldsymbol{q}^{(d)}_{r'_{d-1},:,r'_d} \left(\boldsymbol{p}^{(d)}_{r_{d-1},:,r_d} \right)^{\top} \right] = \boldsymbol{s}^{(d)}_{\tilde{r}_{d-1},:,:,\tilde{r}_d} \tag{29.26}$$

とおきましょう．左辺が行ベクトルと列ベクトルの積で行列になるので，右辺は行列の要素を指定するために「:」が二つになっています．これを使うと

$$\boldsymbol{s} = \sum_{\tilde{r}_1=1}^{\tilde{R}_1} \cdots \sum_{\tilde{r}_D=1}^{\tilde{R}_D} \boldsymbol{s}^{(1)}_{1,:,:,\tilde{r}_1} \otimes \cdots \otimes \boldsymbol{s}^{(D+1)}_{\tilde{r}_D,:,:,1} \tag{29.27}$$

と書き直せます．ベクトルのクロネッカー積ではなく，行列のクロネッカー積をとる形になりましたが，これでテンソル・トレイン形式を作れました．

なお，このテンソル・トレイン形式の積を「気楽に考えてはいけない」ことがわかりますね．式 (29.27) は見た目はこれまでのものと変わりませんが，上に書いたように，和の数がかなり増えています．これまでは R'_d 個などでよかった部分が，$R'_d \times R_d$ 個の和になるわけです．足し算ではなく掛け算なので，計算量がかなり増えます．このくらいの計算ならば……と思うかもしれませんが，記憶しておくべき形式的な要素の数も増えているのが問題です．まず，もともと形式的な行列の要素はサイズが L の列ベクトルでした．ここが $L \times L$ の行列になっています．さらに，和の増加に対応して，記憶しておくべき $\boldsymbol{s}^{(d)}_{\tilde{r}_{d-1},:,:,\tilde{r}_d}$ の数も，添字の $\tilde{r}_d$ などに対応してかなり増えます．これらから，記憶に必要なメモリサイズが跳ね上がります．積を使うときには，メモリ使用量を少し意識しておくようにしましょう．

疑似逆行列の計算

ここまでは $\psi_X^{\top} = \boldsymbol{p}^{\top}$ を使っていましたが，本当に使いたいのは転置行列ではなく，疑似逆行列でした．テンソル・トレイン形式で疑似逆行列を作ることも簡単です．最後のデータの添字を扱う部分に出てくる $\Sigma^{(D)}_{X,R_D}$ を逆行列にするだけです．

理由を簡単に見ておきます．まず，疑似逆行列を特異値分解の結果を使って作る場合には，全体を転置して，中央の Σ のところを逆行列にするだけでしたね．念のために書くと，ある行列 X に対して

（特異値分解）$X = U\Sigma_R V^{\top}$ $\Rightarrow$ （疑似逆行列）$X^{+} = V\Sigma_R^{-1} U^{\top}$ (29.28)

でした．なお，ここでは Σ_R を対角行列として，不要な列や行を U や $V^{\top}$ から削る表記を想定しています．Σ_R は対角行列なので，逆行列は対角成分の逆数をとるだけでしたね．

さて，今回のテンソル・トレイン形式の作成において，毎回，特異値分解を使っています．そのとき，毎回の特異値分解の中央に出てくる特異値がならぶ行列は，

どんどん右側に押しやられていきます。よって、式 (29.17) の $\Sigma_{X,R_D}^{(D)}$ に情報が込められています。さらに、テンソル・トレイン形式では、転置は形式的な要素を転置するだけでした。結果として、素朴に ψ_X のテンソル・トレイン形式を作る手続きを進め、最後の $\Sigma_{X,R_D}^{(D)}$ を逆行列にしてから、最終的に得られたテンソル・トレイン形式の形式的な要素を転置するだけで ψ_X^+ が求まります。

データの添字を消す

以上のようにして、ψ_Y と ψ_X^+ のテンソル・トレイン形式を作れたら、最後にクープマン行列の形を作りましょう。まず、求まったベクトルのテンソル・トレイン形式の積を計算します。最終的に作られたテンソル・トレイン形式を以下のように書いたとしましょう。

$$\psi_Y \cdot \psi_X^+ = \sum_{\tilde{r}_1=1}^{\tilde{R}_1} \cdots \sum_{\tilde{r}_D=1}^{\tilde{R}_D} s_{1,:,:,\tilde{r}_1}^{(1)} \otimes \cdots \otimes s_{\tilde{r}_D,:,:,1}^{(D+1)} \qquad (29.29)$$

式 (29.27) のときと同じ記号を使ってしまいましたが、別ものです。今回は単なる転置 $\psi_X^\top$ ではなく、疑似逆行列 ψ_X^+ を使って求めた結果です。

さて、最後のコア $s_{\tilde{r}_D,:,:,1}^{(D+1)}$ がデータの添字に対応するところでしたね。よって、「:」にはデータの番号が入ります。クープマン行列を求めるためにはデータの添字について和をとってしまうので、次の計算をします。

$$s_{\tilde{r}_D,1}^{(D+1)} = \sum_{n=1}^{N} s_{\tilde{r}_D,n,n,1}^{(D+1)} \qquad (29.30)$$

$s_{\tilde{r}_D,:,:,1}^{(D+1)}$ は「:」が二つあるので行列でした。この行列の n 番目の対角成分が、右辺の $s_{\tilde{r}_D,n,n,1}^{(D+1)}$ です。その対角成分について和をとりました。これでデータ番号を消せましたね。この時点で終わりにしておき、あとはクープマン行列の具体的な要素を指定した計算において、求まった $s_{\tilde{r}_D,1}^{(D+1)}$ を使って計算をしていくこともできます。ただ、一つ手前の $s_{\tilde{r}_{D-1},:,:,\tilde{r}_D}^{(D)}$ との形式的な行列積を先に計算してしまえば、テンソル・トレイン形式のサイズを小さくできます。つまり、

$$s_{\tilde{r}_{D-1},:,:,1}'^{(D)} = \sum_{\tilde{r}_D=1}^{\tilde{R}_D} s_{\tilde{r}_{D-1},:,:,\tilde{r}_D}^{(D)} s_{\tilde{r}_D,1}^{(D+1)} \qquad (29.31)$$

を計算してしまいます。$s_{\tilde{r}_{D-1},:,:,\tilde{r}_D}^{(D)}$ が形式的に「$\tilde{R}_{D-1} \times \tilde{R}_D$ の行列」であるのに対して、$s_{\tilde{r}_{D-1},:,:,1}'^{(D)}$ は「$\tilde{R}_{D-1} \times 1$ の行列」ですね。以上の計算で、かなり要素数を減らせたことになります。

最後に絵との接続について一言

ここまで見てきたように、テンソル・トレイン形式は添字がたくさん出てきて煩

雑です．慣れてくると，絵を書いて表現する方法がよく用いられます．詳細は「一歩先」（二歩先？）で学んでもらうことにして，今回の話がどのような絵に対応するかだけ，簡単に触れておきます．

図 29.2 の [1] が ψ_Y です．要素がベクトルなので，破線の「1」の足は本当は不要なのですが，列ベクトルを $L \times 1$ 行列とみなしています．すると，ベクトルの d 番目の変数の要素は，行列としては m_d 行目 1 列目の成分ですね．この「1」はつねに固定されているので，上に「1」を書いています．また，データを指定する添字を最後の白丸で描きました．図中の r'_d は，テンソル・トレイン形式に出てくる和の記号の部分に対応します．直線で結ばれたところは，この変数で和をとる，という意味です．[2] の ψ_X^+ は転置を考えているので，足の向きが上下逆です．

クープマン行列の計算は，図 29.2 の [3] です．まず，テンソル・トレイン形式の要素ごとに掛け算をする部分を，破線で表現しています．式 (29.26) のように添字をまとめたのが，右側の図です．このとき，r'_d と r_d に関する和をまとめて，「1 から $\widetilde{R}_d = R'_d \times R_d$ まで」にするのでしたね．よって，横棒の部分の変数を $r'_d \cdot r_d$ と書いています．ここを $\widetilde{r}_d$ に読み替えると式 (29.29) のテンソル・トレイン形式になります．また，データに関する和をとるところが I を丸で囲んだところです．I は単位行列の意味で，つまり特別なことをしません．そして，上の白丸と下の白丸とを実線でつないでいるので，そのまま和をとる，という意味になります．

絵での表現については，第 30 話で紹介する参考文献などで学んでみてください．

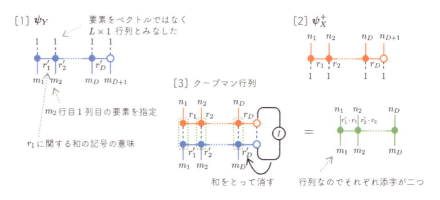

図 29.2 テンソル・トレイン形式と演算を絵で描くと……

第**30**話

[終幕] **世界を眺める視点の変革.**

———————————————————————————————— [双対性] ————

▌30.1 第5部のまとめと補足と書籍紹介

　第5部は，実は「半歩先」よりは「一歩先」，もしくはさらに発展的な話です．ただ，数式変形が少し面倒なだけで，時間発展系とのつながりで自然に理解できますし，これまでに見てきた線形代数の視点と技術で追うことはできます．特に最後に扱った特異値分解の話はさまざまな分野に広がっている話題ですので，各自が興味をもっている対象をこの視点で眺めてみると，「一歩先」，もしくは「二歩先」へ接続しやすくなるはずです．

　では，第5部の補足と書籍紹介をしておきます．

動的モード分解の世界

　第5部で扱ったデータと時間発展系とのつながりの話は，第27話の最後に触れたように，2010年代くらいから盛んになりました．線形系に対する解析の研究蓄積は膨大で，理解も進んでいます．その理解をもとにして，線形系の手法を使って非線形系に挑もう，という話題です．

　入門的な書籍はあまり見当たらないのですが，第27話の最後に出てきたキーワード「動的モード分解」については，第24話で紹介した

　　『SGCライブラリ187 線形代数を基礎とする応用数理入門』佐藤一宏
　　(サイエンス社, 2023)

に少し記載があります．研究の現場では2010年代以降，大量の文献が出ているので，日本語もしくは英語の「dynamic mode decomposition」で検索すると，いろいろなものを見つけられるはずです．

　また，非線形系に関する話題も「一歩先」に進むためには知っておきたいところですね．特にリアプノフ指数といった非線形的な特徴を捉える概念を知っておくと，複雑な現象に出会った場合の議論に役立ちます．非線形系については第24話で挙げた

　　『解くための微分方程式と力学系理論』千葉逸人 (現代数学社, 2021)

も入りやすいですが，

『ストロガッツ 非線形ダイナミクスとカオス』 Steven H. Strogatz 著, 田中久陽, 中尾裕也, 千葉逸人 訳 (丸善出版, 2015)

も良書です. また, 「二歩先」くらいの書籍ですが,

『非線形な世界』大野克嗣 (東京大学出版会, 2009)

は世界をどのように捉えるかについて, 著者の視点をびしびしと感じられる一冊です.

テンソル・ネットワークの世界

テンソル・トレイン形式を含めた**テンソル分解**についてまとまっているのが

『テンソルデータ解析の基礎と応用』田中聡久 監修, 横田達也 著 (コロナ社, 2024)

です. 線形代数の復習やテンソル表現の基本をふまえたうえで, 応用につながるさまざまな話題とアルゴリズムが記載されています. また, 第 29 話の最後に触れた「絵」を使った方法も活用されています.

また, テンソル・トレイン形式は, 主に物理の分野で用いられている**テンソル・ネットワーク**と呼ばれるものの一種と言えます. テンソル・ネットワークは統計力学や量子力学において, 計算量が爆発する問題を解決するために用いられています. たとえば量子力学は古典力学とは違うものであり, 現代の通常の計算機では量子力学の計算をそのまま実行できません. 実は, 第 20 話で紹介したリー・トロッターの積公式, 鈴木・トロッター分解の方法を使うと, 量子力学の問題を通常の計算機でシミュレーションできるようになります. ただ, 問題によっては**負符号問題**と呼ばれる厄介な問題が発生し, 適切な答えを得るためにものすごい数のシミュレーションが必要となって, 現実的ではなくなることが知られています. テンソル・ネットワークは確率的なものではなく, 近似を入れながらも, きちんと計算していきます. 量子モンテカルロ法と呼ばれる手法が抱える問題を解決できる側面もあり, 重要な計算手法の一つです. 主に物理の視点でテンソル・ネットワークについてまとめられたものが

『テンソルネットワーク入門』西野友年 (講談社, 2023)

です. また, 同じ著者による書籍で, もう少し専門よりの

『SGC ライブラリ 169 テンソルネットワークの基礎と応用』西野友年 (サイエンス社, 2021)

もあります. これらの書籍でも, やはり「絵」を使った方法が重要です.

本書では, 物理の計算のためのものではなく, データから作られる巨大な行列やベクトルをどのように扱うか, という視点でテンソル・トレイン形式を扱いました. 添字の読み替えが大変ですが, 特異値分解を丁寧に追っていくだけで可能なことを実感できます. テンソル・ネットワーク系での「絵」は, 慣れると本当に便利なも

のです．ただ，いきなり「絵」から入るとよくわからない人もいると思います（わたしもそうでした……）．そういう人は，まずは本書のような簡単な例での行列での議論を追ったうえで，絵に進むとよいでしょう．

　なお，テンソル・ネットワークやテンソル・トレイン形式を実際に使う場合，自分でコードを書くこともできますが，なかなか大変です．たとえば iTensor など，開発されているライブラリを使うのがよいでしょう．なお iTensor には C++言語版もあるようですが，基本は julia 言語です．テンソル・トレイン形式に限定すれば Python で利用できる scikit-tt もあります．キーワードで検索して，見てみてください．

　また，テンソル積は量子情報系などでよく用いられます．線形代数を基本として，物理にあまり踏み込まずに量子力学について学べる本として

『量子力学 10 講』谷村省吾 (名古屋大学出版会, 2021)

があります．少しですが，テンソル積に関する記載もあります．

30.2　双対性の視点へ

数学的な議論にもぜひ進んでみてください

　本書を通して，さまざまな視点を見てきました．まずは視点を身につけ，数式変形を見通せるようになると，その先の収束性や適用範囲の議論もやりやすくなります．本書では「議論をうまく適用できる対象」を暗に仮定して議論をしましたが，きちんと問題と手法の特徴をふまえて，結論が成立することを保証してくれるのが数学の強みです．さまざまな分野で厳密な議論がされています．ぜひ，「一歩先」として学んでみてください．

　ただ，厳密性にあまりこだわらずに，どんどん先に進んでしまうことも場合によっては大切です．たとえば物理学において，ディラックが計算の都合でデルタ関数を導入しました．これでさまざまな計算をできるようになりましたが，数学的にはよくわからない存在でした．その後，数学者により超関数として厳密な議論が展開された，という歴史があります．ひとまず進んでおき，その後の厳密な議論を待つ……というのも，ある種の役割分担だと個人的には思っています．本書で触れた，行列や作用素の指数関数の話題は，物理学や工学のさまざまな分野で道具として使われます．テイラー展開で展開したり，逆に指数関数に戻したりすると，いろいろな議

論が可能になります．展開の次数や収束性など，注意しなければいけない部分はありますが，まずは自在に使いこなせるようになると「一歩先」の学びが楽になるはずです．そのため，本書では形式的な計算をいろいろと紹介しました．このレベルの議論がきちんと成り立つ場合も多いため，かなり役立つはずです．ぜひ，活かしてみてください．

双対性という視点

　本書の先に見すえているのは**双対性**の視点です．第3話で用語だけ出しましたね．

　第5話で関数の線形性の話をしました．ベクトルを引数にとり，実数を返す関数で線形性を満たす関数は，実はたくさんあります．そこで，何か特定の関数を考えるのではなく，代わりに，そういった関数の集合を考えます．すると，そこにスカラ倍と和の演算を入れることができ，関数が作る線形空間を導入できます．「関数が作る空間」をイメージしづらいかもしれませんが，実はこれが第2部の視点を通すと理解しやすくなる部分です．第2部で関数を基底関数で展開し，一次結合の係数をならべたベクトルを作りましたよね？　空間内の一点を選ぶとベクトルで表現できるように，空間内の一点を選んで，そのベクトルを使って関数を作った，と思えば捉えやすくなると思います．ただし，通常は関数空間は無限次元なので，ふんわりと捉えておきましょう．

　さて，「一歩先」に進むときに出てくる**双対ベクトル空間**とは，ある線形空間上の線形関数が作る線形空間のことです．なお，ベクトル空間と線形空間は同じ意味です．そしてさらに言えば，本書で関数空間も線形空間になることを見てきたので，元の線形空間として関数空間を考えてもかまいません．その場合は関数を引数にとって実数を返す汎関数を考える，と第10話で触れました．つまり，その場合の双対ベクトル空間は，線形汎関数が作る空間になります．

　さらに，「双対ベクトル空間の『双対ベクトル空間』」を考えることもできます．これは実は元のベクトル空間です．ややこしくなってきたかもしれませんが，「対」となって実数を返すものだから，お互いさま，というイメージです．

30.2 双対性の視点へ 283

　この捉え方は,「一歩先」のさまざまなところで出てきます. 物理で幾何学的な扱いをすると共変ベクトルや反変ベクトルが出てきますが, これも双対性の話です. 本書で導入したブラケット記法も, この双対性を捉えるための便利な道具です. この記号を, 最初は内積の表記法として導入しましたね. 内積は二つを「対」にして実数を返します. ただ, 第10話の最後で触れた単項式に対する直交性において, ケットは単項式であるのに対し, ブラはディラックのデルタ関数を用いた積分で記載していました. ブラとケットの意味合いが違うなあ……と感じていたかもしれませんが, 実は, ブラのほうは「単項式に作用して実数を返す」役割の線形汎関数だったわけです. ブラケット記法を使うと,「対」で実数を返す, というのがわかりやすくなりますね. またブラケットの記法だと線形性を考えた形式的な計算もやりやすく, 便利です. 第25話で触れた時間発展の作用素を使った期待値のあたりも双対性が関係してきます. 期待値は「値を返す関数」であり, 確率密度関数を考えるのか, それともその確率密度関数を使って観測量の期待値を与える線形汎関数を考えるのか, という立場ですね.

　このあたりは, 言葉を重ねるよりも, 双対性の定式化をきちんと見たほうが理解しやすいでしょう. そのとき, 本書で慣れてきたような視点をふまえておくと, 少し抽象的に感じる議論も理解しやすくなるはずです.

双対性に関する文献紹介

　双対空間などの基本を学べる教科書として, たとえば

　『線形代数の世界：抽象数学の入り口』斎藤毅 (東京大学出版会, 2007)

があります. きちんとしていて, かつ, 記載がわかりやすい良書で, 第6話で触れた商空間も含めた基本的な事項を学べます.
　物理に興味のある人であれば, たとえば相対論においてテンソルや反変ベクトルなどの概念に触れることになります. 実はこれも双対空間と関係する話です. 教科書はいろいろとありますが,

　『一般相対論入門 [改訂版]』須藤靖 (日本評論社, 2019)

の序盤に, 記号の意味合いも含めた記載があります.
　副題に「双対性の視点から」と題している書籍が

　『理工系のためのトポロジー・圏論・微分幾何【電子版】』谷村省吾 (サイエンス社, 2013)

です．たくさんの話題が詰め込まれており，初学者向けとは言えませんが，「二歩先」くらいで読むと，新しい視点をいろいろと学びとれる一冊です．

古典系と量子系の関係を見やすく

本書ではブラケット記法を使いつつも，確率系を中心に，量子的な効果のない古典系を扱ってきました．データサイエンスや機械学習に向けての導入としては量子効果は不要ですが，量子計算や量子情報に興味のある人もいると思いますので，発展につながるところを最後に一つだけ紹介しておきます．

形式的に考えると，離散的な状態をもつ古典確率系の状態ベクトルを

$$|\psi\rangle = \sum_{n=0} P_n |n\rangle \tag{30.1}$$

と書くことができます．コイン投げであれば $n = 0, 1$ だけですが，形式的に無限個の状態を考えることもできます．なお，$|n\rangle$ は正規直交基底として，$\langle m|n\rangle = \delta_{nm}$ としましょう．ここで，以下のようなブラで記載される状態を導入します．

$$\langle \mathcal{P}| = \sum_{m=0} \langle m| \tag{30.2}$$

すると，確率の総和が 1 という確率保存を

$$\langle \mathcal{P}|\psi\rangle = \sum_{m,n} \langle m|P_n|n\rangle = \sum_{n=0} P_n = 1 \tag{30.3}$$

と書けます．なお，ブラとケットのあいだに統計量に対応する A_n を挿入すると，期待値を求める式になります．

次に量子系の場合を考えましょう．こちらは c_n を複素数として，やはり正規直交基底を使って状態ベクトルを

$$|\psi\rangle = \sum_{n=0} c_n |n\rangle \tag{30.4}$$

と書いておきます．量子系ではこのケットに対応するブラは複素共役をとり，以下の条件を満たす必要があります．

$$\langle \psi|\psi\rangle = \sum_n |c_n|^2 = 1 \tag{30.5}$$

古典系での P_n の代わりに $|c_n|^2$ が出てきましたね．ここが古典系と量子系の違いです．この違いが大きいのですが，一方で形式的には作用させるブラが $\langle \mathcal{P}|$ か，それともケット $|\psi\rangle$ の複素共役をとったもの，つまり $\langle \psi|$ か，という違いしかありません．するとこれらを統一的に扱えるそうな予感がしますね．

古典確率論と量子系に関する議論は

『量子計算理論』森前智行 (森北出版, 2017)

の序盤に記載があります．この書籍の第 2 章と第 3 章は古典系と量子系の違いを，数式を使いつつも直感的に説明してくれているので，導入として参照してみてください．

おわりに

　線形代数の「半歩先」，いかがだったでしょうか？ 数式は単に記号がならんでいるだけではなく，いろいろな視点で自分なりに意味づけをしてあげると生き生きとしてきます．視点をもつことが「一歩先」の学びを継続していくコツかもしれません．線形代数に関連する話題は広く，そのすべてを一冊で網羅することはできません．そこで本書ではデータとの接続を意識しながら，関数，特に時間発展系への展開を見すえてストーリーを構成してみました．この試みで，線形代数の概念や道具立てが独立した個別のものではないこと，ものごとを記述して理解するために役立つことを実感し，楽しんでもらえたのであれば，筆者冥利に尽きます．

　わたしはこれまで化学系，物理系，情報系にわたってあれこれと研究してきました．新しい研究に着手するたびに，新しい数理的な方法を学び，自分なりに整理してきましたが，そのなかでも特に線形代数の視点はどの分野にも顔を出しました．時間発展系など，ぱっと見た感じは微積分でも，数値計算では行列の計算に落とし込んだり，線形代数的に捉えることで視点が整理されたり，本当に役立ちます．特に行列は抽象的なものを具体的に計算する形を作ってくれます．

　本書には，それらの経験のなかで，ここは事前に慣れておくと便利だったと感じたものを中心に，一連の流れのなかで学べるものを意識してまとめました．教科書的に学ぶ一歩手前に，本書のような読み物で触れておくと学びやすくなるはずです．数式変形も，ここは丁寧に追っておきたいな，と過去に感じていた部分を丁寧に書きました．これらの道具立てがあれば，書籍や論文を読むときに出会う数式や概念に，ある程度は立ち向かえると思います．

　ただし本文にも記載したように，数理的な部分についても，ぜひ，もう一歩踏み込んで勉強してみてください．また，一次方程式を解いたり階数を求めたりする計算などを線形代数の授業で学ぶはずです．これらの計算

は，たとえば Python のライブラリなどを使えば中身を知らずに済ませられますが，定義や性質を知っておくことが応用の場面で役立つこともあります．ちょっと踏み止まり，基本を振り返ることも忘れずにしたいものですね．

これらを学び，考えるきっかけを作ってくれた背景には，過去に採択された科学研究費助成事業，いわゆる科研費の研究でのサポートがあります．また，2018 年度から 2021 年度にかけて，国立研究開発法人 科学技術振興機構の戦略的創造研究推進事業（さきがけ）研究領域の一つ，「革新的コンピューティング技術の開拓」において『双対過程に基づくコンピューティングの展開』（研究課題番号 JPMJPR18M4）のテーマで研究を実施しました．さらに続いて，2022 年度から科学技術振興機構 創発的研究支援事業（FOREST）において『方程式と双対性でつなぐ革新的データ処理技術の創出』（研究課題番号 JPMJFR216K）のテーマで研究をさせていただいています．「双対」という単語が入っていますが，確率過程における双対性を軸に，本書第 5 部で触れた話の一歩先にあるところを研究しています．これらの研究を進めるなかで，さまざまなことを考えた成果が本書に活かされています．ここに感謝を申し上げます．

本書に推薦の言葉をお寄せいただいた甘利俊一先生にも感謝の言葉を述べさせていただきます．情報幾何学などの新しい数理的な分野を開拓されてきた甘利先生の姿勢に憧れ，私淑しながら研究をしてきた側面もあります．また，編集作業をしていただいた横山真吾氏のご尽力によって，素敵な本に仕上がりました．どうもありがとうございました．

一人でも多くの人が数理に興味をもち，それぞれの興味の向いた「一歩先」の世界に踏み入れるときの手助けに，本書がなりますように．

2025 年 墨田区の片隅にて

索 引

あ 行
アート　128
圧縮センシング　154

位相空間　25
一次結合　7
一次従属　12, 13
一次独立　13
1 の分解　94
一般化逆行列　165
陰的オイラー法　195, 198
陰的解法　195

ウィーナー過程　223

ℓ_p ノルム　143
エルミート関数　210
エルミート行列　50
エルミート多項式　68
演算　3
演算子　86, 87

オイラー法　194
オイラー・丸山近似　223
重み関数　76
オルンシュタイン・ウーレンベック過程　210

か 行
階数　49, 134
ガウス分布　205
過学習　134
核　51
拡散係数　202

拡散項　206
拡散モデル　221
拡張動的モード分解　252
確率積分　223
確率微分方程式　223
確率変数　202
確率密度関数　201
下限　117
括弧積　181
過適合　134
関係性　3
関数解析　28, 221
完全性関係　94
完備　28

機械学習　109
疑似逆行列　165
期待値　207
基底　14, 15
逆行列　40
行基本変形　17
行ベクトル　4
行列式　47
行列の指数関数　175
極小値　117
極大値　117
距離　24

クープマン行列　241
クープマン作用素　237
クープマン・モード　245
クランク・ニコルソン法　198
クロネッカー積　255
クロネッカーのデルタ　40

群・環・体　51
訓練データ　134

KKT 条件　144
ケット　22
ケットベクトル　22
検証データ　142

交換子　181
交差検証　134
高速フーリエ変換　104
後退オイラー法　195
後退差分　216
勾配　158
誤差関数　123
コスト関数　123
固有関数　213
固有値　50, 155, 213
固有ベクトル　50, 155
コルモゴロフの後退方程式　235

さ 行
最小二乗法　121, 123
最大値ノルム　143
座標　16
差分　216
作用素　85, 87
作用素ノルム　178
三項間漸化式　70
サンプリング定理　104

時系列データ　229
次元　67
指示関数　202
辞書　238
二乗誤差　123
辞書関数　238
指数関数（行列）　175
指標　52
射影　52
集合　3

主成分分析　146, 155
シュミットの直交化法　32
シュレディンガー描像　236
商空間　51, 97
上限　116
条件数　178
ジョルダン標準形　52, 190, 220
深層学習　109
シンプレクティック法　182

随伴作用素　232
スカラ倍　5
鈴木・トロッター分解　181
スナップショット・ペア　229
スパース推定　154
スペクトル分解　103

正規化（データ）　139
正規化（ベクトル）　33
正規直交基底　34
正規分布　205
生成元　10
正則　41
正則化　141
正則化項　141
正定値行列　120
正方行列　41
跡　51
線形回帰　121
線形空間　6
線形結合　7
線形写像　41, 88
線形従属　12
線形性　22
線形汎関数　85
線形変換　43
潜在意味解析　152, 154
前進差分　216

像　51
双線形写像　263

索　引　291

双線形性　22
双対性　27, 86, 282
双対ベクトル空間　282
損失関数　123

た　行

対角化　50, 182
対角行列　50
対称行列　50
タッカー分解　265
多変量解析　111
単位の分解　94

中心化　138
中心差分　216
直交　30
直交基底　32
直交行列　50

テイラー展開　71, 176
ディラックのデルタ関数　84
低ランク近似　150
データサイエンス　109
テストデータ　134
テンソル積　255
テンソル・トレイン形式　265
テンソル・ネットワーク　280
テンソル分解　280

動径基底関数　251
統計力学　226
統計量　207
同値関係　97
動的モード分解　252
特異値　147
特異値分解　146
ドリフト項　206
トレース　51
トロッター分解　181

な　行

内積　19, 21
ナブラ　158

ニューラルネットワーク　109

ノルム　24, 143, 177

は　行

ハイゼンベルク描像　236
ハイパーパラメータ　141
バナッハ空間　28
汎化能力　134
半正定値行列　120

非可換性　42, 179
左固有ベクトル　248
ビッグオー　181
表現行列　44, 91
標準化　137
標準基底　39
標本化定理　104
ヒルベルト空間　28

ファン・デル・ポル方程式　230
フーリエ級数展開　101
フーリエ変換　103
フォッカー・プランク方程式　206
ブラ　23
ブラウン運動　201
ブラベクトル　22
フルランク　135
フロベニウス・ノルム　178
分割演算子法　182

平均場近似　260
ベクトル空間　6
ペロン・フロベニウス作用素　225
偏微分　113

ホイン法　194

ま　行

右固有ベクトル　248

モーメント　208
目的関数　123
モデル　109
モンテカルロ法　222

や　行

ヤコビアン　47

有限要素法　221
誘導ノルム　178
ユニタリ行列　50

陽的解法　195

ら　行

ラグランジュの未定乗数法　144,
　158
ラゲール多項式　71
ラッソ回帰　141
ランク　49, 134
ランダウの記号　181

リー・トロッターの積公式　181
リーの積公式　181
リウヴィル方程式　226
力学系　221
離散フーリエ変換　104
リッジ回帰　139

ルジャンドル多項式　70
ルンゲ・クッタ法　194

列ベクトル　4

わ　行

和　5

著者紹介

大久保　潤　博士（情報科学）
　　　　　　（おおくぼ　じゅん）
埼玉大学大学院理工学研究科 教授

2004年東北大学理学部化学科卒業．2007年東北大学大学院情報科学研究科博士後期課程修了．日本学術振興会特別研究員（DC2），東京大学物性研究所 助教，京都大学大学院情報学研究科 講師，埼玉大学大学院理工学研究科 准教授を経て，2022年より現職．おもな研究分野は，確率過程の数理的研究とその応用．2018～2022年，科学技術振興機構 戦略的創造研究推進事業 さきがけ研究員を兼任．著書に，『確率シミュレーション』森北出版（2023）がある．

NDC411.3　302p　21cm

線形代数の半歩先
（せんけいだいすう　はんぽさき）
データサイエンス・機械学習に挑む前の 30 話
（きかいがくしゅう　いど　まえ　さんじゅうわ）

2025 年 3 月 11 日　第 1 刷発行
2025 年 7 月 25 日　第 5 刷発行

著　者　大久保　潤
　　　　（おおくぼ　じゅん）
発行者　篠木和久
発行所　株式会社 講談社
　　　　〒112-8001　東京都文京区音羽 2-12-21
　　　　　　販売　(03)5395-5817
　　　　　　業務　(03)5395-3615

編　集　株式会社 講談社サイエンティフィク
　　　　代表 堀越俊一
　　　　〒162-0825　東京都新宿区神楽坂 2-14　ノービィビル
　　　　　　編集　(03)3235-3701

本文データ制作　藤原印刷株式会社
印刷・製本　株式会社ＫＰＳプロダクツ

落丁本・乱丁本は，購入書店名を明記のうえ，講談社業務宛にお送りください．送料小社負担にてお取替えします．なお，この本の内容についてのお問い合わせは，講談社サイエンティフィク宛にお願いいたします．定価はカバーに表示してあります．

©Jun Ohkubo, 2025

本書のコピー，スキャン，デジタル化等の無断複製は著作権法上での例外を除き禁じられています．本書を代行業者等の第三者に依頼してスキャンやデジタル化することはたとえ個人や家庭内の利用でも著作権法違反です．

Printed in Japan

ISBN 978-4-06-538647-7

講談社の自然科学書

プログラミング〈新〉作法	荒木雅弘／著	定価：2,860円
データサイエンスはじめの一歩	佐久間淳・國廣昇／編著	定価：2,200円

データサイエンス入門シリーズ

応用基礎としてのデータサイエンス　改訂第2版	北川源四郎・竹村彰通／編	定価：2,860円
教養としてのデータサイエンス　改訂第2版	北川源四郎・竹村彰通／編	定価：1,980円
データサイエンスのための数学	椎名洋・姫野哲人・保科架風／著　清水昌平／編	定価：3,080円
データサイエンスの基礎	濱田悦生／著　狩野裕／編	定価：2,420円
統計モデルと推測	松井秀俊・小泉和之／著　竹村彰通／編	定価：2,640円
Pythonで学ぶアルゴリズムとデータ構造	辻真吾／著　下平英寿／編	定価：2,640円
Rで学ぶ統計的データ解析	林賢一／著　下平英寿／編	定価：3,520円
最適化手法入門	寒野善博／著　駒木文保／編	定価：2,860円
データサイエンスのためのデータベース	吉岡真治・村井哲也／著　水田正弘／編	定価：2,640円
スパース回帰分析とパターン認識	梅津佑太・西井龍映・上田勇祐／著	定価：2,860円
モンテカルロ統計計算	鎌谷研吾／著　駒木文保／編	定価：2,860円
テキスト・画像・音声データ分析	西川仁・佐藤智和・市川治／著　清水昌平／編	定価：3,300円

機械学習スタートアップシリーズ

これならわかる深層学習入門	瀧雅人／著	定価：3,300円
ベイズ推論による機械学習入門	須山敦志／著　杉山将／監	定価：3,080円
Pythonで学ぶ強化学習　改訂第2版	久保隆宏／著	定価：3,520円
ゼロからつくるPython機械学習プログラミング入門	八谷大岳／著	定価：3,300円
イラストで学ぶ　人工知能概論　改訂第2版	谷口忠大／著	定価：2,860円
問題解決力を鍛える！アルゴリズムとデータ構造	大槻兼資／著　秋葉拓哉／監修	定価：3,300円
しっかり学ぶ数理最適化	梅谷俊治／著	定価：3,300円
ことばの意味を計算するしくみ	谷中瞳／著	定価：3,520円
Pythonではじめる時系列分析入門	馬場真哉／著	定価：4,180円
Pythonでしっかり学ぶ線形代数	神永正博／著	定価：2,860円
テンソルネットワーク入門	西野友年／著	定価：3,630円

※表示価格には消費税（10%）が加算されています。　　　　　「2025年7月現在」

講談社サイエンティフィク https://www.kspub.co.jp/